▲ 麻省理工学院学生宿舍

▲ 2010上海世博会中国国家馆

▲ 北京射击场飞碟靶场

▲ 国家体育场

▲ 福斯铁路桥

▲ 德国技术博物馆

▲ 深圳华夏艺术中心

▲ 首都机场T3航站楼

▲ 国家游泳中心

▲ 阿利法塔

▲ 瑞典HSB旋转中心

▲ 悉尼歌剧院和悉尼大桥

▲ 上海环球金融中心和金茂大厦

▲ 迪拜帆船酒店

▲ 美国圣路易市杰斐逊纪念碑

▲ 美国匹兹堡大卫劳伦斯会议中心

▲ 柏林时间体育馆

▲ 国家大剧院

▲ 西班牙巴伦西亚艺术科学城

▲ 千禧年穹顶

普通高等教育土建学科专业"十二五"规划教材
高 校 建 筑 学 专 业 规 划 推 荐 教 材
北 京 市 高 等 教 育 精 品 教 材 立 项 项 目

SYSTEM AND SELECTION OF BUILDING STRUCTURES

建筑结构体系及选型

樊振和　编著

中国建筑工业出版社

图书在版编目（CIP）数据

建筑结构体系及选型/樊振和编著．—北京：中国建筑工业出版社，2010（2022.4重印）
（普通高等教育土建学科专业“十二五”规划教材．高校建筑学专业规划推荐教材．北京市高等教育精品教材立项项目）
ISBN 978-7-112-12791-7

Ⅰ.①建… Ⅱ.①樊… Ⅲ.①建筑结构 Ⅳ.①TU3

中国版本图书馆CIP数据核字（2010）第262421号

责任编辑：陈 桦
责任设计：董建平
责任校对：刘 钰 王雪竹

普通高等教育土建学科专业“十二五”规划教材
高校建筑学专业规划推荐教材
北京市高等教育精品教材立项项目
建筑结构体系及选型
SYSTEM AND SELECTION OF BUILDING STRUCTURES
樊振和 编著
*
中国建筑工业出版社出版、发行（北京西郊百万庄）
各地新华书店、建筑书店经销
北京嘉泰利德公司制版
北京建筑工业印刷厂印刷
*
开本：787×1092毫米 1/16 印张：11½ 插页：4 字数：272千字
2011年7月第一版 2022年4月第十次印刷
定价：29.00元
ISBN 978-7-112-12791-7
（20038）

前言

改革开放 30 多年以来，我国综合国力不断增强，经济迅速发展，特别是随着 2008 年北京奥运会和 2010 年上海世博会的成功举行，越来越多造型新颖、风格独特的建筑出现在人们面前。人们把这些新建筑作了形象的比喻，比如“鸟巢”式的国家体育场，国家游泳馆建在“水的立方”中，“蛋”形的国家大剧院以及双“Z”形的中央电视台新址大楼。

这些让我们惊艳、诧异、愤怒、心领神会、无可名状的建筑在给我们带来强烈视觉冲击的同时，也在无情地逼迫着建筑师们和刚刚进入建筑艺术大门的莘莘学子们进行思考。我们无意在这里对这些建筑作品作全面地批判分析，抛却造价和一些具体的技术因素，让我们把目光停留在这些建筑的结构体系形式上，特别是那些体型看起来有些怪诞的建筑，它们在结构上是如何实现的？它们的合理性又在哪里呢？看过这本书之后，相信你会从中找到这些问题的答案。

回过头来，让我们看看目前建筑学专业建筑结构系列课程的教学现状。长久以来，建筑结构系列课程（包括建筑力学、建筑结构、建筑结构体系及选型等课程）的教学一直是让教师和学生头疼的问题。有的学生可以求解比较复杂的力学问题，却不会从一个简单的工程结构或构件中抽象出力学计算简图；有的学生可以对建筑构件进行设计计算，但是却搞不清楚这个构件在整个建筑结构系统中所起的作用是什么；有的学生可以在考试中较好地解答卷面上的问题，但是却不会对建筑结构体系作基本的受力分析，更没有能力对建筑方案设计中的结构形式进行选择及分析。总之，学生感觉想要真正掌握建筑结构的知识太难了，而教师也在为教学效果的不尽如人意而头疼。

然而，对于一个好的建筑师来说，综合、全面、扎实的建筑结构知识是必不可少的。**作为一个合格的建筑师，在建筑方案设计的阶段，应该同时思考、选择和设计建筑结构的方案，进而对建筑结构体系作出正确的定性分析，并作出合理的定量判断。**

有人说，只要建筑师能想出来的任何建筑形式，都会有结构的办法去实现的，因此，建筑师可以不必深入了解建筑结构的知识，如果遇到问题，则会有结构工程师给予解决。但是，如果这样的建筑方案是以巨大的经济代价和不可避免地影响到建筑空间的糟糕的结构形式换来的话，它还能够称为一个优秀的建筑吗？退一步讲，你可以不惜成本来满足你的设计欲望，但是，地球以及人类拥有的自然资源是有限的，为了我们子孙后代的生存和发展，可持续发展是我们必须要坚持的正确方向，对于一个建筑师来说，是不是应该为此承担起更多的责任呢？

有人说，建筑结构难学。根据本人多年的研究和教学实践，我认为不完全如此。

造成所谓“建筑结构难学”的原因是多方面的。第一，对于“建筑师应该掌握系统的建筑结构知识”的理念不认同、不重视。没有给予足够的重视，也就不会有学习建筑结构的兴趣，怎么可能学好呢？第二，畏惧心理在作怪。“那么多种不同的建筑结构体系类型，那么丰富变化的建筑空间和结构空间、那么复杂的结构受力状态，那么……我还是省省吧，留点精力多学点建筑设计的知识岂不更好”。其实，**建筑结构并不难学，只要你能够静下心来学习，掌握住建筑**

结构自身的基本规律，要想学好建筑结构一点也不难。

实际上，造成很多人认为建筑结构难学的原因还有非常重要的一点，就是**长久以来我们的教科书无意中作了“恐怖”的渲染，把本来很简单的建筑结构问题复杂化了，这应该说是造成很多学生产生畏惧学习建筑结构心理的重要原因。之所以这样说，不是我在这里为了减轻学生的畏惧心理在作什么暗示，而是我根据多年的研究和教学实践总结出来的科学结论，也是我这本书写作的一个重要思想。**如果我告诉你，世界上所有的建筑，哪怕它的空间再复杂多变，其实都是由最简单的“杆”组成的，简单到就像儿童玩的插件玩具和搭积木玩具，你还会觉得建筑结构难学吗？**事实上，世界上的绝大多数事物，它们可能给人以非常复杂的印象，但它们都遵循最简单的原理。产生畏惧心理、觉得它们不好学，那只是因为你还没有真正了解它们。**

本书的写作正是按照这样一种理念，即采用最简单的分类方法、最基本的力学原理、最形象的语言表达，把看起来似乎很复杂的建筑结构阐述清楚。这是我的初衷，希望也是最后的效果。

本书是在本人近二十年来为我校建筑学专业学生开设《建筑结构体系及选型》课程的教学实践基础上积累而成的。本书可以作为该课程的教材，也可以作为土建类相关专业的选修课教材和教学参考书。本书还可以作为注册建筑师考试的辅导教材以及建筑结构设计人员、土建工程技术人员提高专业素质的学习参考资料。

本书的编写注重结构体系的系统性和结构理论的可读性。全书共包括绪论及上篇平板结构体系、下篇曲面结构体系及附篇膜建筑结构。本书在各章之后给出了一些复习思考题，并在附录中给出了“复习思考题答题要点解析”。该“要点解析”不完全是直接给出各章“复习思考题”的答案，而是更强调对问题的核心内容和理论原理的一种提示，期望读者自己通过对本书内容的学习之后，能够有自己的思考和分析，从而达到理解和掌握建筑结构原理和概念的目的。此外，本书还有精心制作的多媒体课件，需要的任课老师可发送邮件至 jiaocai@cabp.com.cn 索取。

本书在编写过程中得到了学校各级领导的大力支持。房赛为本书绘制了全部插图，并协助做了许多资料搜集的工作，张晓东、李钢、曹一兰也为本书做了许多工作。在此一并表示衷心的感谢。

限于本人的水平和资料的不足，书中难免会有许多有待改进之处，殷切地期望广大读者批评指正。

樊振和

2010 年 12 月

于北京建筑工程学院

目录

绪论

0.1 建筑结构选型是建筑师的工作

开宗明义，我们想重点强调一个新的认识，一种新的理念，那就是：**建筑结构选型是建筑师的工作。**

建筑结构选型课程的任务，是对各种建筑结构形式的结构组成、基本力学特点、适用范围以及技术经济分析、施工要求等方面的内容进行分析和研究。事实上，这些问题恰恰是建筑师在建筑方案设计阶段必须考虑并解决好的问题。作为一位建筑师，只有对于以上内容有了充分的了解和掌握，并且能够在建筑设计中熟练的运用，才可能会找到胜任自己工作的途径和方法。

做到了这些，起码能解决好以下两个方面的问题：第一，在做建筑方案设计时，掌握了建筑结构体系及选型的知识，就能主动并正确地考虑、推敲、确定并采用最适宜的建筑结构体系，并使之与建筑的空间、体型及建筑形象有机地融合起来；第二，在建筑设计的过程中，整个工程项目是由建筑、结构、设备、电气等多个专业工种来共同合作完成的，一般作为工程主持人的建筑师，掌握了建筑结构体系及选型的知识（以及必要的其他相关专业的知识），就能够很好地与建筑结构工程师及其他专业工程师进行默契的协作和配合。

有人会说，建筑师做好了建筑方案，再找结构工程师给选配一个结构类型，不也一样解决问题吗？这样做与采用建筑师在做建筑方案的同时考虑好建筑结构方案的设计方法，这两者之间的差别是什么，让我们分析一下。显而易见的是，建筑师在做建筑方案的同时考虑好建筑结构方案，这是由同一个人在同一个时间段里所进行的建筑与结构的综合设计、斟酌和思考，比起两个人在前后两个时间段中分别来完成同样的工作内容，哪一种方法会更加合理和有效呢？哪一种方法会更全面、更充分地体现出建筑师的设计理念和设计风格呢？当一个建筑师只考虑建筑的空间和功能而忽略了其与建筑结构体系的协调关系，再反过头来修正，最后的结果很可能是最初的建筑形象也会被修改得面目全非了。

0.2 建筑结构形式的影响因素及其与建筑的关系

人们为了满足各种生活以及生产活动的要求，建造了许许多多的建筑。

不同的时代，不同的国家、地区和民族，其建筑的形象往往存在着许多明显的差别，这种差别主要体现在建筑结构形式上的差别。

造成这种建筑形象上差别（也就是建筑结构形式的差别）的原因是什么呢？是建筑材料和建筑技术发展水平。以上两者决定着建筑结构形式的发展和变化，也就创造出了古今中外那些千差万别的经典建筑。

让我们回顾一下人类社会的建筑发展历史。

古代埃及的文明中，由于尼罗河两岸缺少好的木材，人们在长期的实践中建造了大量的石结构建筑。约公元前 16 世纪至公元前 11 世纪的新王国时期是古代埃及的鼎盛时期，适应专制统治的宗教以阿蒙神（太阳神）为主神，法老被视为阿蒙神的化身。神庙是这一时期最为重要的建筑，最著名、也是规模最大的两个神庙建筑是卡纳克阿蒙神庙和卢克索阿蒙神庙。当时的建筑技术决定了这些神庙只能采用经过简单加工的石梁和石柱来建造。

公元前 1350 年开始建造的卡纳克阿蒙神庙（图 0–1），其总进深 366m，设 6 道牌楼门，其中第一道门尺度最大，高 43.5m，宽 113m。大柱厅的规模是所有神庙建筑中最大的，面积约 5000m2，其净面积是巴黎圣母院面积的四分之三左右，却设置了 9 排、16 列共 134 根粗大的石柱，中间的两排石柱高 21m，直径 3.57m（长细比为 5.88），两旁石柱高 12.8m，直径 2.74m（长细比为 4.67），石柱极粗壮，直径甚至大于柱间净距，造成空间的压抑感。高、低柱间高侧窗的细碎光点散落在柱身和地面上，渲染了大厅虚幻神秘的气氛。

希腊早期的建筑采用木材，后来因其易腐烂及易燃烧的缺陷而改用石材。最早采用

图 0–1　卡纳克阿蒙神庙

整块石料做柱子，后改用分段砌筑，每段中心设置销子，最后才用整根石材做梁。用这种方法建造的建筑中，最著名的是帕提农神庙（图 0–2），其用大理石建造的梁柱结构极其庄重宏伟，为西方传统建筑的起点。神庙坐西向东，由 46 根多立克柱环绕，长边方向每边 17 根，短边方向每边 8 根，柱高 10.43m，底径 1.91m，柱距最大约 4.2m。帕提农神庙正立面的各种比例尺度一直被作为古典建筑的典范，其柱式比例和谐，视觉校正技术运用纯熟，山花雕刻丰富华美，整个建筑既庄严肃穆又不失精美。

图 0–2　帕提农神庙（图片来源：《外国建筑简史》）

古罗马的建筑不仅用砖、石作为建筑的原材料，还利用碎石、浮石作骨料，石灰和火山灰的混合物作胶凝材料，形成了早期的天然混凝土。当然，这时人们还不知道在混凝土里面使用钢筋，但这种素混凝土的材料耐压能力不次于砖、石，且又具有良好的可塑性，因此，虽然其不适宜做抗弯的梁、板等构件，却可以很好地解决拱券结构的受力和施工要求。这个时期最为著名的建筑是大角斗场、卡瑞卡拉浴场和万神庙（图 0–3、图 0–4）。

万神庙是古罗马城中心供奉众神的庙宇，建于公元 120~124 年间。万神庙平面为圆形，

图 0–3　罗马万神庙

图 0–4　罗马万神庙内景

上覆穹顶。作为古代世界最大的穹顶，其直径达 43.3m，正中有直径 8.92m 的圆洞。基础、墙和穹顶都用火山灰水泥制成的混凝土浇筑，作为骨料的石块，在下面的硬而重，在上面的轻而软，穹顶上部混凝土的密度只有基础密度的三分之二。基础底宽 7.3m，墙及穹顶底部厚 6.0m，穹顶顶部厚 1.5m。穹顶的内表面做凹格以减轻自重，凹格共 5 排，每排 28 个。墙上除大门外还有 7 个凹室，既提供了使用空间，还能起到减少施工量的作用。

万神庙正面有长方形柱廊，柱廊宽 34m，深 15.5m，有柯林斯式柱 16 根，分三排，前排 8 根，中、后排各 4 根。柱身高 12.5m，底径 1.43m（长细比 8.74），用整块埃及灰色花岗石加工而成，柱头和柱础是白色大理石。

我国盛产木材，是世界上采用木结构最早的国家之一。木材既抗压又抗拉，还比石材轻，是建筑结构的理想材料。我国古代建筑因采用木结构而具有独特的风格，在世界上独树一帜。古建筑的优美曲顶，微微起翘的深檐，兼具结构功能和艺术效果的斗栱……这些建筑艺术形象是我国古代木构架结构形式的自然产物。在这其中，抬梁式木构架很大程度上能够适应当时人们提出的空间功能要求，所以应用最为广泛。木构架在商代已初步完备，后来又不断改进完善，形成了一套完整的标准做法和定型构件。与石梁柱相比，木梁柱的截面小、跨度大、室内开阔、分隔灵活、使用方便。

山西应县辽代佛宫寺释迦塔（图 0–5、图 0–6）建于公元 1056 年，是现存最早的木塔，通称应县木塔。释迦塔是一座平面呈八边形、每边显三间、立面 5 层（实为 9 层，其中明层 5 层，暗层 4 层）6 檐（底层为重檐）的楼阁式塔。塔下用砖石砌筑基座两层，总高 4.4m，基座上 5 层塔身为塔的主体，自基座至第 5 层屋脊全部用木结构框架建成，总高 51.14m，第 5 层攒尖顶屋面上砖砌刹座高 1.86m，座上立铸铁塔刹高 9.91m，全塔自地面至刹尖总高度达 67.31m。底层和附加的一周外廊（副阶）直径共 30.27m，塔身底层直径 23.36m，向上各层直径依次收小约 1m，第五层直径 19.22m。自东汉末叶开始有建造木塔的记载以来，这是保存至今的唯一木塔，

图 0–5　应县木塔

图 0–6　应县木塔剖面

木结构能够达到如此规模、如此高龄，实为世界建筑史上的一大奇迹。

19 世纪后半叶以来，随着社会的发展和科学技术水平的进步，人们对建筑功能和建筑空间的要求也越来越丰富和多样。钢筋混凝土结构和钢结构在建筑上的广泛采用，促进了超高层建筑和大跨度建筑的空前发展，引起了建筑界的革命性变化。较早的一个著名的建筑实例是 1851 年在伦敦举办的首届世界博览会中的水晶宫（图 0–7）。水晶宫的外形是呈简单阶梯形的长方形，采用曲面屋顶和高大的中央通廊，结构上采用了现代的铁架和玻璃结构，由一系列细长铁杆支撑起来的网状构架形成玻璃墙面，长 563m，宽 124.4m，高 20.13m，建筑面积 70000m2，相当于梵蒂冈圣彼得大教堂的四倍，而支柱截面积总和只占其 0.1%。

图 0–7　水晶宫

目前，超大跨度的建筑已经非常普遍，

图 0–8　加拿大卡尔加里体育馆

图 0–9　美国佐治亚穹顶

这些大跨建筑的结构形式丰富多彩，并且采用了许多新材料和新技术，发展了许多新的空间结构形式。例如 1975 年建成的美国新奥尔良“超级穹顶”（Superdome），作为曾经世界上最大的球面网壳，直径达 207m；现在这一纪录已被 1993 年建成、网壳屋顶直径为 222m 的日本福冈体育馆所取代。1983 年建成的加拿大卡尔加里体育馆采用双曲抛物面索网屋盖，其圆形平面直径为 135m，是为 1988 年冬季奥运会而修建的场馆之一，外形极为美观，迄今仍是世界上最大的索网结构，如图 0–8 所示。20 世纪 70 年代以来，由于建筑使用织物材料的改进，膜建筑结构或索－膜结构（用索加强的膜建筑结构）获得了发展，比如 1988 年东京建成的“后乐园”棒球馆就采用了这种结构技术，其近似圆形平面的直径为 204m；美国也建造了许多规模很大的气承式索－膜结构，比如亚特兰大为 1996 年奥运会修建的“佐治亚穹顶”（Geogia Dome，1992 年建成，图 0–9）采用新颖的整体张拉式索－膜结构，其准椭圆形平面的轮廓尺寸达 192m ×241m。许多宏伟而富有特色的大跨度建筑已成为城市的象征性标志和著名的人文景观。

随着城市化进程的不断推进，越来越多的超高层建筑如雨后春笋般在世界各地拔地而起，建筑高度纪录也不断被刷新。作为曾经世界上最高的建筑，马来西亚的国家石油双子座大厦（图 0–10）高 450m，共 88 层，于 1993 年底开工建设，1996 年初竣工。

近年来，我国的大跨度建筑和超高层建筑发展得也非常快。1975 年建成的上海体育馆（图 0–11），高度为 33m，圆形平面直径达 110m。1999 年建成的上海金茂大厦（图

图 0–10　马来西亚国家石油双子座大厦

图 0–11　上海体育馆

图 0–12　上海金茂大厦

0–12)，高度为 420.5m，曾经是我国内地第一高楼，地上 88 层，地下 3 层。

表 0–1 列出了超高层建筑中高度排名世界前 20 名的建筑（以截至 2010 年 12 月的数据资料统计而成）。

以上不同例子说明，建筑与结构是随着社会和科学技术的发展而发展的，它们相互影响又相互促进。在这当中，建筑材料、建筑技术和建筑结构形式对建筑风格和建筑艺术的影响又是那么的直接和明显。

世界最高的 20 座超高层建筑　　　　表 0–1

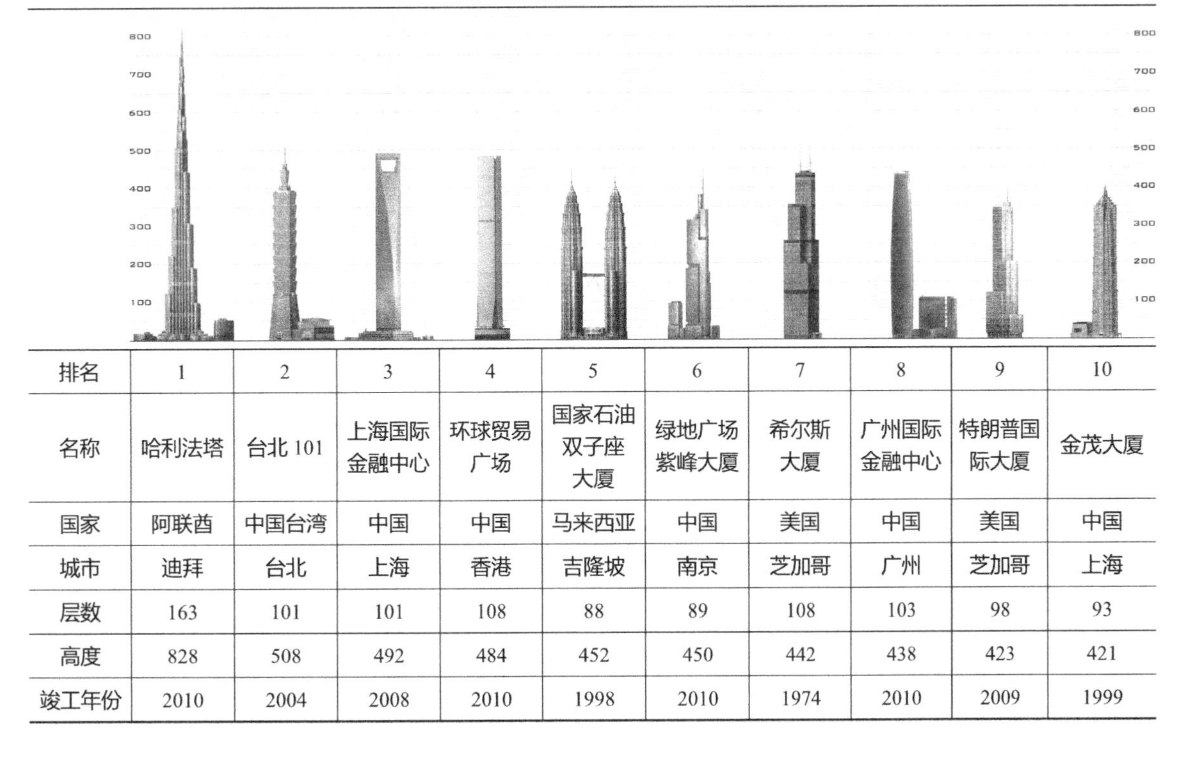

排名	1	2	3	4	5	6	7	8	9	10
名称	哈利法塔	台北 101	上海国际金融中心	环球贸易广场	国家石油双子座大厦	绿地广场紫峰大厦	希尔斯大厦	广州国际金融中心	特朗普国际大厦	金茂大厦
国家	阿联酋	中国台湾	中国	中国	马来西亚	中国	美国	中国	美国	中国
城市	迪拜	台北	上海	香港	吉隆坡	南京	芝加哥	广州	芝加哥	上海
层数	163	101	101	108	88	89	108	103	98	93
高度	828	508	492	484	452	450	442	438	423	421
竣工年份	2010	2004	2008	2010	1998	2010	1974	2010	2009	1999

续表

排名	11	12	13	14	15	16	17	18	19	20
名称	国际金融中心二期	中信广场	地王大厦	帝国大厦	中环广场	中国银行大厦	美国银行大厦	阿尔玛斯塔	阿联酋办公大厦	东帝士 85 国际广场
国家	中国	中国	中国	美国	中国	中国	美国	阿联酋	阿联酋	中国台湾
城市	香港	广州	深圳	纽约	香港	香港	纽约	迪拜	迪拜	高雄
层数	90	80	69	102	78	70	55	74	56	85
高度	415	391	384	381	374	367	366	363	355	348
竣工年份	2003	1997	1996	1931	1992	1990	2009	2009	2000	1997

图 0–13 所示为三个使用功能完全相同的餐厅建筑。由于使用功能的要求完全一致，故都需要其具有较大跨度的室内空间，但由于采用了不同的结构形式，最后形成了完全不同的建筑立面效果和迥异的建筑风格。

当然，我们前面分析的是建筑结构形式发展的技术因素，而促进建筑结构形式发展的社会因素，则在于随着社会生产力的发展以及人民生活水平的提高，人们对建筑的功能要求的丰富和提高。

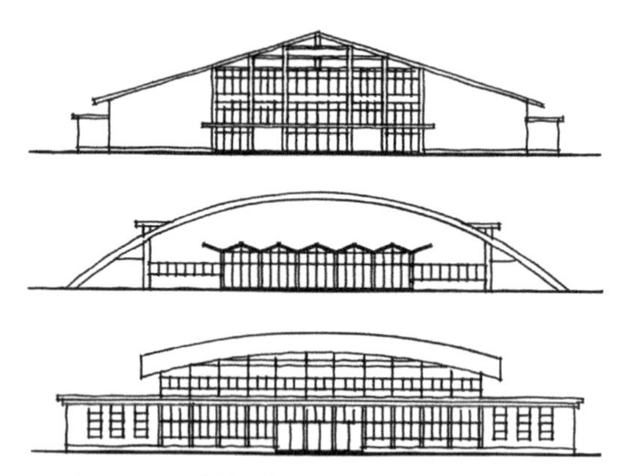

图 0–13　建筑结构形式与建筑风格的关系
（按从上到下的顺序为：木结构刚架；钢筋混凝土落地拱；钢筋混凝土双曲扁壳）

0.3　结构的艺术表现力

0.3.1　结构本身富有美学表现力，是构成建筑艺术形象的重要因素

为了达到安全和坚固的目的，各种结构体系都是由构件按照一定的规律组成的。这种规律性的东西本身就具有极强的装饰效果，比如古罗马建筑中常见的拱券结构形式，中国古建筑中独有的斗栱形式，现代建筑中球节点钢网架结构，以及悬挑结构等。

在建筑设计中，有些建筑师或靠附贴式的装饰，浓妆艳抹，或堆砌贵重的装修材料，盲目地追求建筑自身形体低层次的艺术效果，这样做都只能给人以虚假、庸俗的感觉，同时既浪费了人力物力，又难以坚固耐久。优秀的建筑师应该掌握如何运用结构装饰效果的方法，在建筑中自然地显示结构，最大化发挥结构的艺术表现力，把结构形式和建筑的空间艺术形象融合起来，使两者成为统一体，而不是将技术与艺术机械地相加。

目前，以诺曼·福斯特、罗杰斯等建筑师为代表的"高技派"建筑师不胜枚举，建筑结构美学的经典之作更是层出不穷，比如香港汇丰银行总行大厦、北京国家体育场等。

0.3.2 结构的美学表现力是建筑师艺术创造的结果

所谓自然地显示结构，并不是简单地显示结构的本身。结构本身并不等于艺术美，而是要经过建筑师认真地选择适合建筑的结构形式并加以恰如其分的艺术创造，才能形成美好的建筑艺术形象。

建筑的不同使用功能，需要不同的建筑空间，处理好建筑功能与建筑空间的关系，并选择合理的建筑结构形式，就自然形成了建筑的外形，然后去发现、选择、袒露那些建筑结构自身具有美学价值的因素；再在选择的基础上，根据建筑构图原理，对那些具有美学价值的结构因素进行艺术加工和创造，从而利用这些来构成建筑的艺术形象。

有着超群结构直觉的著名意大利建筑师奈尔维（1891~1979） 一生中创造了许多风格独特、形式优美、有着强烈个性的建筑作品。他曾说："建筑必须是一个技术与艺术的集合体，而并非是技术加艺术。"我们选择他的两个建筑作品进行分析，看看建筑大师是如何通过对建筑结构的袒露和艺术创造来表现建筑之美的。

1）意大利佛罗伦萨运动场大看台（图0–14）

意大利佛罗伦萨运动场大看台是钢筋混凝土框架结构，看台天棚的挑梁伸出17m，它的弯矩图是二次抛物线，如图0–15所示，

图0–14　意大利佛罗伦萨运动场大看台

建筑师把挑梁的外形与其弯矩图统一起来，但又不是简单的统一，而是利用混凝土的可塑性对挑梁的外轮廓进行了艺术加工，在挑梁的支座附近镂空出了一个三角形的形状，减轻了结构自重的同时，也使受力变得非常合理，更获得了很好的艺术效果。这个建筑直接地显示了结构的自然形体，并进行了恰如其分的艺术加工和创造，又不做任何多余的装饰，使结构的形式与建筑空间艺术形象高度的融合起来，形象优美，轻巧自然，给人以建筑美的感受。

这个例子说明，建筑物的质量感、荷载的传递与其支承的关系，也就是结构功能的实现，同样是建筑艺术表现灵感的重要源泉。

2）罗马小体育宫（图0–16）

罗马小体育宫建于1957年。其平面为圆形，直径60m，屋顶是一个球形穹顶，穹顶

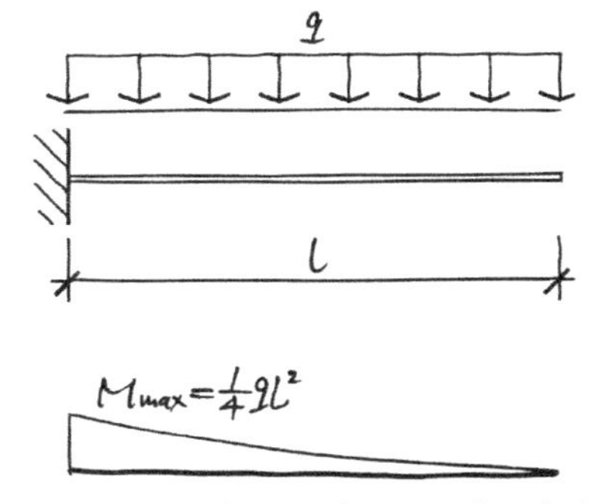

图0–15　意大利佛罗伦萨运动场大看台弯矩图

图 0–16　罗马小体育宫

宛如一张反扣的荷叶，由沿圆周均匀分布的 36 个 Y 形斜撑承托，把荷载传到埋在地下的一圈地梁上。

从建筑上看到的小体育宫的这一朴素优美的曲线外形，在结构上是极其合理的。首先，球形穹顶是一个双曲面薄壳结构，是具有良好的空间工作特性的结构形式之一；其次，薄壳结构是有推力的结构，如何才能更好地解决 60m 跨度的屋盖所产生的巨大推力呢？建筑师非常巧妙地利用与球形穹顶屋盖的曲线方向基本一致的 36 个 Y 形斜撑，以最佳角度解决了巨形屋盖传来的巨大的推力问题。

建筑师沿高度方向在 36 个 Y 形斜撑的中部设计了一圈白色的钢筋混凝土“腰带”，从建筑立面上看，这一条“腰带”从高度上将屋盖与 Y 形斜撑之间的比例重新进行了调整，使其立面的比例关系更加恰当和协调了。而从结构上来看，这一圈钢筋混凝土“腰带”，既是附属用房的屋顶，又是起加强 Y 形斜撑稳定性作用必不可少的联系梁。

球形穹顶的下缘由 36 个 Y 形斜撑相交形成的 36 个支点支承，每两支点间球形穹顶下缘均向上拱起，从建筑的整体效果上看，既丰富了建筑的轮廓，又校正了因视错觉产生的边缘下陷感。从结构的角度来看这一处理手法，则是使两个支点间的球形穹顶下缘形成了典型的拱壳结构，从而避免了在结构上极其不利的弯矩状态。

小体育宫优美的球形穹顶顶棚也是奈尔维的精心设计之笔，如图 0–17 所示。建筑师把结构构件统一地组织起来，加以艺术化，构成一幅绚丽的图案，使整个穹顶顶棚蔚然成景。球形穹顶由 1620 块预制钢丝网水泥菱形槽板拼装而成，构成了球形穹顶顶棚的精美图案，穹顶中心的尺度最小，越往边缘尺度也逐渐加大，与 Y 形斜撑相接处

图 0–17　罗马小体育宫球形穹顶顶棚

的构件尺度最大。整个穹顶顶棚犹如盛开的菊花，轻盈和谐，极富美感。建筑师的这一著名的穹顶顶棚设计，同样是建筑设计与结构设计巧妙结合的优秀艺术品。建筑师在设计中还同时考虑了施工的方便和可行性等技术问题。建筑师在组成球形穹顶的各预制槽板之间的接缝处，采用现浇钢筋混凝土的节点连接处理，自然形成了球形穹顶的“肋”，这种处理既减轻了屋顶结构层的自重，又保证了结构的承载能力和刚度要求；预制槽板的大小是根据建筑尺度、结构要求和施工机具的起吊能力决定的，反映出建筑师炉火纯青的驾驭建筑设计、结构设计及施工处理的综合能力。

同时，罗马小体育宫还对施工问题作了更为周密的考虑。建筑采用了装配整体式的混凝土施工方法，既节省了大量模板，又保证了结构的整体性。施工时，起重机安放在中央天窗处，这是安放起重机最理想的位置。而且由于整个建筑物没有任何多余的装饰，因此，经济效果亦很好。

罗马小体育宫的外形比例匀称，球形穹顶、Y 形斜撑及“腰带”等各部分划分得宜。Y 形斜撑完全暴露在外，混凝土表面不加装饰，显示出体育建筑的力量和活力，使整个建筑给人以强烈的感官感受，具有独特的意境。

以上例子说明，一个好的建筑设计，建筑和结构必然是有机结合的统一体。当然，要达到这一效果不是轻而易举或者一蹴而就的，它必然是建筑师把建筑方案和结构方案综合考虑、相互协调、精心创作后得来的产物，这就要求建筑师掌握各种建筑结构体系的基本特点、适用范围、设计要求及其经济效果。只有这样，建筑师才能在创作建筑方案的时候，同时选择合适的结构体系。

0.4 建筑结构选型的原则

建筑的**结构形式**有很多，如常见的梁板结构、桁架结构、刚架结构、拱结构、悬索结构、薄壳结构等，不同的结构形式可以满足各种不同功能空间的需要。除此之外，还有很多其他的结构形式，在此，我们暂不详细地一一罗列，原因主要是我们不想把读者引入到一个误区，即建筑结构的形式太多、太复杂了。**实际上，再多、再复杂的建筑结构形式，其构成和原理都是非常简单和基本的。**

如果细心地观察一下身边的建筑，你就会发现一个很有趣的现象并能轻易地得出一个结论，那就是建筑材料是非常丰富的。但是，可以作为建筑**结构的材料**却少之又少，常用的材料主要有砖、石、钢、木、混凝土、钢筋混凝土等，而相对于某一个特定的有限时空区域内（如一个国家、一个地区、一个城市、一个民族，又如一个时代、一种文化等），可能只有有限的两三种，例如古埃及的石结构建筑或是现代化大都市的钢结构及钢筋混凝土结构建筑等。

每种建筑结构材料有其自身特有的物理、力学性能，如各种材料的热胀冷缩性能、混凝土材料的遇水膨胀性能，又如砖、石、混凝土等几种材料具有很好的抗压能力，而它们的抗拉能力却低得多，在建筑结构上，它们的抗拉能力基本没有利用的价值等，了解和掌握这些性能是学好建筑结构形式的基本要求。

这里想请读者注意一个问题。为了更清楚地掌握建筑结构的概念和原理，我们应**把建筑结构承载方式的不同和建筑结构材料的不同予以区分**，也就是说，**建筑的结构形式类型和建筑的结构材料类型是相对独立的，分别去学习和掌握它们，更有利于我们对建筑结构的清晰理解和正确认识，更具有科学性和合理性。**例如，我们学习框架结构，首先应弄清楚它的结构形式类型，学习它的组成、结构特征、构造类型、与墙承载结构相比较的优缺点等；第二步，我们再来认识建筑结构的材料类型，了解、掌握框架结构可以用哪些建筑结构材料来建造，比如既可以采用钢筋混凝土材料建造，也可以采用木材、钢材等材料建造。虽然采用的建筑结构材料不同，但它们都具有框架结构的组成、结构特征、构造类型、与墙承载结构相比较的优缺点等共同的基本特征，所不同的只是不同材料性能方面的一些差异以及对结构产生的相应影响。

那么，建筑师在选择建筑结构形式的时候，应该考虑哪些原则呢？

0.4.1 选择能充分发挥材料性能的结构形式

1）根据力学原理选择合理的结构形式，使结构处于无弯矩状态，以达到受力合理，节省材料的目的

根据建筑力学原理及材料的特性可知，轴心受力的构件比偏心受力或弯、剪受力的构件更能充分利用材料的强度，人们由此创造出了多种形式的结构，使这些结构的构件处于无弯矩的状态，从而使材料的力学性能得到充分的发挥。

从图 0–18 中可以看出，轴心受力（本例为轴心受压）构件截面上的应力是均匀分布的，整个构件截面的材料强度都得到了充分的利用。而受弯构件截面上的应力分布是不均匀的，除了截面上、下边缘可以达到受压、受拉的最大强度之外，中间部分的材料强度并没有充分发挥作用。因此，如果我们把中间部分的材料减少到最低限度并把它转移到上、下边缘处，就形成了受力较为合理的工字形截面杆件。

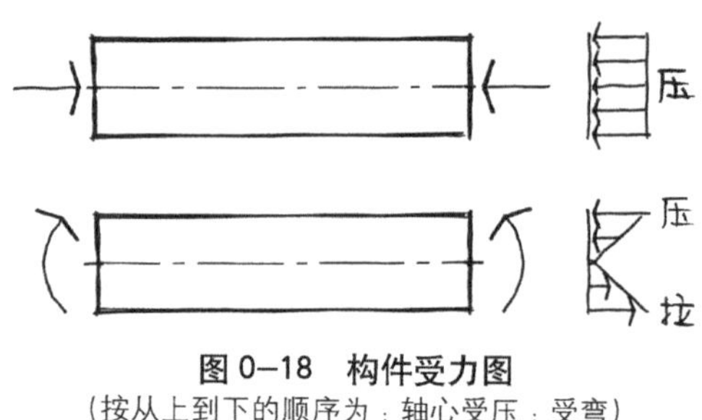

图 0–18 构件受力图
（按从上到下的顺序为：轴心受压；受弯）

下面我们将对这个问题作更进一步的分析。如图 0–19 所示，我们作一个不同构件的受力分析，首先以承受集中荷载的简支梁为例，如前所述，从矩形截面转变为工字形截面，提高了构件受力的合理性。再进一步，我们还可以把梁腹部的材料挖去，形成三角形的孔洞，于是梁就变成了桁架结构。

桁架的上弦受压，下弦受拉，它们组成力偶来抵抗弯矩；腹杆以承受轴力的竖向分力来抵抗剪力。从这里可以进一步看出，由于桁架结构在满足一定条件（只在桁架节点承受荷载）时，所有杆件都只承受轴向力，因此，桁架结构比工字形截面梁更能发挥材料的力学性能。

从图 0–19 还可以看出，梁的弯矩图呈折线形，跨中弯矩值最大，而两端弯矩值为零。因此，在矩形桁架中各个杆件所受的内力是有较大差距的，还是不能使每一根杆件的材

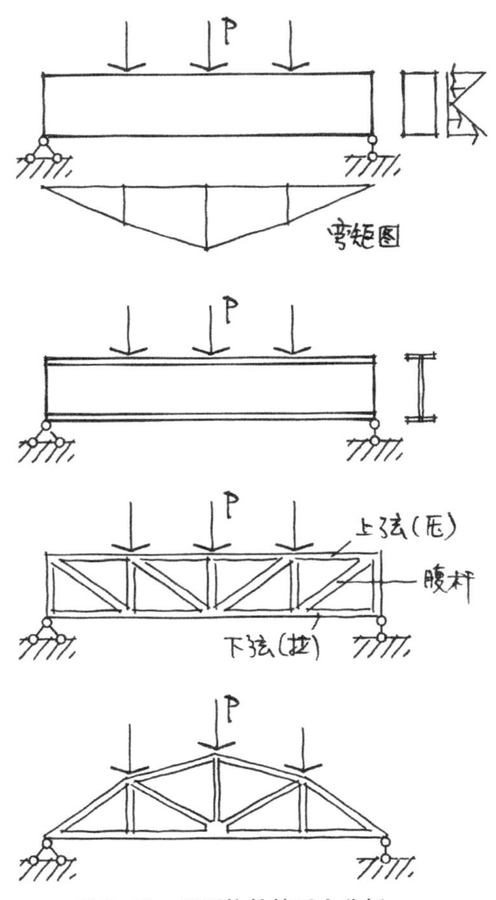

图 0–19　不同构件的受力分析
（按从上到下的顺序为：矩形截面简支梁；工字形截面简支梁；矩形桁架；折线形桁架）

料强度都得到充分地利用。于是，我们再作进一步的改变，使桁架的外轮廓线形状（折线形）与弯矩图的形状一致起来，这样，拱形桁架的受力会更为合理。因此，我们在设计中应该力求使所选择的结构形式与内力图形统一、一致起来。

通过上述分析，我们可以看到，建筑力学的知识对于建筑师来说是多么的重要。当你在为一个建筑方案的结构形式踌躇不定的时候，建筑结构的受力分析会帮助你得到一个圆满的答案。

当然，在这里也必须指出，构件的合理性是相对的和综合的，受力合理只是其中的一个方面。虽然矩形截面梁受力方面有不合

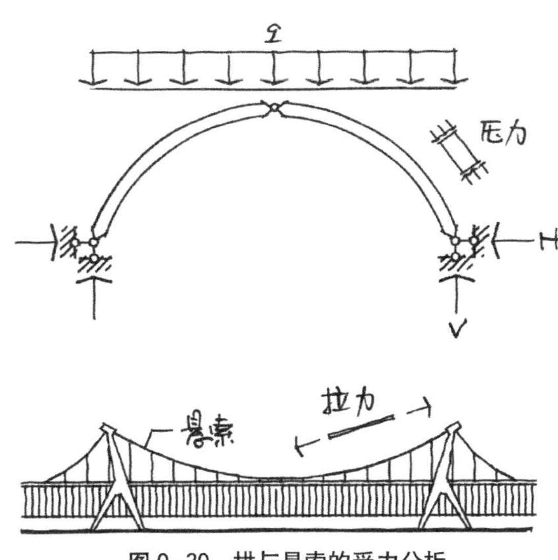

图 0–20　拱与悬索的受力分析
（按从上到下的顺序为：拱结构；悬索结构）

理的一面，但是它的外形简单，制作方便，又有其合理的一面。在小跨度范围内，矩形截面梁仍是广泛应用的构件形式之一。桁架结构外形复杂，制作难度相对大一些，但在节点荷载作用下，其各杆件处于轴心受力状态，受力较为合理，适用于较大跨度的建筑。

如图 0–20 所示，拱结构和悬索结构也属于轴心受力结构。在拱结构中，当其轴线为合理曲线时，可以使全截面受压。因此，可以利用抗压强度高且成本较低、材料来源广泛、易于就地取材的砖、石、混凝土等材料建造较大跨度的建筑。悬索结构是轴心受拉结构，它可以利用高强度的钢丝建造大跨度的建筑。

梁、桁架、拱和悬索均属于杆件系统结构。而薄壁空间结构是一种面系统结构，且多为曲面形式，也是一种受力合理的结构形式。自然界动物的卵壳和蚌壳等，都是利用最少材料获得最坚固效果非常好的实例。曲面形的薄壁空间结构也主要是轴向受力，因此也能充分发挥材料的力学性能。由于它的空间作用，结构刚度也很大。采用薄壳结构

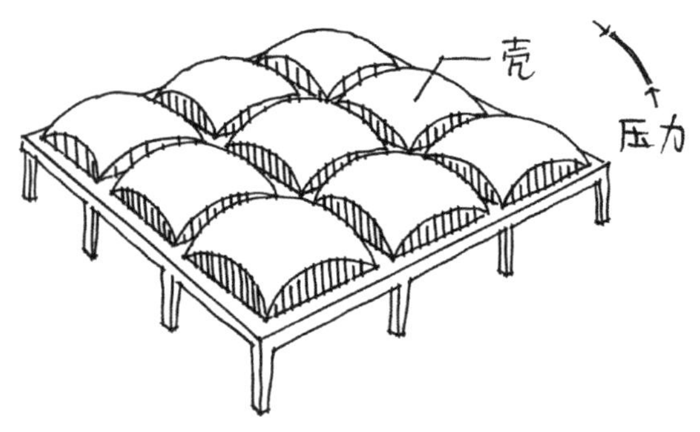

图 0–21　双曲薄壳屋盖

建造的几十米的大跨度屋盖，其厚度仅有几厘米，如图 0–21 所示。

以上诸例说明，根据建筑力学的原理，选择合理的结构形式，使结构处于无弯矩状态，以达到受力合理、节约材料的目的，这是确定结构形式的重要原则之一。

2）减少结构的弯矩峰值，使结构受力更为合理

减少结构的弯矩峰值，也是使结构受力合理的途径之一，如图 0–22 所示。利用结构的连续性，采用刚架和悬臂梁结构，可以使梁的弯矩峰值比同样跨度简支梁的弯矩峰值大大减小，这样也可以达到提高结构承载能力或扩大结构跨度的目的。

0.4.2　合理地选用结构材料

1）充分利用结构材料的长处，避免和克服它们的短处

每一种建筑结构材料的力学性能不尽相同，有的材料抗压强度高而抗拉强度很低，有的材料抗拉强度和抗压强度都很高。选用材料的原则是充分利用它们的长处，避免和克服它们的短处。

表 0–2 所示为常用建筑结构材料的力学性能指标。

从表 0–2 中可以看出，混凝土和砖石砌体抗压性能较好，而抗拉性能很差，抗拉

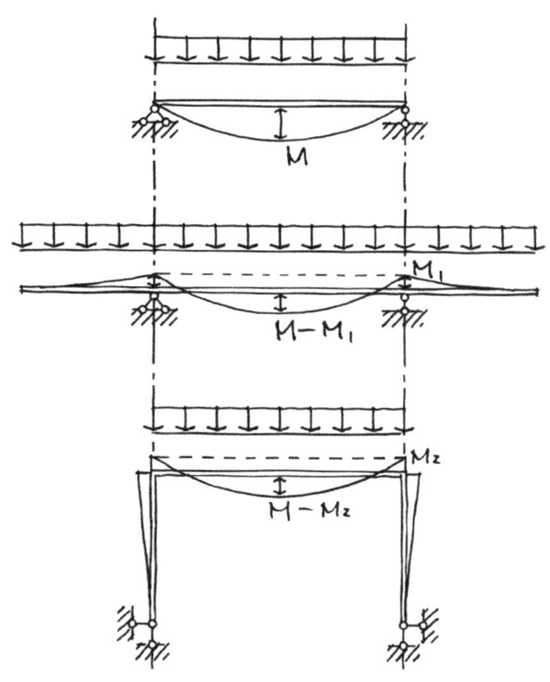

图 0–22　不同结构的弯矩图
（按从上到下的顺序为：简支梁弯矩图；悬臂梁弯矩图；刚架弯矩图）

强度只有抗压强度的 1/10 左右；钢的抗拉和抗压性能都很好；木材的两种力学性能差距不大。

常用建筑结构材料抗压强度和抗拉强度指标（设计值）　表 0–2

指标 \ 材料	钢	木	混凝土	砖砌体
	HRB335（20MnSi）	东北落叶松	C30	MU10，M5
抗压强度 f_c（N/mm²）	300	15	14.3	1.50
抗拉强度 f_t（N/mm²）	300	9.5	1.43	0.13
f_t/f_c	1/1	1/1.6	1/10	1/11.5

通过上述分析我们得知，应当根据建筑结构的受力特点选择恰当的材料，并且应该注重材料的搭配组合，扬长避短。目前工程上普遍采用的钢筋混凝土结构就是典型的实例。钢筋和混凝土两种材料组合在一起，钢

筋主要布置在构件的受拉区，而混凝土重点解决构件受压区的受力要求。再如，在历史悠久的砖混结构中，砖、石材料用在以受压为主的墙体中，而受弯（拉、压复合受力状态）为主的楼板、屋架、楼梯结构中，早期以木结构为主，水泥出现以后则以钢筋混凝土取代木材。再如，可以利用混凝土、砖石砌体建造较大跨度的受压为主的拱式结构，可以利用高强钢丝建造大跨度的受拉的悬索结构等。这样的经典做法不胜枚举，比如，钢－木屋架、钢－钢筋混凝土屋架等，以钢筋混凝土或木材作受压杆件，以钢材作为受拉杆件。这些都是结构材料合理运用的经典。

如图 0–23 所示常见的体育场建筑，就是一种很好的组合结构的实例。体育场的看台部分一般都采用钢筋混凝土框架结构，而观众席的天棚则多采用悬挑的钢结构。这种组合结构受力合理，能够充分地发挥各种结构材料的强度。

图 0–23　体育场建筑

2）提倡结构形式的优选组合

以上钢筋混凝土结构、砌体结构以及一些组合结构在材料运用上的合理组合告诉我们，在建筑设计当中，整个建筑物结构形式的优选组合也是大有文章可做的，并且应该大力地提倡。

结构形式优选组合的工程实例有很多，其中美国雷里竞技馆的结构体系就是一个成功的范例，如图 0–24 所示。美国雷里竞技馆是拱式结构和悬索结构的组合，屋盖采用马鞍形悬索结构，悬索的拉力传到两个交叉的钢筋混凝土斜拱上，斜拱受压。这个建筑不仅受力合理，而且造型非常美观。图 0–25 所示为美国雷里竞技馆的结构受力示意图。

图 0–24　美国雷里竞技馆

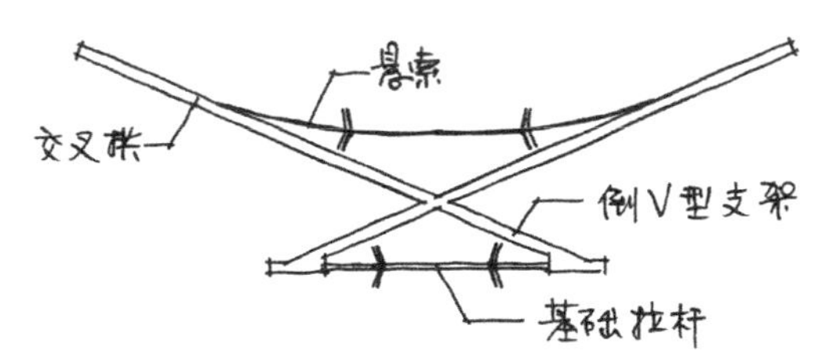

图 0–25　美国雷里竞技馆结构受力示意图

我们再看一个江西省体育馆的实例，如图 0–26 所示。江西省体育馆总建筑面积 18620m^2，设有 8000 个观众席。建筑平面呈长八边形，东西长 84.32m，南北宽 74.6m。建筑造型采用高耸的大拱、吊索以及网架三种大跨度结构相结合的处理手法，形成了一个体现体育比赛力与美的空间造型。跨度为 88m、高度为 51m 的变截面大拱立于体育馆东西向的中间，不仅是建筑造型的需要，更是建筑结构的主要受力构件：它将一个原本跨度为 84m 的大型网架分成了两个跨度为 38m 的中型网架，通过大拱下吊索的吊挂和平面周边结构柱的支承，巧妙地构成了大型体育馆两端高、中间低的合理空间，大大减少了观众厅的人均容积指标，也使体育馆内因供热、制冷所需的能源消耗大大降低，从而使建筑的造型、结构的功能和能源的节省得到了完美的统一。另外，大拱因结构侧向稳定的需要，拱脚从 36m 高度以下开始分叉，肢距为 18m，并采用了箱形断面，不仅结构上更为合理，还为屋面排水管及其他管线的敷设提供了通道。图 0–27 所示为江西省体育馆的剖面图。

从上述实例可以看出，要想创造出更多、更好的优美的建筑造型，我们就必须对各种建筑结构形式有全面、充分、准确地了解和掌握，并能够熟练地进行创造性的筛选、加工和组合，而不是仅仅停留在对别人作品的追风和模仿上。

3）采用轻质高强的结构材料

建筑结构材料的理想要求是质量轻、强度高。在大跨度结构中，屋顶自重等永久荷载占全部荷载的 80% 左右；而在超高层建筑中，随着高度的增加，建筑物的竖向重力荷载迅速增加，对地基的要求也越来越高。因此，在大跨度建筑和超高层建筑中，采用轻质、高强的结构材料具有极为重要的意义。

在超高层建筑中，美国休斯敦贝壳广场大厦（One Shell Square）是应用轻质、高强材料的一个成功范例，如图 0–28 所示。如果大楼采用普通混凝土，因受地基容许承载力限制只允许建造 35 层；而全部采用轻质、高强的混凝土（其自重为 18kN/m^3，不足普通混凝土的 3/4）后，由于结构重量减轻而建造了 51 层（高 212m），而且单位面积的造价也

图 0–26　江西省体育馆

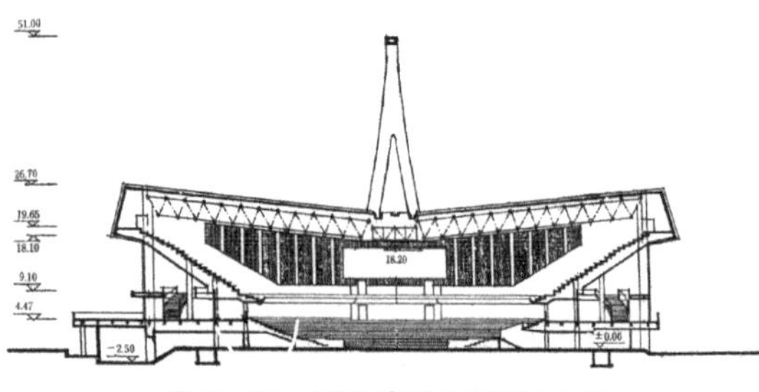

图 0–27　江西省体育馆剖面图

图 0–28　美国休斯敦贝壳广场大厦

与原计划采用普通混凝土建造的 35 层大楼单价相差无几。它是目前最高的全部采用轻质混凝土建造的超高层建筑。

建筑结构的材料既重量轻又强度高，往往不能兼而得之。对于建筑结构材料的综合评价，我们可以引用单位密度的强度指标（f/ρ）来衡量，其中，f 为材料的强度（N/mm^2），ρ 为材料的质量密度（kg/m^3），单位密度的强度指标 f/ρ 为长度单位，其物理意义是材料以自身重量把自己压坏所需要的高度。表 0–3 为常见建筑结构材料的 f/ρ 值。

常见建筑结构材料的 f/ρ 值　　表 0–3

指标＼材料	钢		木	混凝土		砖砌体
	Q420 钢	Q345 钢	东北落叶松	C40	C20	（MU10/M5）
f（N/mm^2）	325	250	15	19.1	9.6	1.5
ρ（kg/m^3）	7850	7850	650	2400	2400	1900
f/ρ（m）	4140	3185	2308	796	400	79

注：此处钢材为其厚度或直径大于 50~100mm 时的强度指标。

从表 0–3 中可以看出，在常用建筑结构材料的 f/ρ（即材料的轻质高强的性能）指标中，钢材的指标最好，木材的指标其次，砖砌体的指标最差。这也正是目前超高层建筑和大跨度建筑均普遍采用钢结构的主要原因。

当然，在建筑设计当中，建筑结构的材料及结构形式如何来选择不是简单的只由一个 f/ρ 值来确定的，而是应该根据建筑的功能要求、材料供应的可能、建筑的投资与造价以及施工条件等多方面的因素来综合确定。

复习思考题

0–1　为什么说“建筑结构选型是建筑师的工作”？

0–2　建筑结构形式的影响因素有哪些？

0–3　建筑结构有哪些非结构功能？建筑师应该如何设计这些功能？

0–4　建筑结构选型的原则是什么？

上篇

平板结构体系

本书的创新之处是将所有的建筑结构形式划分为两种最基本的结构类型，即平板结构与曲面结构（本书的上、下篇即按此种分类方法进行介绍）。所谓平板结构，在这里只是一个简单和基本的概念，即非曲面结构。同样，曲面结构即非平板结构。

看看我们身边大量建造的建筑，其外部形式以横平竖直的矩形体量居多，这些都属于平板结构的范畴，甚至有些外形上看似曲面的建筑，其结构形式也是非曲面的（即仍是平板结构)。可以这样说，从建造的总量上来说，平板结构类型的建筑占了极高的比例。造成这种状况的原因主要有两个：第一，矩形体量的建筑空间（特别是当这些空间需要重叠在一起建造的时候）更符合人们的需要 ；第二，矩形体量的建筑空间更容易设计和建造。

这里首先区分清楚一个概念，**即平板结构不等同于所**

谓的板式结构（如常见的楼板结构中不设梁的楼板）。事实上，**板式结构与梁板式结构都属于平板结构的范畴**，因为在这两种最常见的楼板结构类型中并没有曲面结构的出现。更进一步要搞清楚的一个重要概念是，**平板结构不仅涵盖建筑结构水平分系统（包括楼板结构、屋顶结构、楼梯结构等）中的板式结构与梁板式结构，而且同样涵盖了建筑结构竖向分系统，包括结构柱、结构墙体、带壁柱结构墙体等。**

之所以把所有的建筑结构形式只划分为平板结构与曲面结构两种最基本的结构类型，是因为这两种结构类型的力学特征非常明显，具有极强的**可辨性。例如，平板结构这种结构类型，包括我们上面提到的建筑结构水平分系统和竖向分系统中的所有构件（梁、板、梯段、柱、墙等），都是典型的受弯为主的结构构件（梁、板、梯段构件在竖向荷载作用下受弯，柱、墙构件在水平荷载作用下受弯），因此，它们在结构设计的许多方面就有了采用同样措施和要求的依据和前提：都可以采用钢筋混凝土材料，直杆形构件（柱、梁）为抵抗结构变形所需的外形尺寸（柱的细长比和梁的高跨比）都是 1/15~1/10 左右，甚至悬挑梁构件的高跨比和建筑物（均为竖向悬挑）的体型宽高比也都同样的取 1/6~1/5 左右……**

这些难道都是巧合吗？不是的，这恰恰是由于它们之间相同的力学特征所决定的，它们遵守着相同的、内在的客观规律。

由于同样的道理，对于曲面结构来说，包括拱结构、薄壳结构、悬索结构等，都是典型的轴向受力（轴心受压、轴心受拉或轴面受压、轴面受拉）为主的结构类型，它们几乎都能充分地发挥构件材料的极限强度，因此，都可以使用很少的结构材料、很小的截面尺寸，而解决很大跨度空间的结构需要。更重要的一个共同的结构特征是，所有的曲面结构都是有推力的结构，结构设计中抵抗推力的措施实际上是曲面结构得以节省材料的一个必然的代价。

也许，以上的分析对于初学者来说还不能完全理解，实际上我们也没有完全展开来作深入的分析。随着后面各种结构类型的具体介绍，我们将会逐渐打开理解的大门。

在平板结构这一篇中，我们将介绍一般平板结构、桁架与屋架、刚架结构与排架结构、网架结构、高层建筑结构体系五个部分。

第 1 章

一般平板结构

我们有必要再次强调一下，为了更清楚地掌握建筑结构的概念和原理，我们应该**把建筑结构的材料不同和结构承载方式的不同予以区分**，也就是说，**建筑的结构材料类型和结构形式类型是相对独立的，分别去学习和掌握它们，更具有科学性和合理性。**

建筑结构中的梁、板以及楼梯结构等均属于受弯构件，主要承受弯矩和剪力的作用，此外，结构在处于悬挑状态时，为平衡其倾覆力矩的梁等构件还要承受扭矩。在实际工程中，以上这些结构的应用都非常广泛。实际上，结构墙体以及柱等竖向分系统的结构构件在风荷载、地震作用等水平荷载作用下也要承受弯矩和剪力的作用，这在高层建筑的结构设计中更成为主要的结构工作状态。

为了叙述问题的简便，我们在这一章中主要介绍建筑结构水平分系统中的一般平板结构，即常见的梁、板、楼梯构件以及它们在悬挑状态下的结构类型。结构墙、柱等竖向分系统中一般平板结构的内容，我们将在第五章（多高层建筑结构）另作详细的介绍。

还有一点需要说明的是，在常见的结构材料中，钢筋混凝土是最广泛使用在建筑结构水平分系统（梁、板、楼梯构件等）当中的材料，因此，本章的内容介绍多偏重钢筋混凝土材料，或者说以钢筋混凝土材料为例来介绍一般平板结构。但是，本章所介绍的一般平板结构的所有力学特征和结构属性，也完全适用其他结构材料（例如木结构、钢结构等）建造的一般平板结构。

1.1 板式结构

板式结构是一般平板结构中最常见、最基本的结构类型，属于典型的受弯构件。

一般情况下，板式结构都以等厚的形式存在，像楼板结构层中常采用的平放等厚钢筋混凝土楼板，如图 1–1 所示。在平屋顶结构层中，这种类型的结构也普遍采用（有时考虑形成屋顶排水坡度的一种方式，会把屋顶结构板倾斜放置），还有楼房建筑中的楼梯构件，包括楼梯段和休息平台板等，也经常采用板式的结构类型，如图 1–2 所示。这里，**楼梯段是一个比较特殊的构件，它的外形是锯齿形的，并且是倾斜放置的，但是，这种外形上的特殊性只是由于它的建筑使用功能**

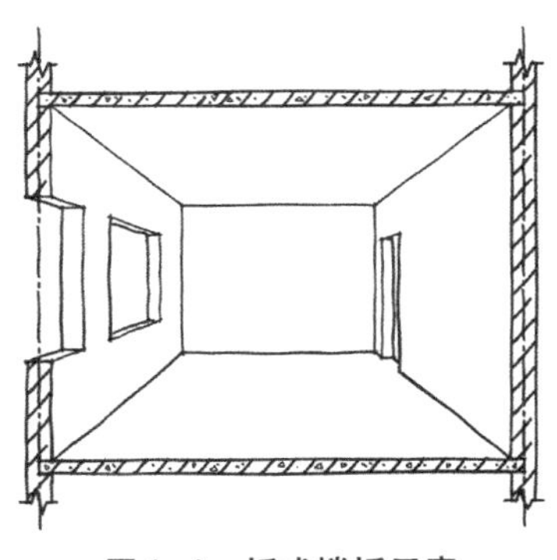

图 1–1 板式楼板示意

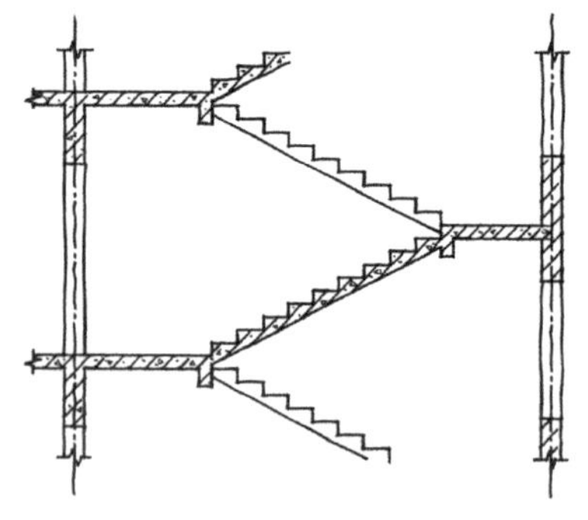

图 1–2　板式楼梯示意

是解决上下层之间垂直交通的设施，而它在结构的功能上却是和楼板等结构构件完全相同的，也就是说，楼梯段构件也是基本的受弯构件，它的特殊性在结构上的体现就是其两端的支座是不等高的，其他方面与楼板结构没有什么不同。

1.1.1　单向板与双向板的概念

按照板的支承情况以及它的受力和传力的特点，我们把板分为单向板和双向板两种类型。在实际工程中，板可以采用周边支承的方式，如最常见的建筑室内房间的矩形平面板四边支承；也有三边支承、两边支承（相邻两边或相对两边）、单边支承的情况。在墙承重结构中，支承板的一般是结构墙体，也有设置梁来支承板的；在柱承重结构中，支承板的一般是梁。为了叙述问题的方便，我们先以矩形平面四边支承的板为例来做一个分析。

如图 1–3 所示，在板承受和传递荷载的过程中，板的长边尺寸 l_2 与短边尺寸 l_1 的比值情况，对板的承受和传递荷载方式影响极大。当 $l_2/l_1>2$ 时，在荷载作用下，板基本上只在短跨方向（即平行于 l_1 的方向）产生挠曲，而在长跨方向（即平行于 l_2 的方向）的挠曲很小，这表明荷载主要沿短跨方向传递，故称单向板；当 $l_2/l_1\leqslant 2$ 时，则在长跨、短跨两个方向都有较明显的挠曲，如图 1–4 所示，这说明板在两个方向都传递荷载，故称为双向板。

以上单向板、双向板的分析，是在板的四周全部有支承的情况下进行的。事实上，在板的四周并非全部有支承的条件下，同样可以区分单向板或是双向板，比如，一个矩形的板，当其有三边支承或相邻两边支承的时候，仍会在两个方向都传递荷载，故仍以 l_2 与 l_1 的比值区分为双向板或单向板；但是，如果只在相对两边或只在一边有支承的情况下，荷载显然只能沿着一个方向传递，这时

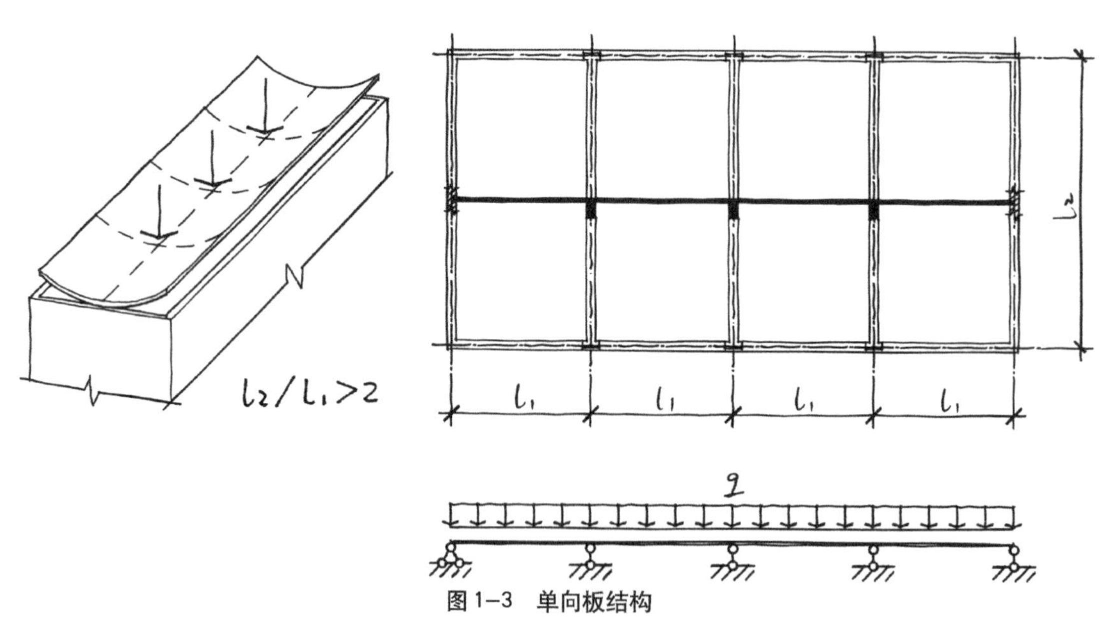

图 1–3　单向板结构

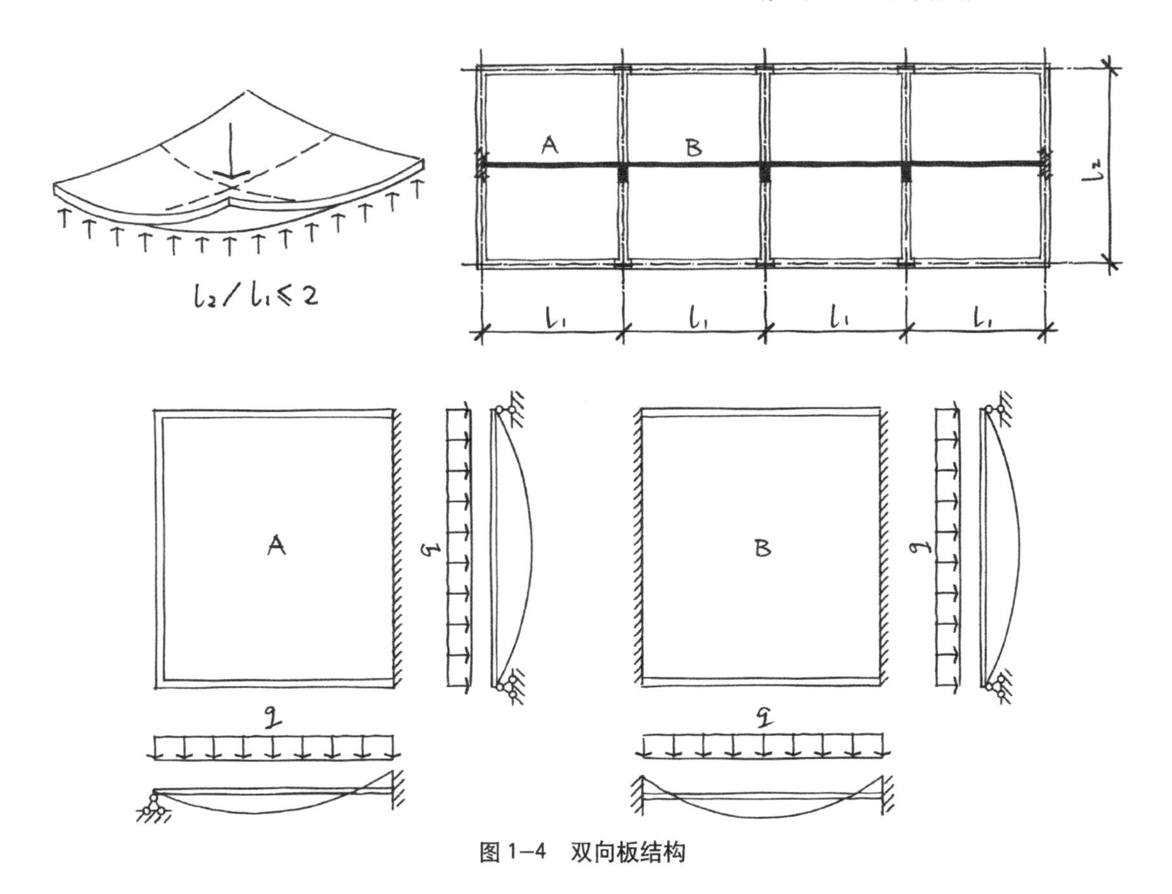

图 1–4 双向板结构

就只有单向板一种类型了。

双向板在结构上属于（三维）空间受力和传力，单向板则属于（二维）平面受力和传力，因此，双向板比单向板更为经济合理。

图 1–5、图 1–6、图 1–7、图 1–8 所示为几种四边支承、三边支承、多点支承（即无梁的板柱结构体系）和圆形及环形支承等情况的板式结构。

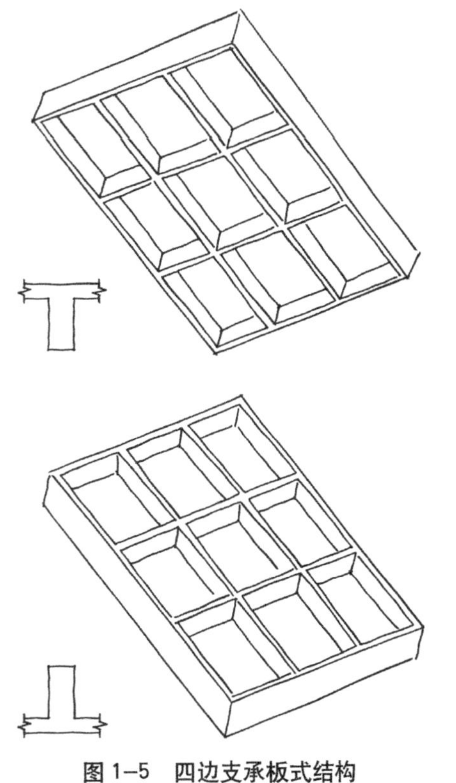
图 1–5 四边支承板式结构

1.1.2 钢筋混凝土板的截面厚度的确定

对于任何一个结构构件来说，其截面尺寸的确定主要应依据其抗变形能力的需要，即对于水平分系统的构件（梁、板、楼梯段等）主要依据其刚度条件，而对于竖向分系统的构件（墙、柱等）则主要依据其稳定性条件。

为了保证其具有足够的刚度，钢筋混凝土板的厚度可用高跨比（h/l）来进行估算。

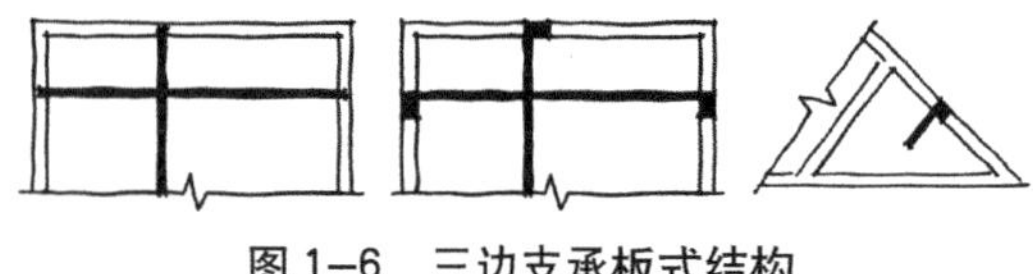

图 1–6 三边支承板式结构

图 1–7 多点支承板式结构

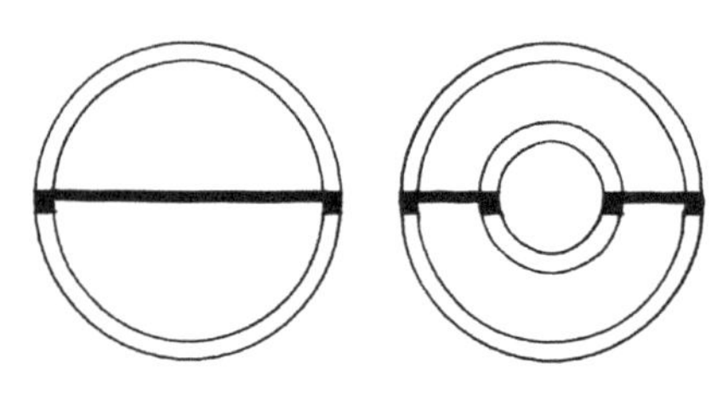

图 1–8 圆形及环形支承板式结构

一般情况下，h/l 可大致取 1/40~1/30 左右。

结构板的厚度取值，需要根据板的承载情况、支座情况、刚度要求以及施工方法等多种因素的不同来综合确定。一般情况下，结构的刚度要求和支座情况是重点考虑的因素，可参照下列要求确定结构板的厚度取值（最终取值应为1/10M，即10mm的整数倍数）：

简支板时，板厚一般取其主跨（即短跨）的 1/35~1/30，并且不小于 60mm；

多跨连续板时，板厚一般取其主跨的 1/40~1/35，并且不小于 60mm；

悬臂板时，板厚一般取其跨度（悬臂伸出方向）的 1/12~1/10，此厚度值为悬臂板固定支座处的要求，为减轻构件自重，悬臂板可按变截面处理，但板自由端最薄处仍不应小于 60mm。

由于无梁式楼盖结构和屋盖结构是将板直接支承在柱上，所以，柱顶附近的板将受到较大的冲切荷载作用。为了提高钢筋混凝土板对冲切荷载的承受能力，应适当地增加板的厚度，并宜在柱顶设置柱帽。板厚一般可取其跨度的 1/30~1/25，并且不应小于 150mm。

以上关于钢筋混凝土板截面厚度的要求归纳于表 1–1 中。

钢筋混凝土板的截面尺寸估算参考值 表 1–1

板的类型	高跨比（h/l）	最小厚度要求（mm）
简支板	1/30~1/35	60
多跨连续板	1/35~1/40	60
悬臂板	1/10~1/12	60
无梁楼板	1/25~1/30	150

很显然，板（包括梁）等受弯构件的截面厚（高）度主要取决于它自身的跨度，这一点应牢牢记住。另外，结构材料的不同对于结构刚度的影响并不大，也就是说，采用其他结构材料做板（或梁）这类结构构件，其截面厚（高）度仍然主要取决于它自身的跨度。

1.2 梁板式结构

在平板结构中，板式结构外形简单，设计和施工都比较方便，但是，受到抗变形能力要求的限制，其可采用的跨度不能太大，否则的话，就会造成板的厚度过大，既造成材料的浪费，又使结构承担的自重荷载加大。这时，梁的设置可以很好地解决这个问题，也就形成了梁板式结构。也可以这样说，**在结构中，梁的设置主要是为了减小板的跨度。**

我们将根据梁自身外形的不同以及其支承条件的变化，进行梁板式结构的类型介绍。

1.2.1 梁板式结构按支承条件分类

1）简支梁

简支梁是静定结构，计算简图如图 1–9 所示。工程上采用的预制装配式钢筋混凝土梁都属于简支梁的范畴。建筑力学的知识告诉我们，在跨度和荷载相同的情况下，简支梁的内力较连续梁大。考虑经济的因素，简支梁一般应用于较小跨度的结构中。目前，建筑结构中常用的预制钢筋混凝土梁跨度可做到 18m。对于跨度需求更大的建筑结构可以采用截面为中空的箱形简支梁，因为在此种情况下，自重已成为梁的主要荷载，采用箱形截面大梁比较经济。

由于简支梁是静定结构，所以当梁的支座有不均匀沉降时，不会引起附加应力，如图 1–9 所示。因此，当建筑的地基较差，可能有较大的不均匀沉降时，采用简支梁结构比较有利。

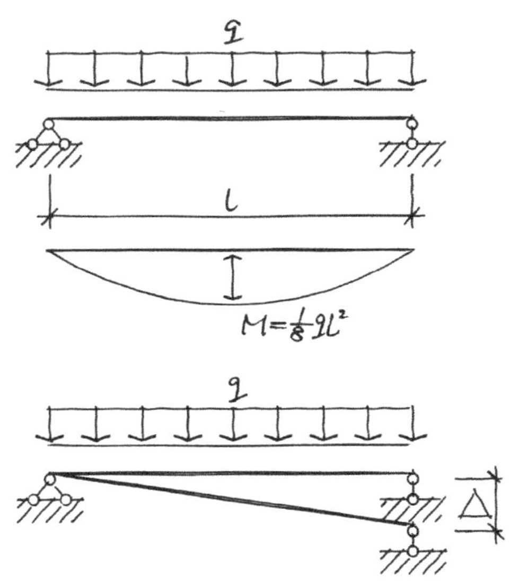

图 1–9 简支梁的计算简图

2）多跨连续梁

多跨连续梁是超静定结构，工程上采用的现浇钢筋混凝土结构构件（包括梁、板等）多属于这种结构。根据建筑力学原理，利用结构的连续性来提高结构的承载能力和抗弯变形能力是一种重要而且有效的方法，它可以减小弯矩峰值和变形挠度，如图 1–10 所示。

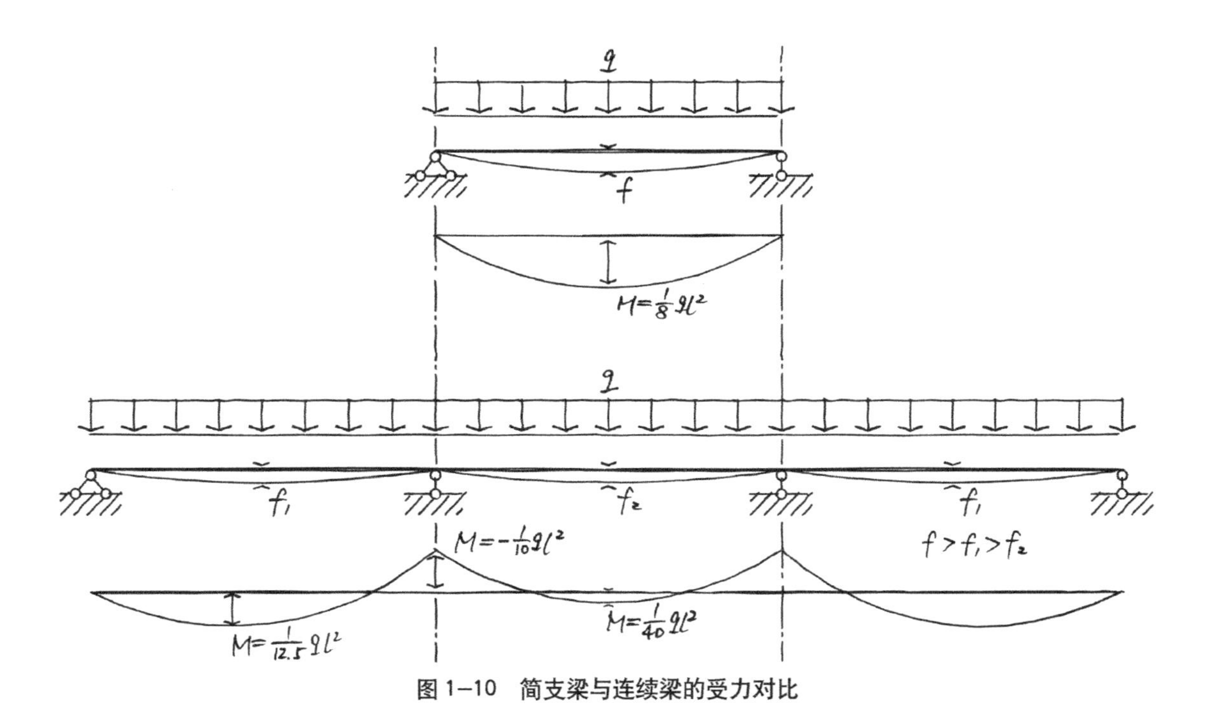

图 1–10 简支梁与连续梁的受力对比

从以上分析可以得出连续梁的特点如下：

（1）连续梁的弯矩和挠度均小于简支梁。也就是说，在荷载和跨度相同的情况下，连续梁的截面高度可以较小，换句话说，当梁的荷载和截面高度相等时，连续梁可以比简支梁做到更大的跨度。这在设计中是很有意义的；

（2）从图 1–10 可以看出，连续梁边跨的弯矩和挠度比中跨大，所以边跨跨度稍小一些是有利的。因此在不影响使用要求的情况下，采用这种结构布置方法可以获得更好的经济效果；

（3）从图 1–10 还可以看出，连续梁支座截面的弯矩还是比较大的，梁的截面高度往往由支座截面控制。所以对于较大跨度的连续梁结构，梁采用变截面的形式，对受力更为有利。这样既可以减轻结构的自重，又可以增大建筑的使用空间，如图 1–11 所示；

（4）多跨连续梁是超静定结构，结构整体刚度较大，当发生局部破坏时，它可以产生内力的重分布，避免整个结构的破坏；而静定结构则不可能产生内力的重分布。但是，当连续梁的支座有不均匀沉降时，将会引起结构产生附加应力，如图 1–12 所示。因此在设计中如遇到较差的地基可能产生过大的不均匀沉降时，应进行必要的沉降分析。

3）静定多跨梁

这种结构形式也是很常见的，例如木结构的檩条就经常采用这种结构形式，如图 1–13 所示。它可以利用一部分短料做成较大跨度的多跨梁，是节约木料的有效方法之一。这种结构形式在桥梁建筑中也被广泛采用，因为是静定结构，所以当支座有不均匀沉降时，在结构中不产生附加应力。

1.2.2 梁板式结构按梁身外形的不同分类

梁按其形状可以分为直线形梁、折线形梁和曲线形梁等。在一般情况下，绝大多数的梁均采用直线的形式。有时，为了建筑造型或使用空间上的某种需要，也会采用折线形梁和曲线形梁。

1）折线形梁

在这里，**梁的折线形式是从剖面的角度讲的。**楼梯斜梁是最常见的折线形梁，如图 1–14 所示。它的受力特点与相应的直线形梁相同。在竖向荷载作用下，折线形梁的弯矩图与相应

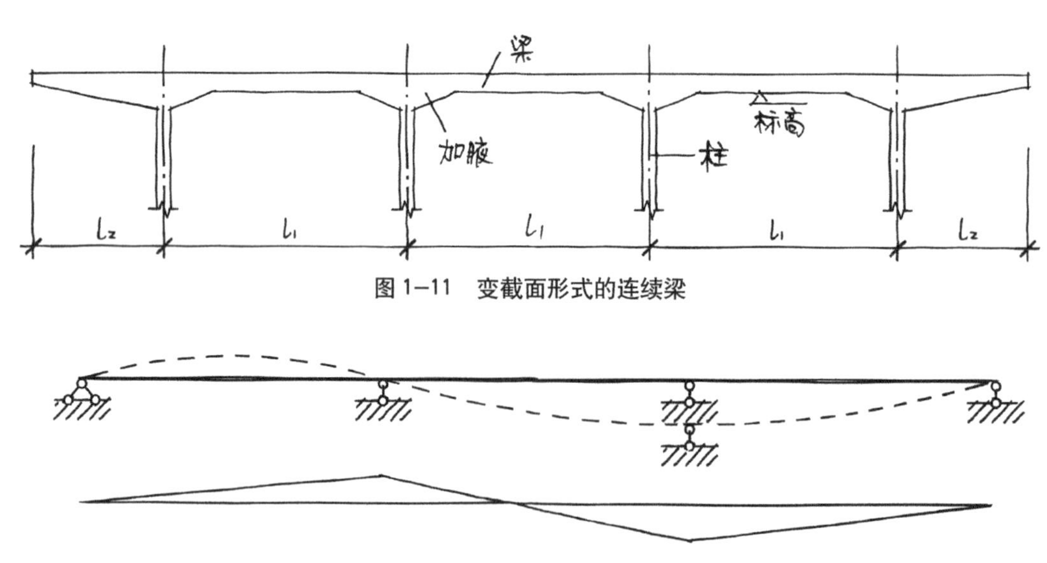

图 1–11　变截面形式的连续梁

图 1–12　连续梁支座沉降引起附加应力

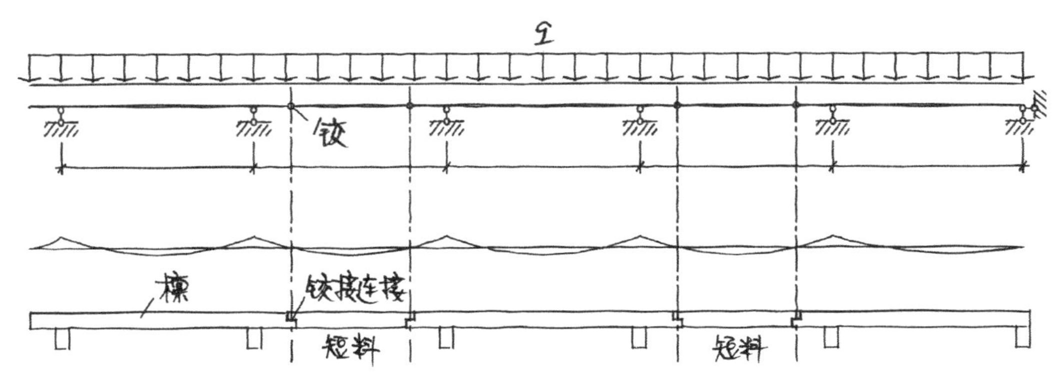

图 1–13 静定多跨梁

水平直线形梁的弯矩图基本相同。所不同的是，在荷载计算中，折线形梁倾斜部分的永久荷载应该按几何关系折算成沿水平投影的线荷载。图 1–15 所示为常见的折线形梁的楼梯。

2）曲线形梁

在这里，**梁的曲线形式是从平面的角度讲的（注意：如果从剖面的角度看是曲线形的，就不能称其为梁了，而已经转变成拱了，而拱是典型的曲面结构而非平板结构）。**在实际工程中，曲线形梁也有较多的应用。在一般结构的悬挑处理中，例如凸出外墙面的悬挑阳台、建筑入口处的悬挑雨篷等，经常采用这种形式的梁，如图 1–16 所示。曲线形梁的受力特点是，除了承受弯矩和剪力之外，还要承受扭矩

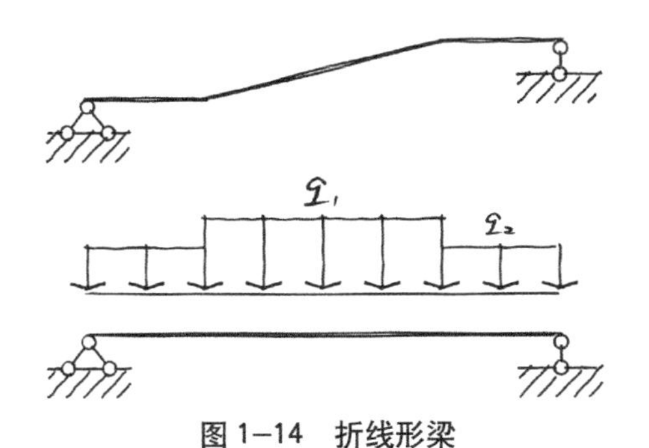

图 1–14 折线形梁

图 1–15 折线形梁的楼梯

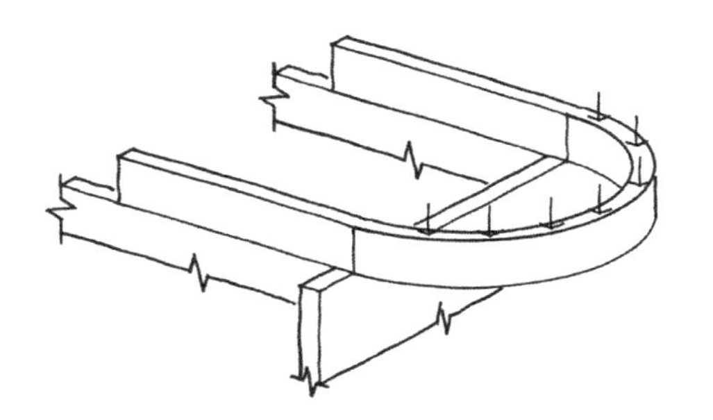

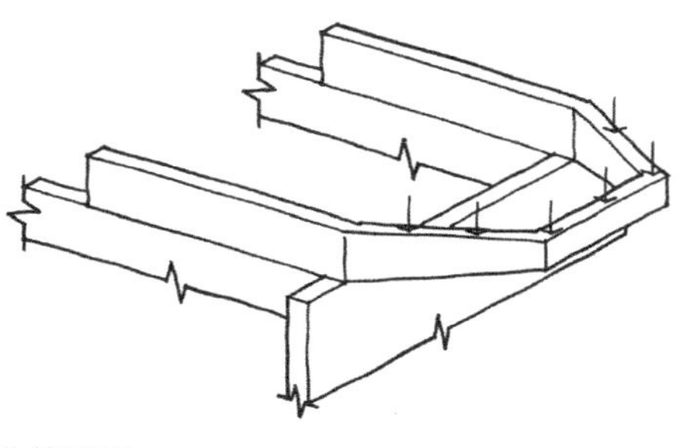

图 1–16 曲线形梁

的作用。**还有一点需要说明的是，从平面的角度讲的曲线形梁既可以是曲线的，也可以是折线的，两者在结构受力特点上完全相同。**

1.2.3 钢筋混凝土梁板式结构构件的截面尺寸的确定

在进行方案设计的时候，建筑师经常会遇到需要确定梁截面尺寸的问题。此时，与结构板的截面尺寸估算一样，我们仍然可以根据结构抗变形能力的需要，依据梁的刚度条件进行估算。表1–2给出了常见钢筋混凝土梁的截面尺寸估算参考值。此外，为了保证梁的侧向稳定，梁宽应该满足一定的尺寸要求，一般取梁高的1/3~1/2为宜。梁截面尺寸的取值还应考虑符合建筑模数的要求。

钢筋混凝土梁的截面尺寸估算参考值 表1–2

梁的类型		高跨比（h/l）
主次梁楼盖	主 梁	1/14~1/8
	次 梁	1/18~1/12
井字梁楼盖		1/15~1/10
独立梁		1/14~1/8
悬挑梁		1/6~1/5

1.3 结构的悬挑

结构的悬挑在建筑设计中被广泛应用，比如屋顶挑檐、悬挑阳台、悬挑雨篷、体育场的悬挑看台天篷以及影剧院的楼座挑台等，还有用于屋顶结构的整体悬挑，甚至数层楼层的整体悬挑。悬挑结构在建筑上的特点是可以构成灵活的空间，而且不妨碍视线，同时可以形成穿插和变化的建筑造型。

在这里，我们想再一次强调，**结构的悬挑只是结构的存在方式之一，并不只限于平板结构。所以，我们这里介绍的有关结构悬挑的受力特点以及结构的悬挑形式与抗倾覆措施等，对平板结构与曲面结构都是完全适用的。**

1.3.1 悬挑结构的受力特点

与非悬挑结构相比较，除了同样要进行承载能力和抗变形能力这些相同的结构设计之外，悬挑结构还有两个特殊点。一个特殊点是在相同荷载、相同跨度下，悬挑结构比非悬挑结构要承受更大的应力（弯矩和剪力）和更大的应变（弯曲变形）；另一个特殊点是悬挑结构存在着倾覆的可能，因此，还必须对悬挑结构进行抗倾覆的设计和验算。

首先，我们对比简支梁和悬臂梁分别在集中荷载作用下以及均布荷载作用下的两种受力状态进行分析，来说明与非悬挑结构相比，悬挑结构受力特点的不利方面。

第一种情况：在相同集中荷载的作用下，如图1–17所示。可以看出，一个承受集中荷载P作用的简支梁，其最大弯矩为$Pl/4$，而承受同样荷载P的悬臂梁，当其最大弯矩等于$Pl/4$时，允许跨度仅为简支梁跨度的四分之一。

第二种情况：在相同均布荷载的作用下，如图1–18所示。可以看出，一个承受均布荷载q作用的简支梁，其最大弯矩为$ql^2/8$，而承受同样均布荷载q的悬臂梁，当其最大弯矩等于$ql^2/8$时，允许跨度仅为简支梁跨度的二分之一。

因此，在相同的跨度下，当结构采用悬挑的形式时，需要比非悬挑结构更大的截面高度尺寸才能满足结构承载和抗变形的要求。当需要悬挑较大的跨度时，应确认是否有足够的空间满足其结构上的这种需要。

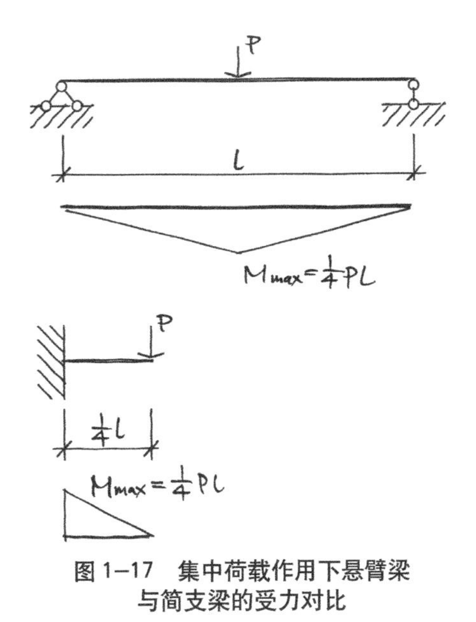

图 1–17 集中荷载作用下悬臂梁与简支梁的受力对比

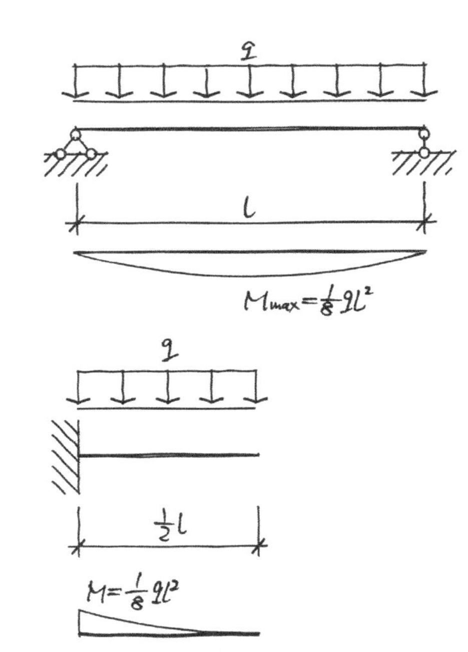

图 1–18 均布荷载作用下悬臂梁与简支梁的受力对比

1.3.2 结构的悬挑形式与抗倾覆措施

任何一种结构形式都能以悬挑的形式存在，包括平板结构和曲面结构。鉴于本节的内容重点是结构的悬挑形式而不是结构本身，所以，我们把曲面结构悬挑的例子也放在一起做介绍。图 1–19 所示为一些常见的悬挑结构形式。

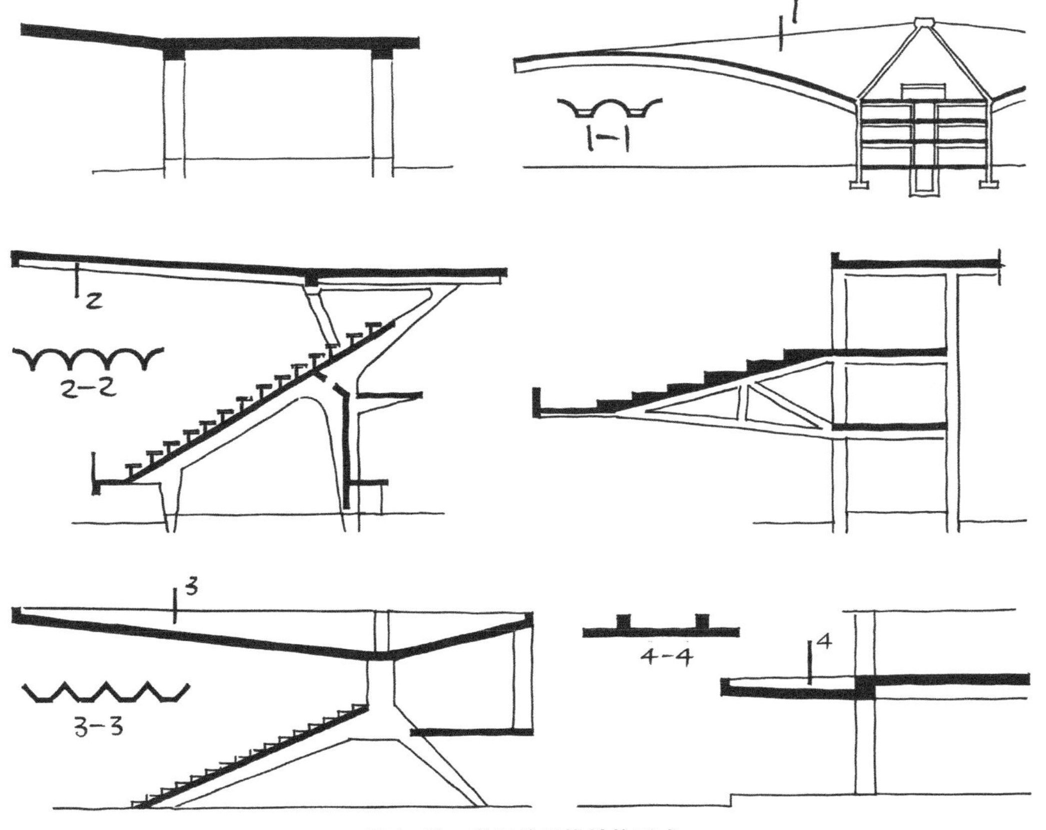

图 1–19 常见的悬挑结构形式

为解决悬挑结构的抗倾覆问题，应采取必要的措施以形成抗倾覆力矩与悬挑结构的倾覆力矩产生平衡，这是结构设计的重要内容。此外，为了保证结构的安全和稳定性，应确保悬挑结构有足够的安全度，即要求抗倾覆力矩与倾覆力矩的比值应大于或等于1.5。图1–20所示为悬挑结构抗倾覆的平衡分析，即应该满足下列表达式：

$$N \cdot e / P \cdot d \geqslant 1.5$$

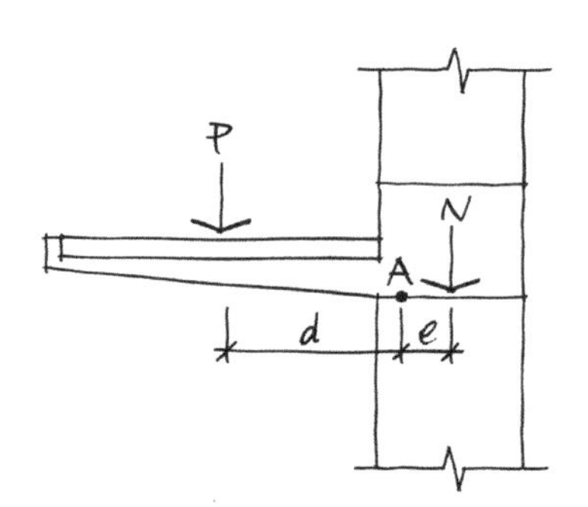

图1–20　悬挑结构抗倾覆的平衡分析

对于建筑师来说，研究结构的抗倾覆平衡可以和建筑的造型设计结合起来。悬挑结构可以采取多种抗倾覆的平衡措施，从力学的角度看，常用的措施是采用拉杆、压杆或者其他复合受力的杆件形式。

1）用拉力平衡

如图1–21所示，此种抗倾覆的平衡措施常用于建筑的入口雨篷、加油站、候车篷等建筑中。

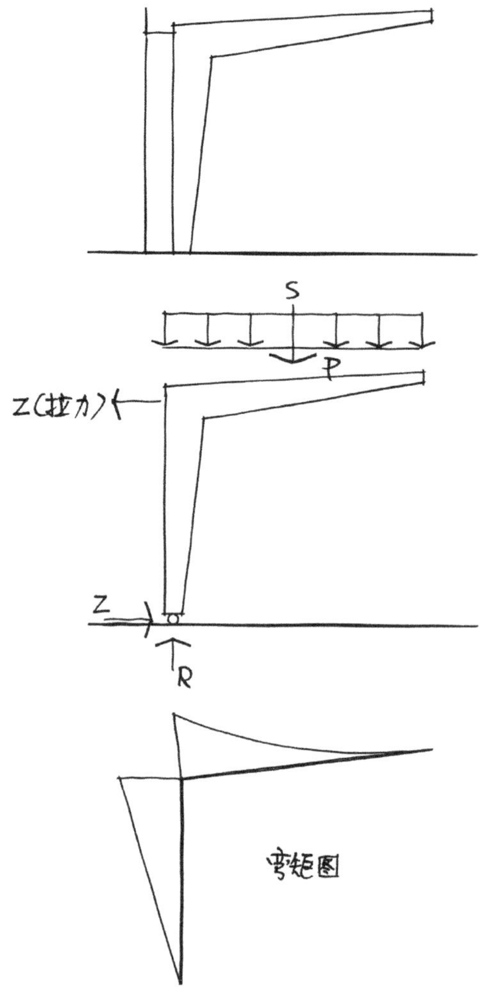

图1–21　用拉力平衡的悬挑结构

2）用压力平衡

如图1–22所示，此种措施采用了压力N来保证雨篷不发生倾覆。

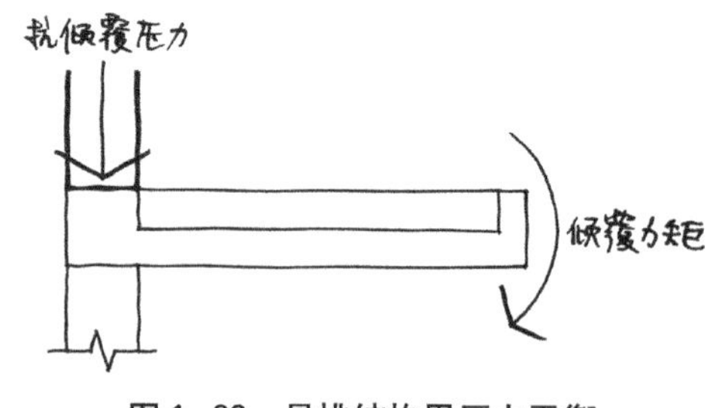

图1–22　悬挑结构用压力平衡

3）用压力（支撑）平衡

如图1–23所示，此种抗倾覆的平衡措施常用于体育场看台与天篷之间。

4）用支撑和拉力相结合的复合平衡

如图1–24所示，此种措施是用支撑和拉力相结合的复合平衡措施。

5）用自重平衡

如图1–25所示，即为采用自重来保证挑檐不发生倾覆的措施。

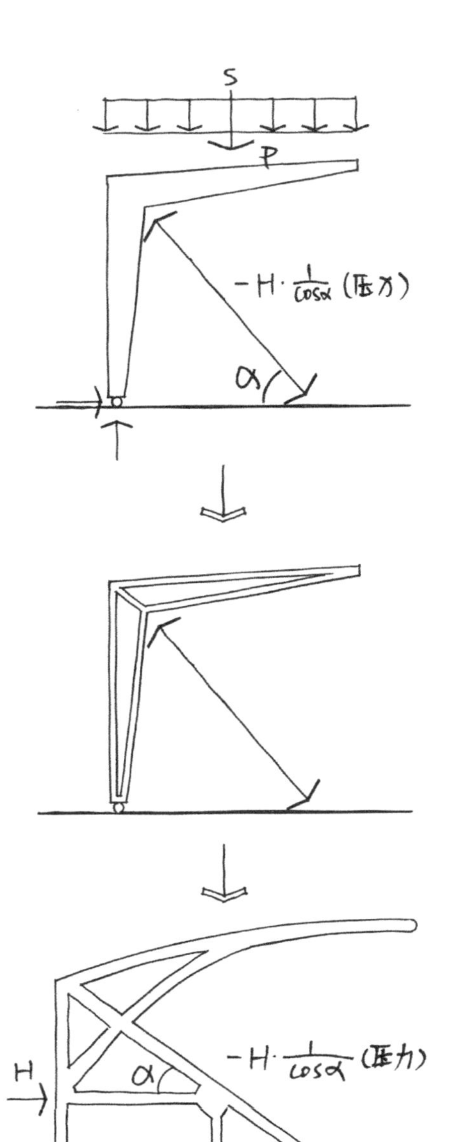

图 1–23　用压力（支撑）平衡的悬挑结构

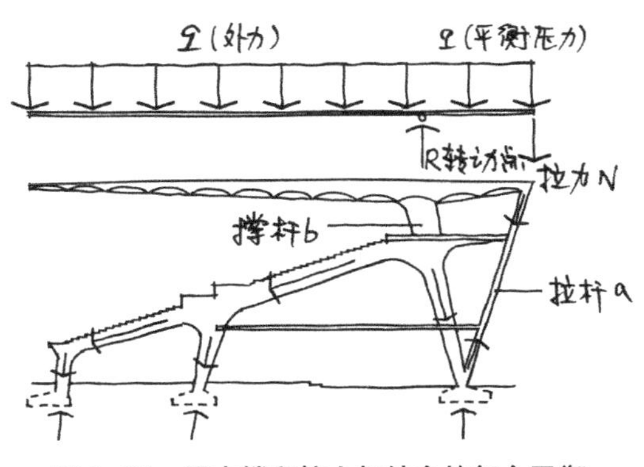

图 1–24　用支撑和拉力相结合的复合平衡措施的悬挑结构

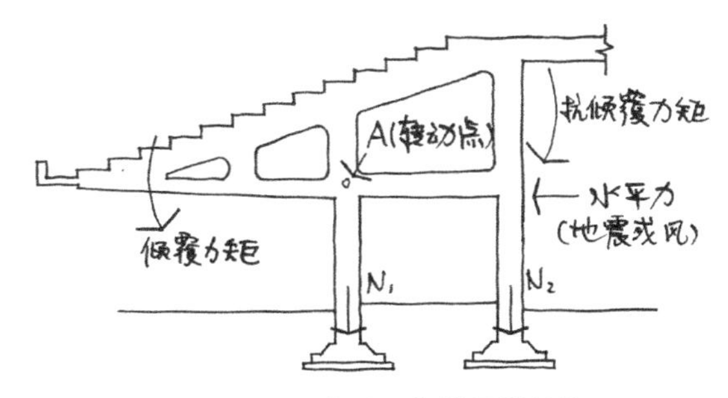

图 1–25　用自重平衡的悬挑结构

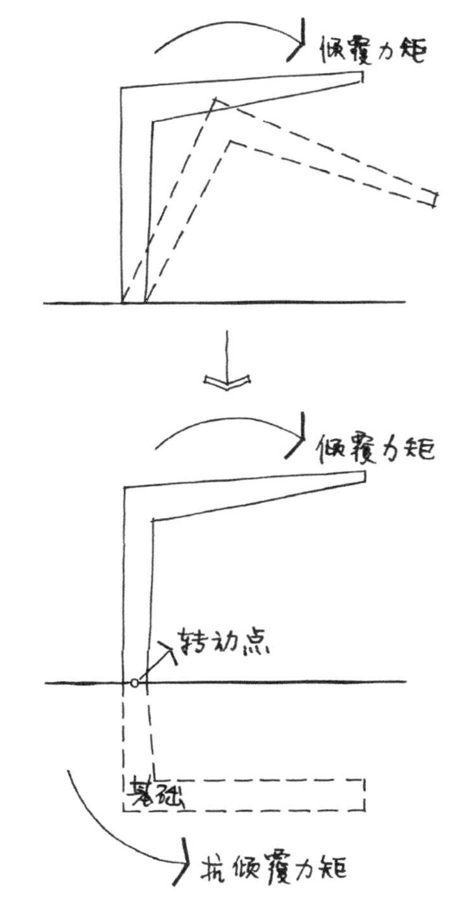

图 1–26　用基础形成整体平衡的悬挑结构

6）用基础形成整体平衡

如图 1–26 所示，当某些体量巨大的建筑体块（甚至是整个建筑主体）出现悬挑或倾斜的造型时，采用与上部结构一体化的基础来形成整体的平衡，也是一种解决结构抗倾覆的有效措施。

1.4 悬挑结构在建筑中的应用

悬挑结构在建筑设计中被非常广泛的应用，也创造出了许多著名的建筑。

1.4.1 中央电视台新址

中央电视台新址位于北京市朝阳区东三环中路，地处CBD核心区，由荷兰著名建筑师雷姆·库哈斯设计，如图1–27所示。它被美国《时代周刊》评选为2007年世界十大建筑奇迹之一。当这座形态怪异的建筑出现在公众视线前时，就瞬间成为了世界上最激进的建筑设计，并且由于这栋建筑耗资庞大（约50亿人民币）、造型过于奇特、被认为有安全及交通隐患而备受争议。值得一提的是，2007年世界十大建筑奇迹中，北京三座建筑榜上有名，另两座为国家体育场（鸟巢）和即将要介绍的北京当代MOMA。

中央电视台新址两座塔楼分别高234m和194m，双向倾斜6°，在162m的高空中分别伸出75.165m和67.165m的悬臂，在空中相交对接，使两座塔楼形成折线门形结构。悬臂最下部一层是一个长近100m，宽约40m的大空间，作为整个悬臂的一个平台，将凌空飞架地建起14层楼房。钢悬臂本身的自重达到了1.48万t，再加上混凝土楼板、幕墙、装饰等，整个悬臂结构重量为5.1万t。

图1–27 中央电视台新址

中央电视台新址如此巨大的悬挑和倾斜，在世界建筑建造史上确实少见。它是怎样做到斜而不倒的呢？从结构的受力角度来分析，主要应解决好两个方面的问题：结构自身的刚度问题和结构的抗倾覆问题。在巨大的荷载作用下，结构不能有过大的变形，更不能出现倾覆的趋势，特别是对于中央电视台新址这样巨大的悬挑和倾斜，这两方面的问题就显得尤其突出。

1）结构自身刚度问题的解决

中央电视台新址的主体结构采用了钢格构式的筒体结构的类型。筒体结构是目前建筑结构中整体空间刚度最好的建筑结构类型，在水平风荷载与地震作用下保持自身空间刚度的能力上是其他所有结构类型难以企及的，因此，世界上超高层的摩天楼建筑都普遍采用筒体结构。同理，如果建筑由于自身的悬挑与倾斜而需要极好的自身空间刚度能力时，采用筒体结构比采用其他结构类型则具有极大的结构优势。

2）结构抗倾覆问题的解决

中央电视台新址采用了增大整个结构的支承底盘（即前述“用基础形成整体平衡”的结构抗倾覆措施，参见图1–26所示）和增设桩基础两个主要措施来解决结构的抗倾覆问题。具体的做法是，在主楼地下室（覆

图 1–28　当代 MOMA（公寓）

盖了主体结构的整个水平投影范围）采用了 120000m^3、最厚处达 10.9m 的超厚大体积混凝土承台基础筏板，以形成强大的抗倾覆支撑点和支撑力矩，而深达 52m、直径 1.2m、间距 5m 的桩基础的设置则大大地增加了整个建筑结构的整体稳定性和抗拔能力。

1.4.2　当代 MOMA（公寓）

当代 MOMA 项目位于北京二环路东北一隅，建筑面积 220000m^2，由国际著名建筑设计大师斯蒂芬 · 霍尔设计。

环绕、跨越、绿色、节能、舒适、环保，是当代 MOMA 的主要设计理念。建筑师采用了 8 组总长 283.75m 的空中环形钢结构连廊，将 9 栋塔楼巧妙相连，环抱成群，构成了一个立体的建筑空间，从空中俯视，犹如一条腾飞的中国龙，如图 1–28 所示。当代 MOMA 在空间形态上的突出特点，除了大跨度的空中连廊外，还有大尺度的悬挑楼层。从图 1–29 中我们可以看到，为了平衡巨大的倾覆力矩，设计师在悬挑楼层处采用了钢结构的巨大斜撑，以提高主体结构的整体刚度和抗倾覆力矩。同时，斜撑的设置不仅解决了结构的需要，还使由规则柱网形成的比较呆板的建筑立面产生了变化，创造了具有动感活力的视觉形象。

图 1–29　当代 MOMA（公寓）钢结构的巨大斜撑

复习思考题

1–1　什么是平板结构？它与板式结构有什么不同？

1–2　单向板与双向板的区别是什么？

1–3　水平分系统的梁、板等受弯构件的截面高度根据什么确定？竖向分系统的结构墙体的厚度与柱的截面边长根据什么确定？这两者之间有什么关系？

1–4　对于楼板来说，设置梁的作用是什么？这与在结构墙体上设壁柱有关系吗？

1–5　受弯构件的支承方式（结构力学里的支座形式）对结构功能的影响是什么？

1–6　为什么说折线形梁是从剖面角度讲的，而曲线形梁是从平面角度讲的？

1–7　梁板结构的截面尺寸是如何规定的？

1–8　结构的悬挑有什么特别的设计要求？

1–9　结构悬挑的抗倾覆措施有哪些？

第 2 章
桁架与屋架

当实心形的杆式构件（如常见的钢筋混凝土材料的梁或柱）尺寸较大时，既会消耗过多的结构材料，还会使结构自重过大。这时，如果将实心形的杆件改为格构形的杆件（即桁架），则既可以减少结构材料的浪费，又可以大大减轻结构的自重。因此，**桁架是格构形的杆式构件**，如图 2–1 所示。

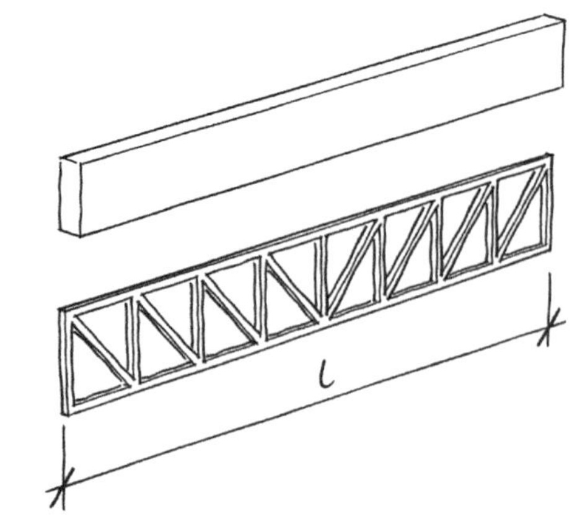

图 2–1 实心形的杆式构件（梁）与格构形的杆式构件（桁架）的比较

2.1 桁架与屋架的概念

桁架是杆式构件，当把桁架水平放置使用时，它就起到梁的作用，这时，我们也习惯地称其为屋架；当把桁架竖向放置使用时，它就起到柱的作用，我们可以称其为桁架柱，或格构式柱。

屋架是较大跨度建筑的屋盖中常用的结构形式之一。当房屋的跨度大于 18m 时，屋盖结构采用屋架比较经济；跨度在 12~18m 之间时，屋盖既可以采用屋架也可以采用屋面大梁。

屋架按其所采用的材料不同，可分为钢屋架、木屋架、钢木屋架和钢筋混凝土屋架等。桁架柱则以钢材和钢筋混凝土材料为主。

桁架本身可以是平面结构（例如一般的屋架），也可以是空间结构（例如常见的格构式柱和作为梁使用的立体桁架），如图 2–2 所示。

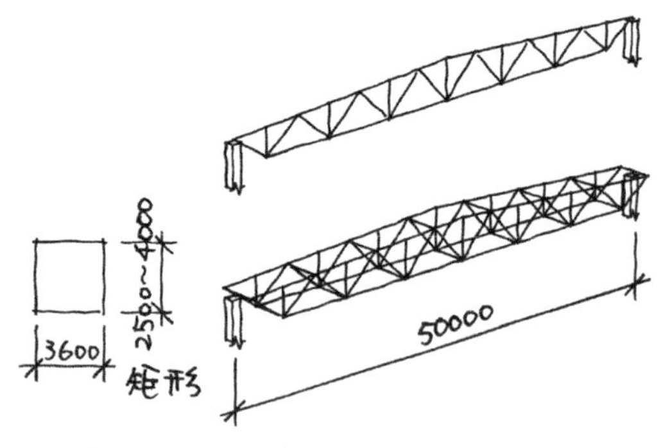

图 2–2 平面结构桁架与空间结构桁架

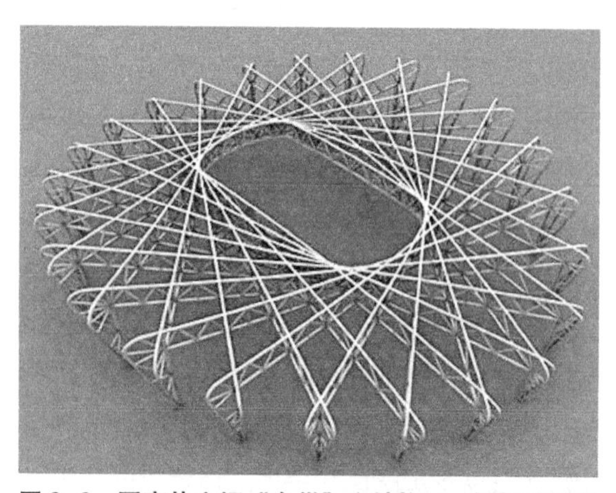

图 2–3 国家体育场“鸟巢”主结构——桁架形的刚架结构示意图

桁架作为一种杆式构件，可以是直线形的、折线形的和曲线形的。以其作为结构单元，

图 2-4 某厂房结构——桁架形的排架结构

图 2-5 平板网架结构

图 2-6 悉尼Harbour大桥—— 桁架形的拱结构

图 2-7 国家大剧院——网壳结构

可以组合为平面结构体系或者空间结构体系，例如，桁架形的刚架结构、桁架形的排架结构、平板网架结构、桁架形的拱结构、网壳结构等，如图 2-3~ 图 2-7 所示。这些结构类型将在后面的章节中做具体的介绍。

为了问题的简化和叙述的方便，我们将首先以平面桁架结构的典型形式——屋架为例来做介绍。

2.2 屋架的形式与受力特点

2.2.1 屋架的受力特点

作为实心形杆件，梁承受竖向荷载或者柱承受水平荷载后结构的主要内力是弯矩，构件截面上的应力分布是不均匀的，而且一般是根据某个内力最大的截面决定整个构件的断面尺寸，因此，材料的强度不能得到充分地利用。

屋架是由杆件组成的格构式体系，其节点一般假定为铰节点。当荷载只作用在节点上时，所有杆件均只承受轴向拉力或轴向压力，杆件截面上只有均匀分布的正应力，如图 2-8 所示，材料强度可以比较充分地得到利用，这是屋架结构的优点，因此，它在较大跨度的建筑中应用得较多，尤其在单层工业建筑中应用非常广泛。如图 2−9、图 2−10 所示为钢屋架和钢筋混凝土屋架的示意图。

当槽形屋面板的宽度和屋架上弦节间长度不等时，上弦杆就会产生节间荷载。对于钢筋混凝土屋架，上弦杆一般做成连续杆件，在节间荷载作用下，上弦截面除了轴力之外还会产生弯矩，如图 2−11（*a*）所示。上弦杆处于压弯状态，因此截面必须增大，屋架的材料用量也会随之增加。为了避免上弦杆节间荷载引起弯曲应力，常采用一种再分式屋架，如图 2−11（*b*）所示，以减少上弦的节间距离，从而使槽形屋面板的主肋支承在上弦节点上，使屋架只在节点荷载作用下受力，避免了上弦杆受弯。

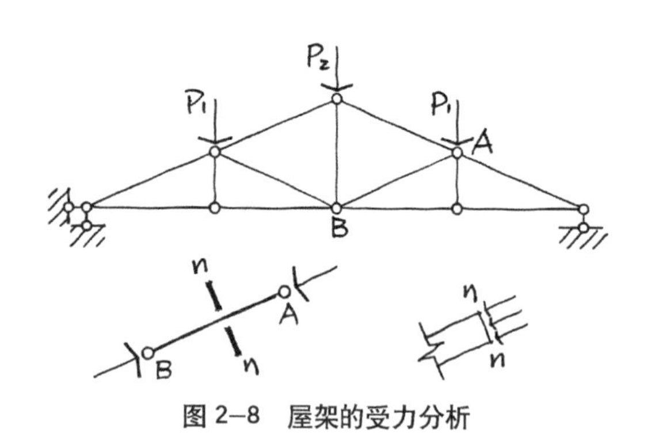

图 2−8 屋架的受力分析

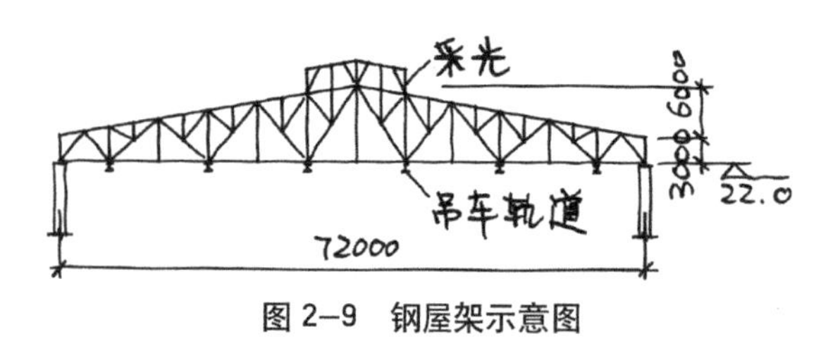

图 2−9 钢屋架示意图

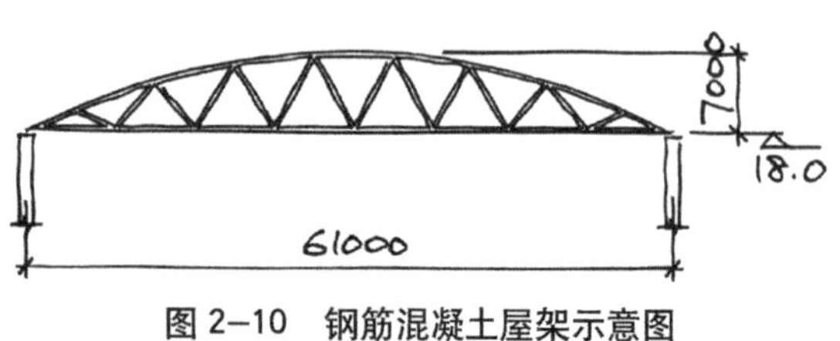

图 2−10 钢筋混凝土屋架示意图

2.2.2 屋架内力与屋架形式的关系

屋架外形的几何形状是多种多样的，有矩形屋架（也称平行弦屋架）、三角形屋架、梯形屋架、折线形屋架、抛物线形屋架等，如图 2−12 所示。它们的内力分布随几何形状的不同而变化。

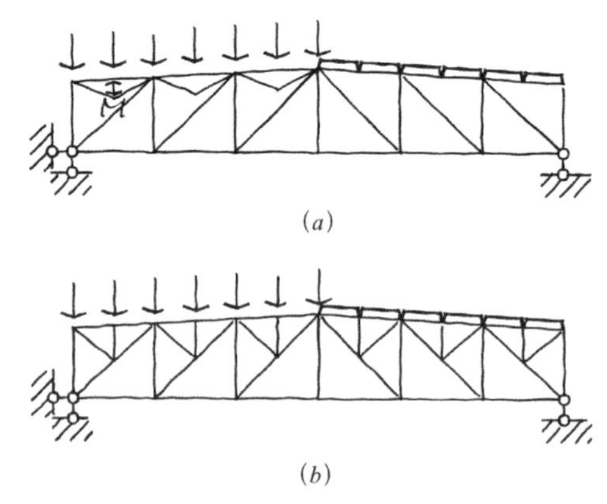

图 2−11 再分式屋架

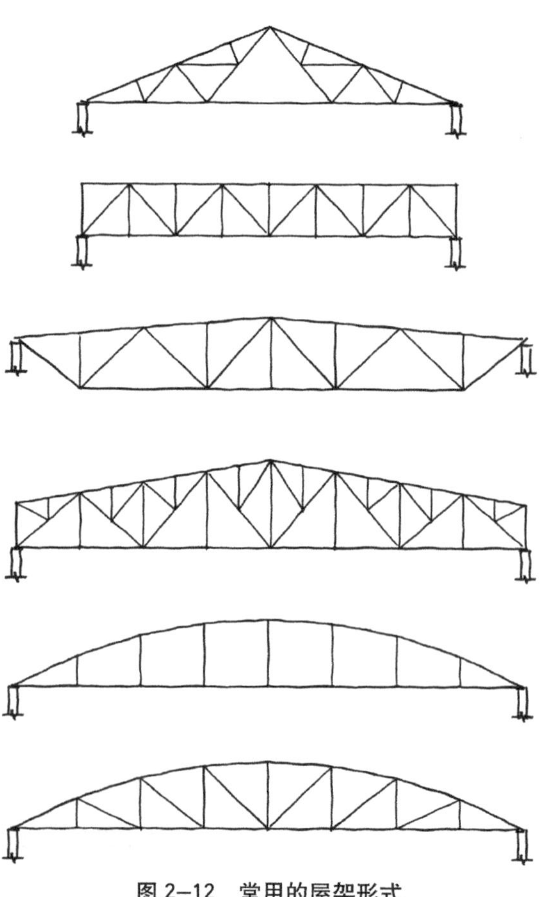

图 2−12 常用的屋架形式

1）平行弦屋架的受力分析

在一般情况下，屋架的主要荷载作用方式是均匀分布的节点荷载。我们首先分析在节点荷载作用下平行弦屋架的受力特点，如图 2–13 所示。

根据建筑力学的基本原理——力矩平衡条件，从图 2–13 中，我们可以很容易地得出如下结论：

（1）弦杆内力

平行弦屋架的上弦杆受轴向压力，而下弦杆受轴向拉力。其轴力 N 由力矩平衡方程式得出，矩心取在屋架节点。

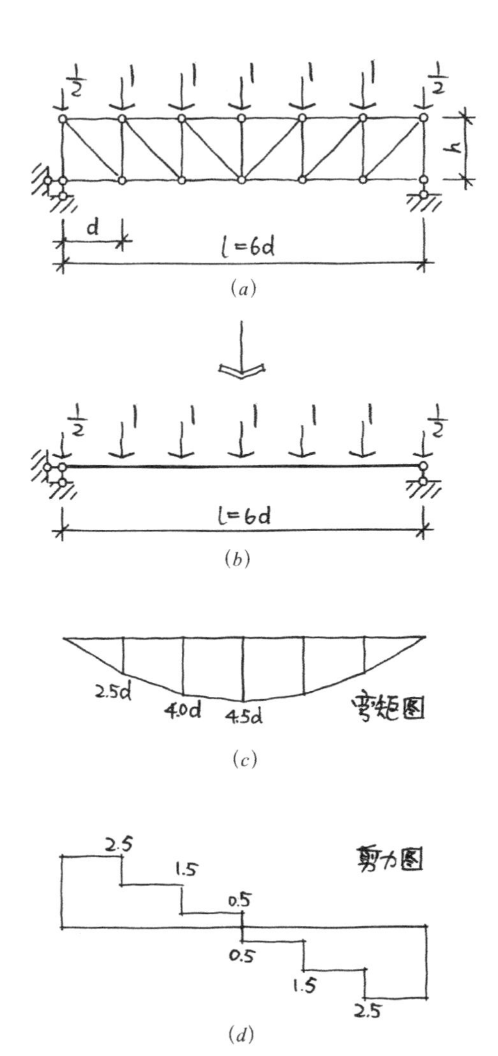

图 2–13 平行弦屋架的受力分析

$$N=\pm M^{\circ}/h$$

式中 N——屋架上、下弦杆件所受的轴力，其中，负值表示受压，正值表示受拉；

M°——简支梁相应于屋架各节点处的截面弯矩；

h——屋架高度。

从上式可以看出，上、下弦杆的轴力 N 与 M°成正比，与 h 成反比。由于平行弦屋架的高度 h 值不变，而 M°值愈接近屋架两端愈小，所以中间弦杆轴力值最大，而愈向两端其弦杆轴力值愈小，如图 2–14（a）所示。

（2）腹杆内力

屋架上弦杆与下弦杆之间的杆件称为腹杆，包括竖腹杆和斜腹杆。腹杆的内力可以取隔离体进行内力平衡分析求得。

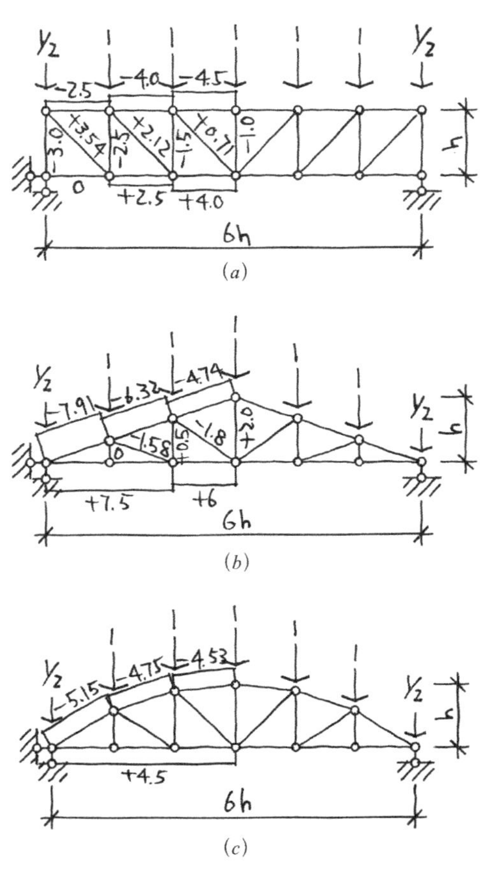

图 2–14 不同形式屋架内力分析比较

$$Y=\pm V^{\circ}$$

式中 Y——斜腹杆的竖向分力和竖腹杆的轴力，其中，负值表示受压，正值表示受拉；

V°——简支梁相应于屋架各节间的剪力。

从图 2–13（*d*）可以看出，V°值在跨中小而在两端大，所以相应的腹杆内力值也是中间杆件小而两端杆件大，其内力图如图 2–14（*a*）所示。

从以上的分析中我们可以得出这样的结论：从整体上看，屋架与梁一样，是一个受弯构件，其中，上弦杆与下弦杆共同承受屋架的弯矩，而腹杆承受剪力；再从局部看，屋架的每个杆件只承受轴向拉力或压力。

2）不同形式屋架内力的分析比较

用同样的方法可以分析三角形屋架、梯形屋架、折线形屋架、抛物线形屋架等屋架的内力分布情况。由于这些屋架上弦节点的高度中间大，愈向两端愈小，所以，虽然上弦杆仍受压，下弦杆仍受拉，但是其内力值大小的分布却是各不相同的。

从图 2–14 所示平行弦屋架、三角形屋架、折线形屋架的内力分析结果可以看出，屋架杆件内力与其几何形式有着密切的关系。

事实上，我们只要将梁各截面的弯矩分布图和剪力分布图分别与屋架的几何外形做一个对比，就可以找出各种形式屋架所有杆件的内力分布规律：

（1）屋架外形与内力分布图形越接近的，其各个杆件之间的内力值大小越接近；

（2）屋架外形（高度尺寸）大于内力分布图形的，其杆件的内力值就小；

（3）屋架外形（高度尺寸）小于内力分布图形的，其杆件的内力值就大。

2.3 屋架形式的选择和设计要求

常用的屋架形式有矩形、三角形、梯形、抛物线形、折线形等，如图 2–12 所示，另外，从屋架杆件构成的角度来看，还有无斜腹杆屋架等形式。对于屋架形式的选择和尺寸的估算，我们将做一些探讨和分析。

2.3.1 屋架形式的选择

屋架形式的选择一般与建筑的使用要求（如建筑的造型要求、屋面排水方式等）、跨度和荷载大小等因素有关。

屋架的外形坡度应与屋面防水材料和防水做法相适应。当采用瓦类屋面时，屋架上弦坡度应大些，以利于排水，一般坡度不应小于 1/3；当采用卷材做防水屋面时，屋面坡度可以较平缓，一般为 1/8~1/12 以下。

为了构造简单，制作方便，屋架的上弦杆和下弦杆通常分别设计成等截面，但如果各节间的内力相差太大，容易造成材料的浪费。因此，从经济的角度来看，确定屋架的形式时应尽量使弦杆沿跨度方向的内力分布基本相同。节点形式要简单合理，杆件的交角不宜太小，一般在 30°~60°之间。屋架的腹杆布置要合理，尽量避免非节点荷载，并尽量使长腹杆受拉，短腹杆受压，腹杆数目宜少，使节点汇集的杆件少，达到构造简单、制作方便的目的。

屋架的跨度应根据建筑使用功能和空间要求确定，一般在 18m 以下时，以 30M 为模数基数 超过 18m 时，则以 60M 为模数基数。

屋架矢高主要由结构刚度条件确定，一

般情况下，与梁的截面尺寸取值规律基本相同，即根据一定的高跨比值来确定。考虑到屋架作为一种格构式的受弯构件，其空间刚度相对较差，所以，其高跨比值相对于相同跨度梁的高跨比值还应更大一些。

屋架的宽度主要由上弦宽度决定，这既要保证上弦压杆稳定性的要求，也要考虑屋架上弦杆件放置屋面板或者檩条时的搭接要求，故其宽度一般不小于 200mm。

即使在满足合理的刚度条件下，跨度较大的屋架仍将产生较大的挠度绝对值。为此，可以通过屋架适当起拱的办法来抵消荷载作用下产生的挠度。屋架的起拱度一般为跨度的 1/500 左右。

2.3.2 各种不同形式屋架的设计要求

1）三角形屋架

三角形屋架的上弦杆和下弦杆中，各节间的内力分布是不均匀的，支座处内力很大，而跨中内力却较小。因此，为了尽量统一杆件尺寸便于制作而又不致造成很大的浪费，三角形屋架不宜用于大跨度建筑中。当跨度不大于 18m 时，三角形屋架的杆件内力较小，而截面也不是很大，其经济指标尚好，所以三角形屋架一般适用于跨度在 18m 以下的建筑。

三角形屋架可以采用钢、木或钢筋混凝土制作，也可以采用钢筋混凝土或木材制作屋架的上弦杆和受压的腹杆，而采用钢材制作屋架下弦杆和受拉的腹杆，从而形成技术经济指标更好的组合式屋架。

三角形木屋架的跨度一般为 6~15m，大于 15m 时下弦宜采用钢拉杆。木屋架的间距一般不宜大于 4m，否则檩条跨度太大，木材用量多，不经济。

三角形屋架的坡度主要随屋面防水材料和防水做法的不同而不同，如图 2–15 所示。当屋面材料为黏土瓦、水泥平瓦、石棉瓦或钢丝网水泥波形瓦时，屋面坡度一般为 1/3~1/2；当采用大型屋面板构件自防水屋面做法或者现浇刚性防水屋面做法时，屋面坡度一般为 1/4~1/3；如果采用卷材防水屋面做法时，屋面坡度一般为 1/5~1/4。

在建筑设计中，三角形屋架形成的坡屋顶的常见形式有两坡顶和四坡顶。在中小型建筑中采用坡屋顶可以使建筑体型高低错落，丰富多彩，达到很好的建筑造型效果，如图 2–16 所示。

2）梯形屋架

梯形屋架上弦杆的坡度相对于三角形屋架要平缓一些，为了满足排水要求，一般取 1/12 左右，如图 2–17 所示。

梯形屋架由于跨度使用范围更大，因而多采用钢筋混凝土或者钢材等结构材料。

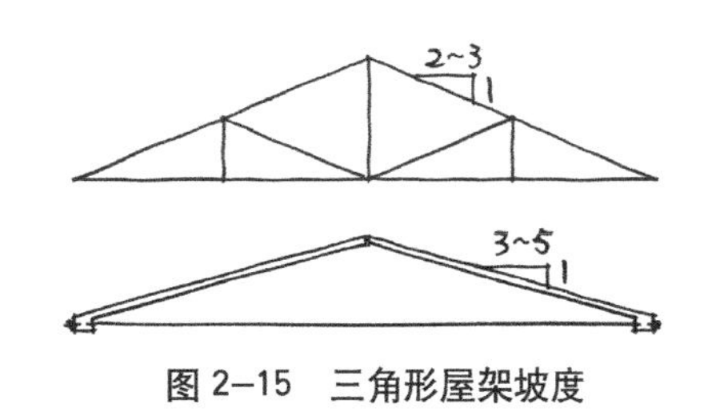

图 2–15 三角形屋架坡度

图 2–16 坡屋顶建筑

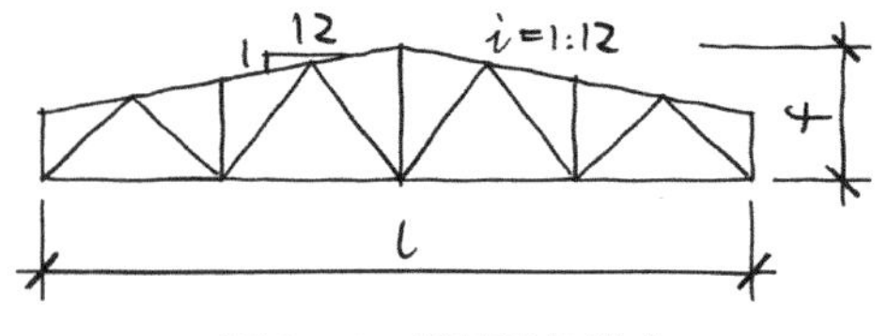

图 2–17　梯形屋架坡度

梯形屋架矢高与跨度的比值一般取 1/8~1/6 左右，屋架端部的高度也随跨度大小而定，一般取跨度的 1/12~1/10 左右。屋架节间根据屋面板的宽度决定，一般上弦杆的节间为 3m，下弦杆的节间为 6m。

梯形屋架常用的跨度范围为 18~36m，一般多采用预应力钢筋混凝土的工艺制造。钢筋混凝土屋架的用钢量比钢屋架约少 50% 左右, 防火性能也更好, 但重量比钢屋架大得多；当屋架跨度较大时，也常采用钢屋架。钢屋架具有杆件截面小、自重轻、外形轻巧等优点，目前我国跨度最大的钢屋架已经达到了 72m。

梯形屋架的外形与其弯矩分布图的形状有一定的差距，因此，其杆件的内力也是不均匀的。由于屋架端部高度加大而增大了房屋的高度，增加了围护结构的材料用量，也使支承屋架的排架柱内的弯矩增大。此外，由于屋架端部高，为了保证屋盖结构的整体稳定性，必须设置屋架端部的纵向垂直支撑。所以梯形屋架屋盖系统材料的总用量较多。

梯形屋架也有其比较有利的特点。例如，由于其屋架上弦坡度较小，在炎热地区或高温车间可以避免或减少屋面防水卷材下滑或因软化造成的流淌现象，也使得屋面的施工、维修和清灰等均较方便。另外，梯形屋架之间能形成较大的空间，便于管道通过和检修人员的穿行，因此影剧院的舞台和观众厅的屋顶结构也常采用梯形屋架。

3）抛物线形屋架和折线形屋架

抛物线形屋架的上弦杆呈曲线形，其屋架上弦杆的曲线与均布荷载作用下屋架的内力分布曲线基本重合，所以受力比较合理。为了制作方便，屋架上弦杆也可以采用折线形，但其节点应在抛物线上。抛物线形屋架和折线形屋架杆件的内力均匀，经济指标较好，所以应用比较广泛。

抛物线形屋架的上弦杆坡度较大，有时为了保护屋面防水层，防止炎热季节时屋面防水卷材下滑，可以在屋架两侧端部弦杆节点上加短立柱来调整屋面的坡度。

抛物线形屋架和折线形屋架矢高与跨度的比一般取 1/8~1/6 左右，如图 2–18 所示。

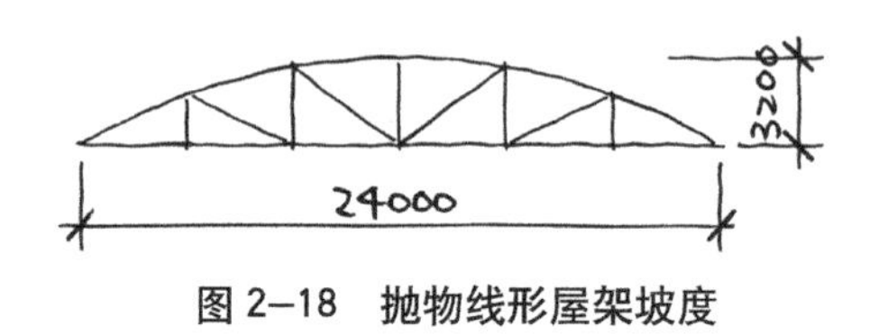

图 2–18　抛物线形屋架坡度

4）平行弦屋架

平行弦屋架的优点是杆件长度和节点构造统一，制作方便。但是，在均布荷载作用下，屋架杆件的内力分布是不均匀的，考虑到屋架制作方便又不致造成很大的浪费，杆件截面尺寸应做相应的调整，但应控制其规格类型的种类不宜太多。平行弦屋架不宜用于杆件内力相差悬殊的大跨度建筑中。

图 2–19 所示钢屋架为某机库屋盖结构，跨度 62m。因为沿屋架跨度设有多台悬挂吊车，所以采用平行弦屋架。这类屋架的上弦杆是水平的，所以也常用作厂房中的吊车梁和托架梁，如图 2–20 所示。

5）无斜腹杆屋架

在一些有热加工要求的单层工业厂房（如炼钢车间）中，需要设置下沉式天窗来解决排除车间内部余热的需要。下沉式天窗的设置需要将屋盖结构系统中局部的屋面板放置

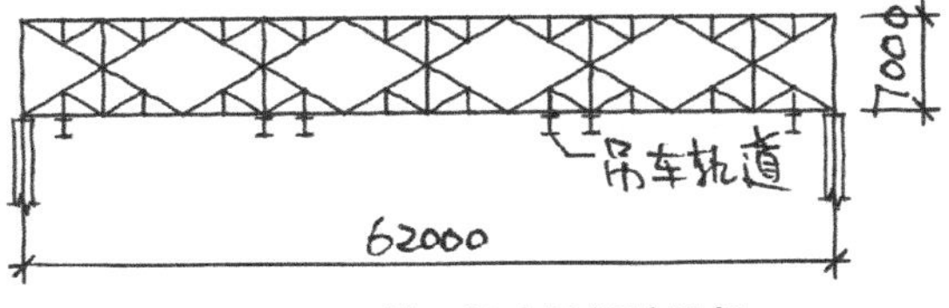

图 2–19　某飞机库平行弦屋架

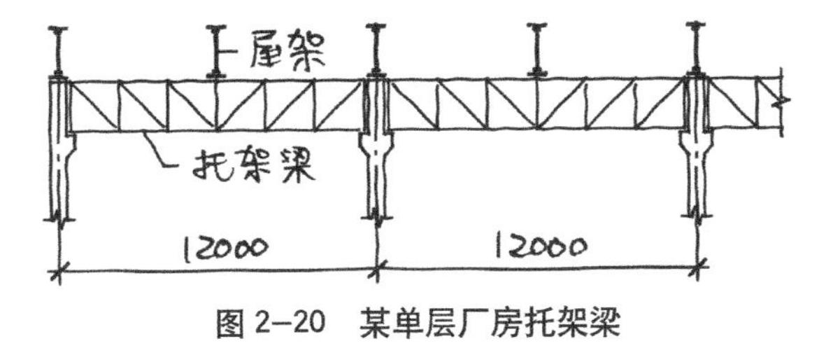

图 2–20　某单层厂房托架梁

在屋架的下弦杆上，这时，采用屋架下弦节点杆件数量少的无斜腹杆屋架就十分有意义了。这种屋架的特点是没有斜腹杆，结构造型简单，便于制作，如图 2–21 所示。这种做法不仅省去了天窗架等附加的构件，而且降低了厂房的高度。因此，适合于下沉式天窗设置要求的无斜腹杆屋架的综合技术经济指标较好。

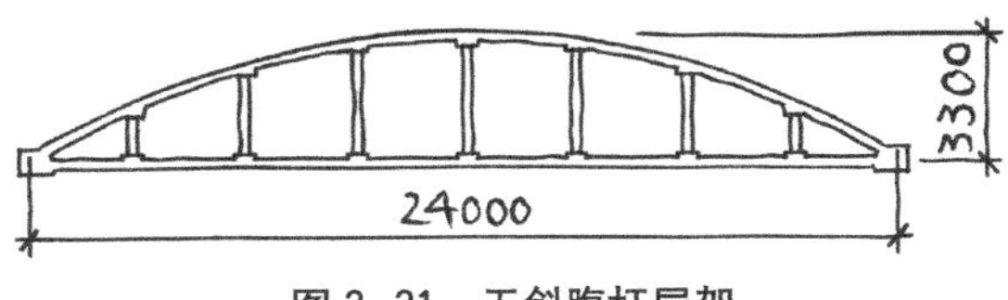

图 2–21　无斜腹杆屋架

无斜腹杆屋架多采用折线形或者抛物线形，一般按多次超静定结构进行设计，或者按拱结构进行设计。按拱设计时，上弦杆为拱，而下弦杆为平衡拱推力的拉杆（有关拱结构的内容详见下篇第六章）。在竖向均布荷载的作用下，上弦拱主要承受轴向压力，能充分发挥材料的抗压性能，因而截面较小，结构比较经济。竖向腹杆承受拉力，将作用在下弦杆上的竖向荷载传给上弦，还可以避免或减少下弦杆过大的弯曲。所以，这种屋架适合于下弦杆有较多吊重的建筑。由于没有斜腹杆，在屋架之间铺设管道和人员穿行以及进行检修工作均很方便。

2.4　平面桁架的空间支撑与空间桁架

如前所述，常用的屋架属于平面桁架结构体系，也就是说，作为平面桁架结构的屋架只能保证其平面内的刚度，而平面外的侧向刚度则非常小。为了保证屋盖结构的空间整体刚度和稳定性，必须采取必要的结构措施，给平面桁架设置空间支撑或者采用空间桁架都是常用的有效方法。下面将分别对平面桁架的空间支撑与空间桁架做进一步的介绍。

2.4.1　平面桁架的空间支撑

1）平面桁架空间支撑的作用

为了叙述问题的方便，仍以屋架结构为例来介绍平面桁架空间支撑的作用。

（1）保证屋架平面外的空间刚度与整体稳定

屋架的平面内刚度靠屋架自身来保证，但其平面外的侧向刚度却非常小，为此，必须设置支撑。从常用的屋架结构材料来看，钢材强度高、截面小，故钢屋架平面外侧向刚度最小，木屋架次之，钢筋混凝土屋架截面大，侧向刚度相对最好。但木屋架与钢筋混凝土屋架的下弦采用钢拉杆时，其侧向刚度稍差。

因此，在屋架的平面外，应设置支撑以增加其平面外的侧向刚度和稳定性。

在施工安装阶段，屋架就位后，必须进行侧向固定。此时，必须设置纵向系杆及檩条以及垂直支撑等加以固定。

在使用阶段，屋架平面外的刚度由屋盖支撑系统和屋盖结构自身共同来完成，屋盖结构包括檩条、大型屋面板等。

（2）通过减少上弦杆和下弦杆平面外长细比来保证屋架上弦平面外的压曲稳定和防止屋架下弦平面外的受迫振动。

（3）承受并传递屋盖纵向水平荷载，如山墙风荷载、纵向地震荷载、吊挂在桁架下弦上的吊车的纵向制动荷载等。

2）屋架支撑的布置

屋架支撑的布置如图 2−22、图 2−23、图 2−24 所示。

首先，屋架的支撑是以一个独立的结构区段为单元来设置的。所谓独立的结构区段一般是指以建筑变形缝划分的独立结构单元。常用的支撑包括上弦横向水平支撑、下弦横向水平支撑、下弦纵向水平支撑、纵向垂直支撑和纵向系杆等五大类。其中，只有下弦纵向水平支撑和纵向系杆是沿着建筑平面的纵向连续布置的，而上弦横向水平支撑、下弦横向水平支撑和纵向垂直支撑则只在部分

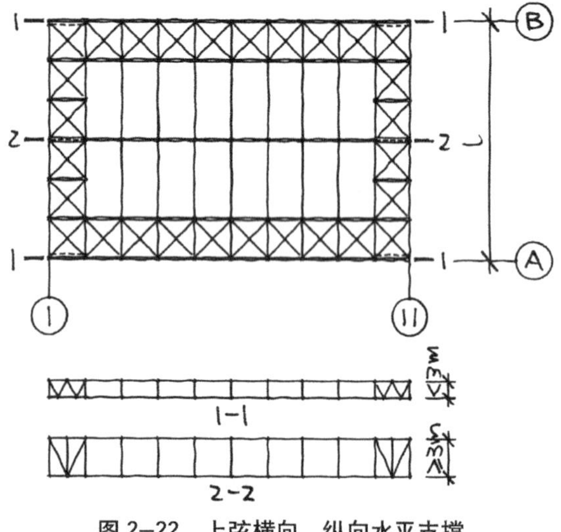

图 2−22　上弦横向、纵向水平支撑

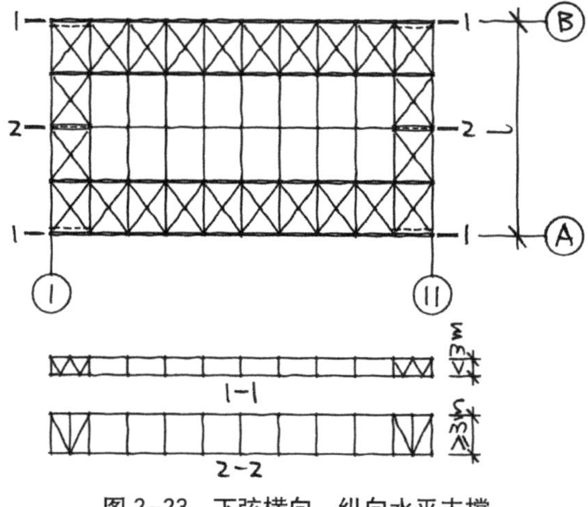

图 2−23　下弦横向、纵向水平支撑

开间间断式的设置。

屋架支撑的具体布置方式是，上弦横向水平支撑、下弦横向水平支撑和纵向垂直支撑设在有承重山墙房屋两端的第二开间内，或无承重山墙（包括变形缝处无山墙）房屋两端的第一开间内，以及沿建筑平面纵向每隔一定距离（钢筋混凝土屋架及钢屋架不小于 42~66m 时，木屋架不小于 20~30m 时）的开间内。这样的支撑布置将上述开间相邻两侧屋架连接成稳定的空间整体，而其余开间内的屋架在上弦平面内通过大型屋面板或檩条，在下弦平面内通过纵向系杆与上述开间空间体系相连，以保证整个屋盖的空间刚度与稳定性。

（1）上弦横向水平支撑

上弦横向水平支撑（图 2−22）把上述开间相邻两榀屋架上弦杆作为上、下弦杆构成一个平放的矩形桁架，该矩形桁架的竖腹杆为与上弦杆连接的屋盖檩条或者纵向系杆，而斜腹杆为设置的上弦横向水平支撑。当采用钢支撑时，一般为十字交叉的两斜杆，其中一根承受拉力的同时，另一根则承受压力。

上弦横向水平支撑作为一个在上弦平面

内的桁架，必须形成一个完整的结构来承受水平荷载，包括在天窗范围内也不能中断。

（2）下弦横向水平支撑

当出现下列情况时，应考虑设置下弦横向水平支撑（图 2–23）：

①房屋（一般为单层排架结构）高度较高时，风荷载等水平荷载比较大，需要由屋架下弦平面和上弦平面共同传递平面纵向荷载时；

②屋架跨度较大（一般超过 24m）时，屋架的自身高度较高，需要更多的自身稳定性要求时；

③屋架下弦可能出现压力时，以避免出现下弦杆的失稳。

下弦横向水平支撑的构成和布置方式与上弦横向水平支撑基本相同，即把上述开间相邻两榀屋架的下弦杆作（上或下）弦杆，构成一个矩形桁架，其腹杆中的竖杆为纵向刚性系杆，其斜杆为设置的十字交叉钢支撑。

（3）上弦纵向水平支撑或下弦纵向水平支撑

纵向水平支撑（图 2–22、图 2–23）的设置将与横向支撑一起形成封闭体系，以增强房屋空间刚度，它可以设置在上弦或下弦平面内。上弦纵向水平支撑，可以利用檩条兼作其支撑桁架的上弦杆和下弦杆，屋架上弦兼作其竖腹杆。除端斜杆为下降式的梯形屋架可在上弦平面设置纵向水平支撑外，其他屋架均应设置在屋架下弦平面。纵向水平支撑主要在以下情况时设置：

①房屋跨度较大，房屋较高，空间刚度要求较高的情况；

②柱距大于 6m 的房屋；

③吊车起重量 $Q \geqslant 20t$，屋面刚度较差的房屋。

（4）纵向垂直支撑

纵向垂直支撑设置在前述需要设置支撑开间的下列部位（如图 2–22 和图 2–23 中的 1–1 剖面及 2–2 剖面以及图 2–22、图 2–23 和图 2–24 中的虚线所示）：

①梯形屋架两端，以增强梯形屋架较高端部的侧向稳定性；

②屋架跨中或三分点处，根据屋架跨度及节间大小而定，18m 跨以下设一道垂直支撑，21m 跨以上设两道垂直支撑；

③天窗处；

④悬挂吊车处，纵向隔间设置垂直支撑，下端设通长纵向系杆。

纵向垂直支撑是纵向垂直桁架，其上弦为檩条或纵向刚性系杆，下弦为纵向刚性系杆，其两端竖向腹杆由屋架竖向腹杆（应有一定刚度，否则应加强）形成，其斜腹杆为设置的十字交叉支撑。

（5）纵向系杆

纵向系杆均设于纵向垂直支撑的部位，

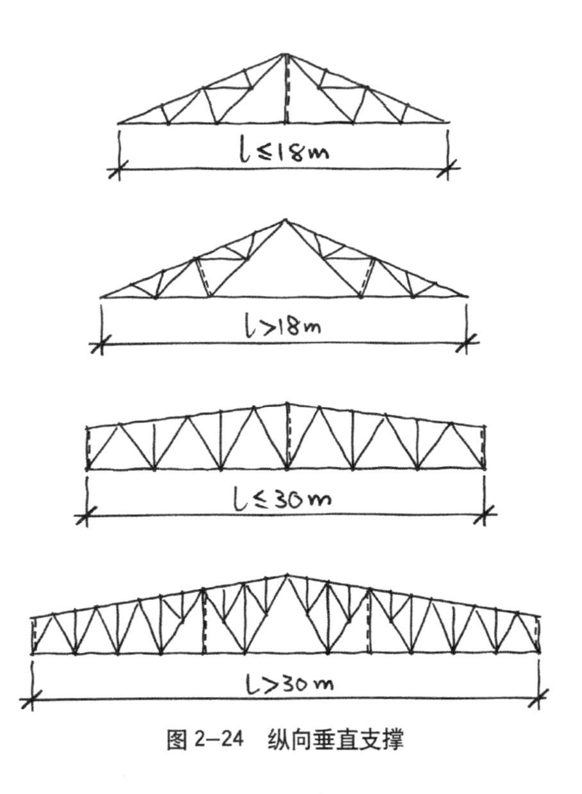

图 2–24　纵向垂直支撑

沿房屋纵向全长设置。一般情况下，纵向系杆的设置要求如下 ：

①无檩屋盖体系的排架结构，应在未设置垂直支撑的屋架间、相应于垂直支撑平面的屋架之上弦和下弦节点处设置通长的纵向水平系杆 ；

②有檩屋盖体系的排架结构，屋架上弦的水平系杆一般可用檩条代替，此时，仅在相应的屋架下弦节点处设置通长的纵向水平系杆即可。

需受压的刚性系杆必须用钢筋混凝土杆或双角钢杆件，仅承受拉力的柔性系杆可用单角钢杆件。

2.4.2 空间桁架

平面桁架结构侧向刚度很小，在施工期间和使用阶段其本身都不具有稳定的条件，须设置较多的支撑，而空间桁架则很好地解决了这个问题。

简单地说，空间桁架就是将平面桁架沿平面外方向增加到一定的厚度（当然，沿此方向增加的厚度也是采用格构式的形式）而形成的。空间桁架由于提高了自身的侧向刚度，在施工期间和使用阶段就具备了足够的稳定性，所以，可以简化甚至取消单独设置的屋盖系统支撑。

1）立体桁架

如图 2–25 所示，立体桁架横断面可以是矩形的，也可以是正三角形或倒三角形的形式。

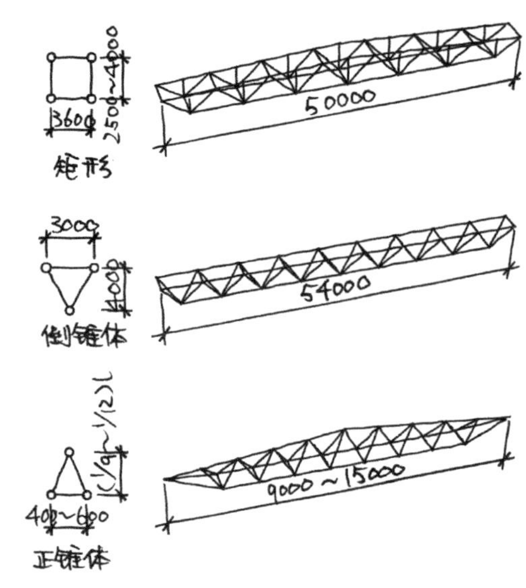

图 2–25 立体桁架

2）板状屋架

板状屋架的上弦采用钢筋混凝土屋面板，下弦杆和腹杆一般采用钢材制作，如图 2–26 所示。

我们不妨换一个角度来看板状屋架。实际上，我们可以把板状屋架看成是立体桁架的上弦桁架转换成了实腹的板式构件，如图 2–26（*a*）所示。再看一下图 2–26（*b*），若将图中的屋面板沿跨度方向开满洞口的话，就又转换成了立体桁架，只不过这时其上弦桁架是钢筋混凝土材料而已。

在这里我们想强调的是，建筑结构的类型从表面上看是多种多样、变化无穷的，但是，当你仔细地深入研究一下它们的承载和受力特征之后，你会发现它们之间很多并没有本质上的区别。立体桁架也好，板状屋架也罢，只是人们依据其外形给它们起的一个形象的名字而已，实际上它们在结构类型上并没有什么本质的不同。

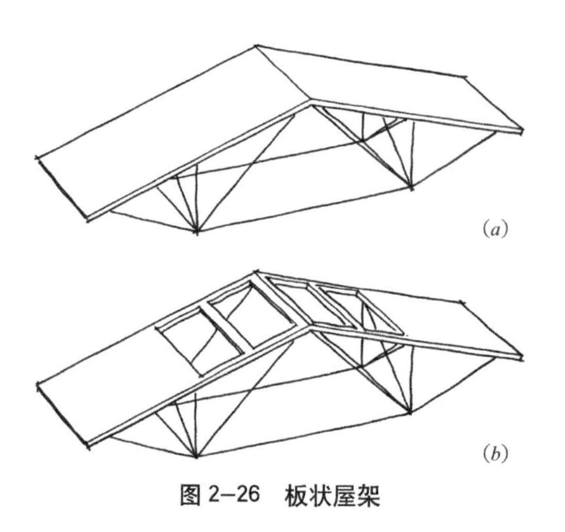

图 2–26 板状屋架

重要的是，以上的例子并不是个别现象，而是非常普遍的状况。如果我们能在建筑结构的学习过程当中不断地发现和总结这些现象，我们则会发现，建筑结构的学习和掌握并不像想象中的那样困难。

由上可知，空间桁架的最大优点就是桁架本身是立体的，平面外刚度大，自成稳定体系，有利于施工吊装与正常使用，因而可以简化甚至取消单独设置的屋盖系统支撑。空间桁架在施工吊装与正常使用两阶段受力状态基本一致，不会因施工吊装而增加用料，吊装作业简单，能减少大量的高空作业。空间桁架简化或取消了屋盖系统支撑，若再采用钢管形杆件，则可比平面桁架节省钢材30%~50%左右。

需要指出的是，虽然空间桁架本身是由空间立体交叉的杆件构成的，但就其整体来说，其承载与传力仍然是单向的，也就是说，空间桁架实际上可以看成是一根三维立体格构式的“杆”，起到一根梁或者一根柱的作用。

2.5 桁架的应用

综合前面所述，桁架实际上就是一种格构式的“杆”，可以作为梁、屋架、柱、檩、椽、肋等所有“杆”类的构件使用。实际上，所有由实腹式的杆类构件组成的建筑结构类型（也包括曲面结构类型）都可以采用格构式的桁架构件来组成。以下我们通过一些建筑实例来做进一步的说明。

2.5.1 常见的桁架式构件

图2–27所示为桥梁工程中常采用的钢桁架梁。

图2–27 桥梁工程中常采用的钢桁架梁

图2–28所示为钢桁架式龙门吊车。由立体桁架组成的人字形支架形成了稳定的下部支承，与同样是立体桁架的大梁组成了起重龙门吊车。

图2–28 钢桁架式龙门吊车

图2–29所示为钢桁架式展览会展台。从图片中我们可以清楚地看出由立体桁架作为柱子和梁组成的框架结构。

2.5.2 由桁架构成的建筑

1）哈尔滨会展中心体育场

哈尔滨会展中心体育场是哈尔滨国际会

图 2–29　钢桁架式展览会展台

图 2–31　哈尔滨会展中心体育场观众席天篷结构骨架

图 2–30　哈尔滨会展中心体育场外观

图 2–32　天津滨海国际会展中心外观

展体育中心的主体建筑之一，占地 71000m²，可容纳 60000 人。体育场的形体设计非常壮观，气势非凡，与空间双拱体系的观众席天篷相映成趣，处处充满曲线的流畅、多变和柔美，如图 2–30 所示。图 2–31 所示的观众席天篷结构骨架清晰地显示出两道桁架式巨拱以及跨越在两大巨拱之间的桁架式大梁。

2）天津滨海国际会展中心

天津滨海国际会展中心是滨海新区唯一的大规模、现代化的专业展馆，如图 2–32 所示。建筑占地面积 16.9 万 m²，建筑面积 6.1 万 m²，展览面积 2.8 万 m²。展馆一层由 A~F 六个功能区组成，大展厅高度为 15~26m，面积达 18100m²；后部综合楼高度为 8m，面积达 5600m²。展厅具有可分可合、可大可小的特点，其空间组合十分灵活，适应多种不同规模、性质的展览，可满足专项展览、会议、商务、宴会的多功能需要。

突出展厅前区屋顶的一排立柱采用的是格构式的钢桁架柱，上有拉索斜拉吊挂在立柱上的屋顶，屋顶结构也是由立体桁架组成的。图 2–33 所示为该会展中心内的一个展厅内景，曲线形的拱式桁架以及其上承托的桁架式大梁结构清晰可见。细心的读者应该会发现这些桁架式结构自身的空间尺度与它们的跨度之间的内在关系。

3）美国印第安纳州第一资源中心

如图 2–34 所示，美国印第安纳州第一资源中心的大堂部分是一个全玻璃表面的建筑空间，五、六层楼高的共享空间与室外的景色融为了一个整体。从图中我们能够清楚地看到支承起这一巨大通透空间的结构骨架全部是采用桁架结构建成的，图面中心能看到支承起主桁架梁的立体桁架柱，斜屋面上的次桁架梁组成了屋顶的结构骨架，通高的玻璃墙面则是由纵横交错的网格式桁架承托起来的。冰冷沉重的钢铁材料以全部桁架的形式轻盈地撑起了巨大的建筑空间。

图 2–33　天津滨海国际会展中心某展厅内景

4）法国巴黎埃菲尔铁塔

著名的法国巴黎埃菲尔铁塔（图 2–35）于 1887 年动工，1889 年竣工。为纪念法国大革命 100 周年，巴黎举办了闻名于世的世界博览会以示庆祝。博览会上最引人注目的便是埃菲尔铁塔，它成为当时席卷世界的工业革命的象征。

埃菲尔铁塔占地一公顷，高 324m（塔身高 300m，天线高 24m），耸立在巴黎市区塞纳河畔的战神广场上。除了四个塔脚是由石砌礅座支承、地下有混凝土基础之外，其余全部都用钢铁构成。整个塔身自下而上逐渐收缩，形成优美的轮廓线。埃菲尔铁塔自底部到塔顶的步梯共有 1171 级踏步，并在距地面 57m、115m 和 276m 处分别设置

图 2–34　美国印第安纳州第一资源中心大堂

图 2–35　法国巴黎的埃菲尔铁塔

了平台。

铁塔共有 12000 多个构件，用 250 万个螺栓和铆钉连接成为整体，共用了 7000t 优质钢铁。

埃菲尔铁塔是一个举世瞩目的超大的桁架式钢铁巨人。从塔的整体到塔的每一个局部无不体现着桁架式结构的美学表现力和艺术魅力。

复习思考题

2-1 熟悉杆（梁、柱）和桁架（屋架、桁架柱）以及平面桁架、立体桁架这些基本概念。

2-2 屋架的受力特点是什么？

2-3 屋架的形式与受力有什么关系？

2-4 屋架形式的选择原则和屋架的设计要求有哪些？

2-5 桁架设置支撑的作用是什么？

2-6 屋架各种不同支撑的布置要求和作用是什么？

2-7 什么叫空间桁架？都有哪些类型？

2-8 支承和支撑有什么不同？

第 3 章
刚架结构与排架结构

刚架结构与排架结构是两种常见的建筑结构类型。两者之间有着很多的共同点，当然也有着明显的区别。将它们两者放在一章中进行介绍，就是希望通过这种对比性的介绍，使读者更好地掌握这两种常见建筑结构类型的异同。

3.1 刚架结构与排架结构的概念

刚架结构是指由直线形杆件（梁和柱）组成的具有刚性节点的单层结构。

排架结构是指由直线形杆件（梁和柱）组成的具有铰节点的单层结构。

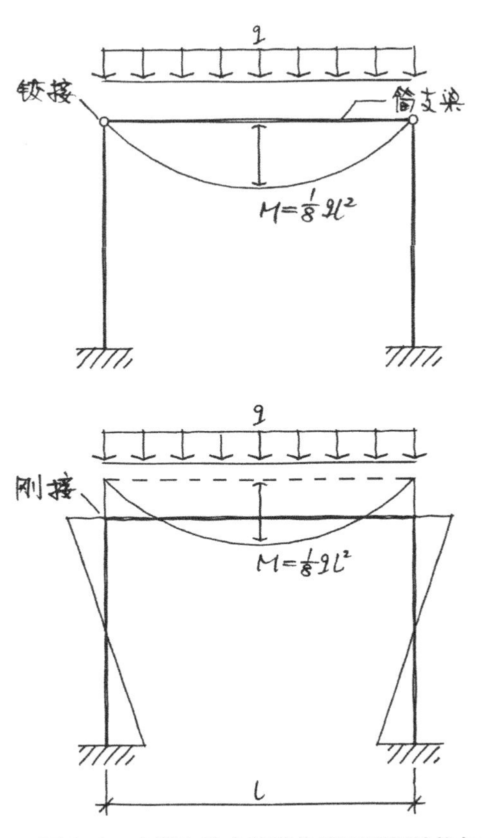

图 3–1 在竖向均布荷载作用下刚架结构与排架结构的弯矩图

图 3–1 所示为在竖向均布荷载作用下刚架结构与排架结构的弯矩图。

在这里，我们有必要先对这两种建筑结构类型的基本特点做一个比较分析。

刚架结构与排架结构都是单层建筑适用的结构类型，都是由直线形的杆件（梁和柱）组成的结构，这是两者的共同点；而两者的区别在于，刚架结构的柱与梁的节点连接是刚性连接，排架结构的柱与梁的节点连接则是铰连接。**刚架结构这种刚性连接的特征只限于柱与梁的连接节点，而其他节点（如柱与基础的连接节点、梁的跨中节点等）是否为铰节点并不影响刚架结构的属性。**两种结构类型在梁和柱节点连接处的不同决定了刚架结构与排架结构在力学特征上的许多的差异，我们将在后面的介绍中进行分析。

还有一点需要强调的是，**刚架结构不能写成“钢架结构”。**首先，从结构类型上来说，没有“钢架”这样一种结构类型，从前述分析中我们知道，“刚架结构”名称的由来是由于其直线形杆件（梁和柱）组成的节点必须是“刚性”的，与“钢”无关。其次，有人在使用“钢架结构”这个错误的说法时，其实是想说该结构是由钢材建造的，这样的话，正确的说法应该是“钢结构”而不是“钢架结构”。

从图 3–1 中刚架结构在竖向均布荷载作用下的弯矩图中我们可以看出，由于横梁与立柱整体刚性连接，形成了刚性节点，能够承受并传递弯矩，这样就减少了横梁中的弯矩峰值。对图 3–1 中所示排架结构在同样荷载作用下的弯矩图进行分析，由于排架结构的横梁与立柱为铰接，形成了铰节点，所以在竖向均布荷载作用下，横梁的弯矩图与简支梁相同，弯矩峰值较刚架大得多。

同样，从图 3–2 中刚架结构在水平集中荷载作用下的弯矩图中我们可以看出，由于横梁与立柱整体刚性连接，形成了刚性节点，梁对柱的约束减少了柱的弯矩峰值。对图 3–2 中所示排架结构在同样荷载作用下的弯矩图进行分析，由于排架结构的横梁与立柱为铰接，形成了铰节点，所以在水平集中荷载作用下，横梁的弯矩图与简支梁相同，弯矩值为零。

刚架结构的杆件较少，结构内部空间较大，便于利用。而且刚架一般由直杆组成，制作方便，因此，在实际工程中的应用非常广泛。

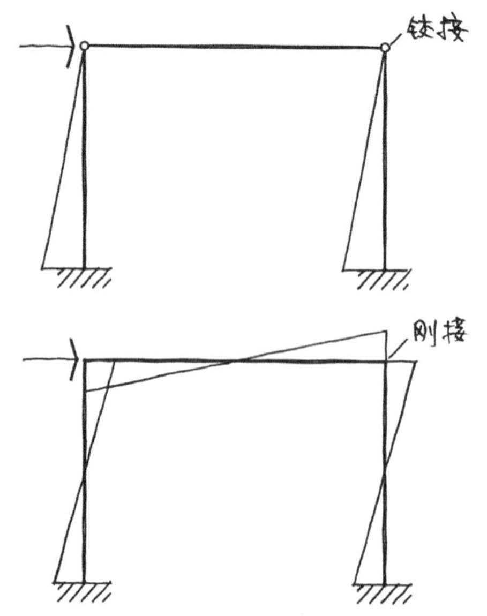

图 3–2　在水平集中荷载作用下刚架结构与排架结构的弯矩图

在一般情况下，当跨度较小且相同时，刚架结构比由屋面大梁（或屋架）与立柱组成的排架结构轻巧，可节省结构材料。但是，当跨度较大（此时荷载也较大）时，刚架结构由于其柱与梁刚接成一个整体，单个构件长度相对增大，杆件自身的刚度较差，特别是当有较重的悬挂物（例如有吊车的厂房）时，更适合选用排架结构。

刚架结构经常采用将其横梁做成折线的形式（图 3–3），使其更具受力性能良好、施工方便、造价较低和建筑造型美观等优点。

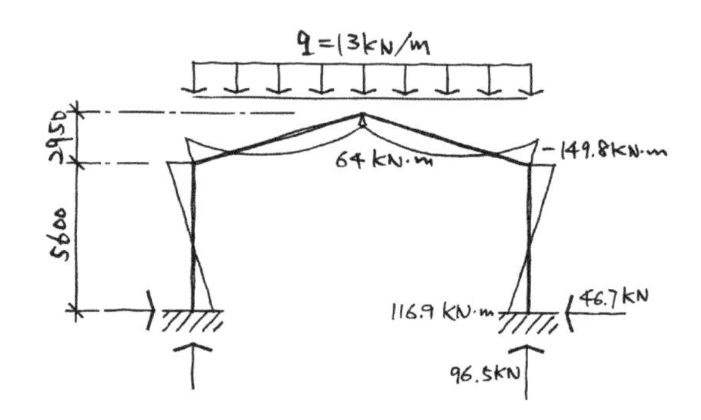

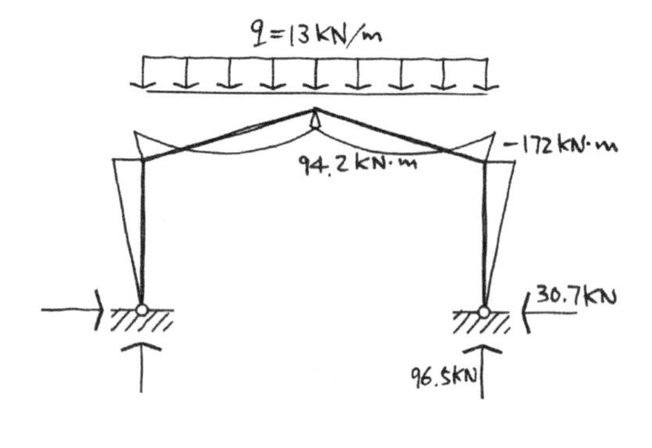

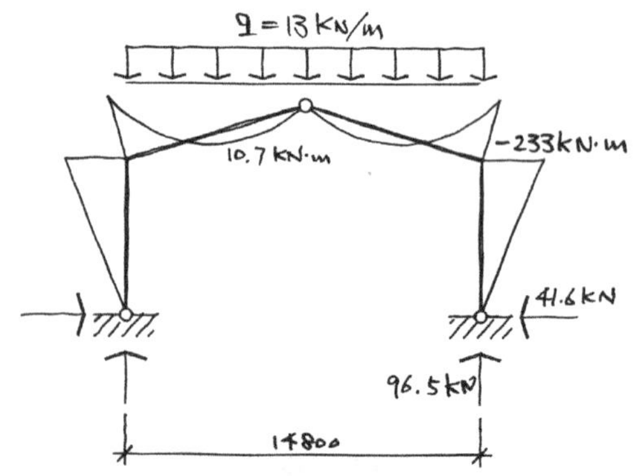

图 3–3　三种不同形式刚架的弯矩图

由于横梁是折线形的，使室内空间加大的同时，也适用于双坡屋面的单层中、小型建筑，在工业厂房和体育馆、礼堂、食堂等民用建筑中都得到广泛应用。

3.2 刚架结构与排架结构的种类及受力特点

3.2.1 刚架结构的种类及受力特点

单层刚架的受力特点是：在竖向荷载作用下，柱对梁的约束减少了梁的跨中弯矩，如图 3–1 所示；在水平荷载作用下，梁对柱的约束减少了柱内弯矩，如图 3–2 所示。梁和柱由于整体刚性连接，刚度都得到了提高。

门式刚架按其结构组成和构造的不同，可以分为无铰刚架、两铰刚架和三铰刚架等三种形式。在同样荷载作用下，这三种刚架的内力分布和大小是有差别的，其经济效果也不相同。图 3–3 表示高度和跨度相同且承受同样均布荷载的三种不同形式刚架的弯矩图。

表 3–1 表示这三种不同刚架的材料用量比较。

不同类型刚架材料用量比较　　表 3–1

刚架类型	刚架上部结构材料用量		刚架基础材料用量		刚架总材料用量	
	钢（kg）	混凝土（m^3）	钢（kg）	混凝土（m^3）	钢（kg）	混凝土（m^3）
无铰刚架	364	3.00	68.0	4.28	432	7.28
两铰刚架	365	2.98	35.0	0.87	400	3.76
三铰刚架	380	2.42	35.0	0.87	415	3.29

从图 3–3 和表 3–1 可以看出：

（1）无铰刚架柱底弯矩大，因此基础材料用量较多。无铰刚架是超静定结构，结构刚度较大，但地基发生不均匀沉降时，将对结构产生附加应力，所以地基条件较差时，必须考虑其影响；

（2）两铰刚架和三铰刚架的材料用量相差不多，它们的特点是，三铰刚架为静定结构，当基础有不均匀沉降时，对结构不引起附加应力，如图 3–4 所示。但是，当跨度较大时，半榀三铰刚架的悬臂太长致使吊装不便，而且吊装过程产生的应力也较大。此外，三铰刚架的刚度也较差，所以三铰刚架适用于小跨度（一般不宜超过 12m）的建筑以及地基较差的情况。对于较大跨度的结构，则宜采用两铰刚架。两铰刚架也是超静定结构，因此，地基不均匀沉降对结构应力的影响也必须考虑。

在实际工程中，采用三铰刚架和两铰刚架以及由它们组成的多跨结构的情况非常普遍，如图 3–5 所示。相比之下，无铰刚架则较少采用。

3.2.2 排架结构的种类及受力特点

从结构特点的角度来说，排架结构的类

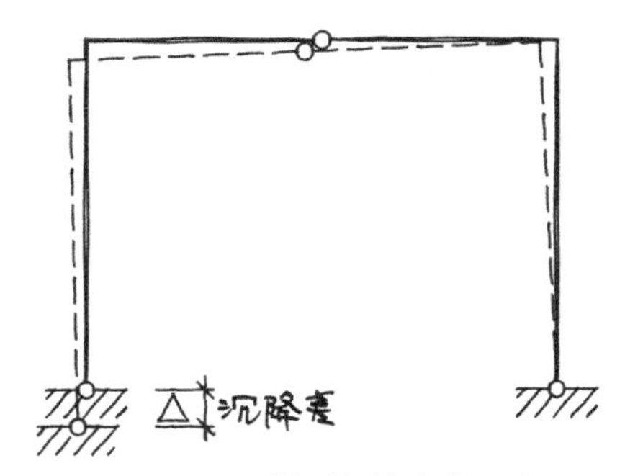

图 3–4 三铰刚架的支座沉降

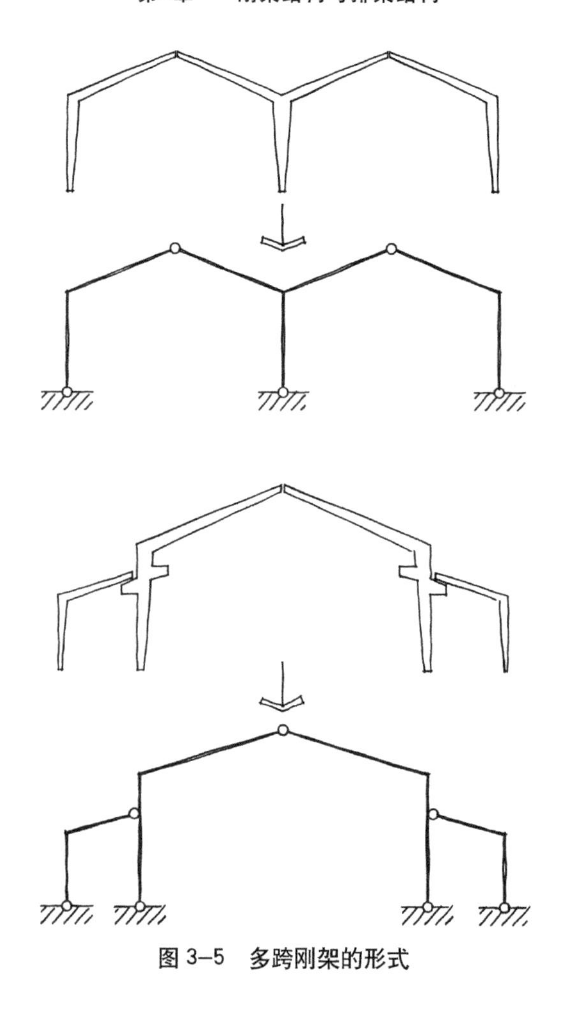
图 3–5 多跨刚架的形式

型是单一的，即排架柱与柱基础的节点是刚性连接，而排架柱与屋架或屋面大梁的连接节点是铰连接。与刚架结构柱和梁之间刚性连接形成一个整体构件不同，排架结构的柱子和梁（或屋架）是两种相对独立的构件，这种独立构件可以理解成是一个直线形或者折线形的杆，那么，排架结构的这个杆的长度相对于同等条件（相同的跨度和高度）下的刚架结构的杆来说就要短得多，杆件自身的刚度就要大得多。因此，排架结构更适合荷载较大、跨度较大的重型结构建筑，例如大型单层工业厂房、大型库房等建筑物。

排架结构的受力特点，特别是与刚架结构受力特点的不同，在前面的介绍中已经做了对比分析，这里就不再赘述了。

从结构材料类型的角度来说，由于排架结构主要应用于大型和重型的建筑结构，因此，钢筋混凝土结构和钢结构的排架得到了广泛的应用。对于无吊车的厂房或者轻型厂房，也有采用砖柱承重的砌体结构排架类型。

3.3 刚架结构与排架结构的构件形式

任何一种结构构件形式的确定，主要取决于这种结构构件在各种荷载作用下的应力和应变的分布状况。因此，要正确地决定刚架结构或者排架结构的构件形式，就必须把它们在各种荷载作用下的应力分布和应变状况搞清楚。我们结合刚架结构和排架结构的弯矩分布图，对这个问题做一下具体的分析。

3.3.1 刚架结构的构件形式

如图 3–6 所示，刚架结构在立柱与横梁的转角截面处弯矩较大，而铰节点处弯矩为零，因此在立柱与横梁转角截面的内侧会产生应力集中的现象，应力的分布随内折角的形式而变化，尤其是立柱的刚度比横梁大得多时，边缘应力会急骤增加，如图 3–7 所示。

在一般情况下，构件截面随应力大小而相应变化是最经济的做法。因此，刚架柱构件一般采用变截面的形式，加大梁柱相交处的截面，减小铰节点附近的截面，以达到节约材料的目的。同时，为了减少或避免应力集中现象，转角处常做成圆弧或加腋的形式，如图 3–7 及图 3–8 所示。

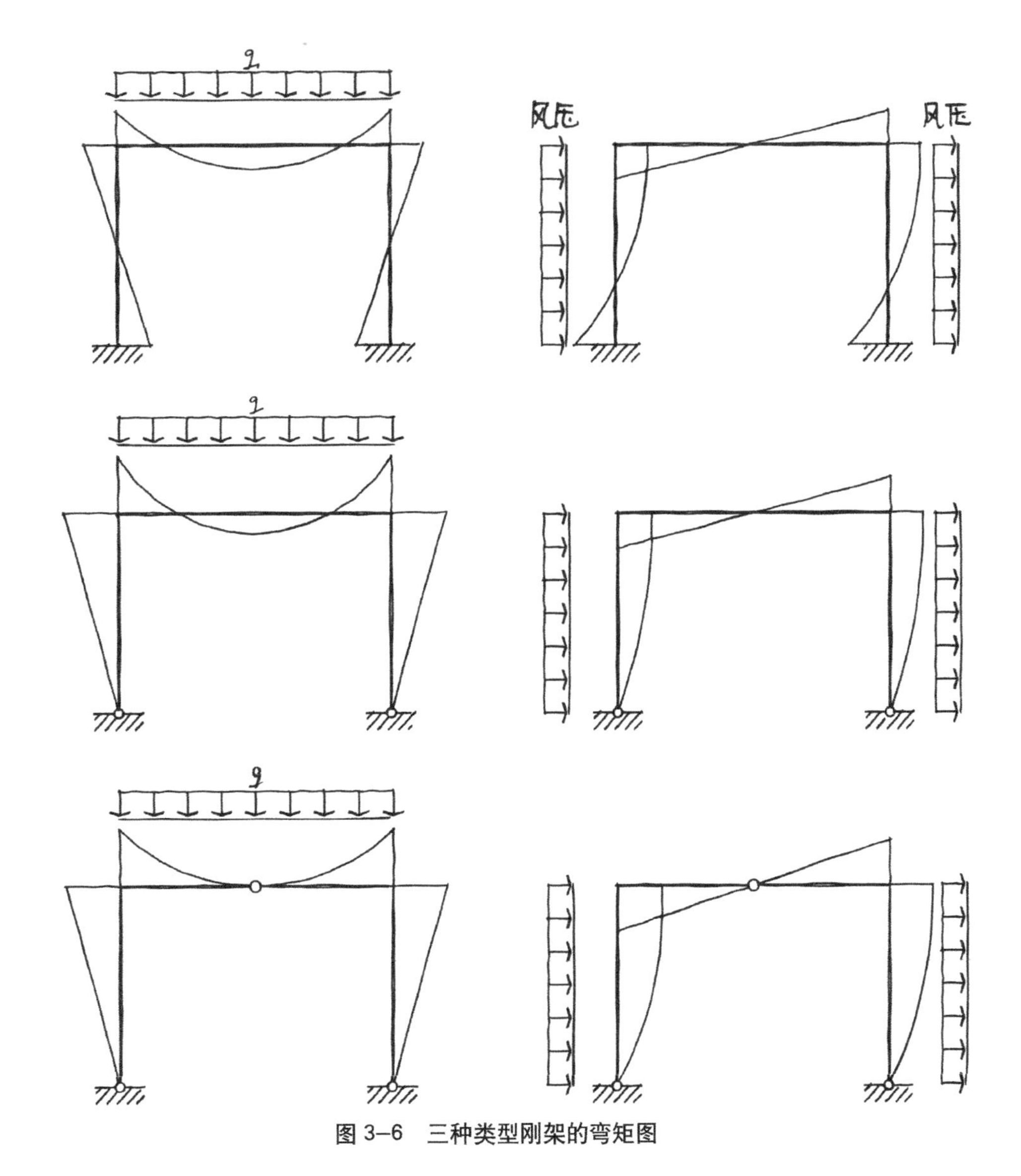

图 3–6 三种类型刚架的弯矩图

刚架结构的跨度一般在 40m 以下，跨度太大会引起自重过大，使结构不合理，并造成施工困难。普通钢筋混凝土刚架一般用于跨度不超过 18m，檐口高度不超过 10m 的无吊车或吊车起重量不超过 10t 的建筑中。钢筋混凝土刚架的构件一般采用矩形截面，跨度与荷载较大的刚架也可以采用工字形截面。

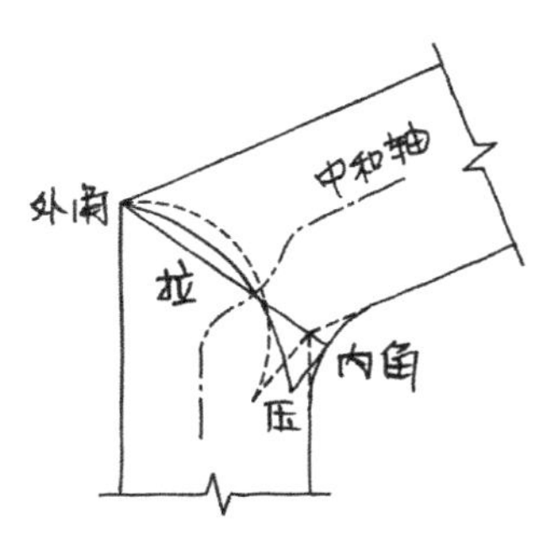

图 3–7 刚架转角截面的正应力分布

为了减少材料用量、减小构件截面、减轻结构自重，对于较大跨度的刚架结构常采

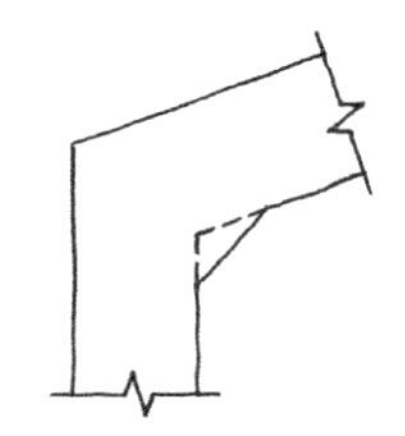

图 3–8 刚架转角截面的加腋

用预应力钢筋混凝土刚架和空腹刚架的形式。空腹刚架有两种形式，一种是把构件做成空心截面，另一种是在构件上留洞。空腹刚架也可以采用预应力结构，但对施工技术和材料的要求较高。

在变截面刚架结构中，刚架截面变化的形式在满足结构功能需要的同时，应结合建筑立面要求确定。立柱可以做成里直外斜或外直里斜两种形式，如图 3–9 所示。

在实际工程中，预制装配式钢筋混凝土刚架得到了广泛的应用。刚架拼装单元的划分一般应根据应力分布决定。单跨三铰刚架可分成两个“Γ”形拼装单元，铰节点设在基础和横梁中间拼接点的部位。两铰刚架的柱与基础连接处应做成铰节点，一般在横梁零弯矩点截面附近设置拼接点（但需注意，此处拼接点应为刚性拼接点）以避免构件划分单元过大。多跨刚架常采用“Y”形和“Γ”形拼装单元，如图 3–10 所示。

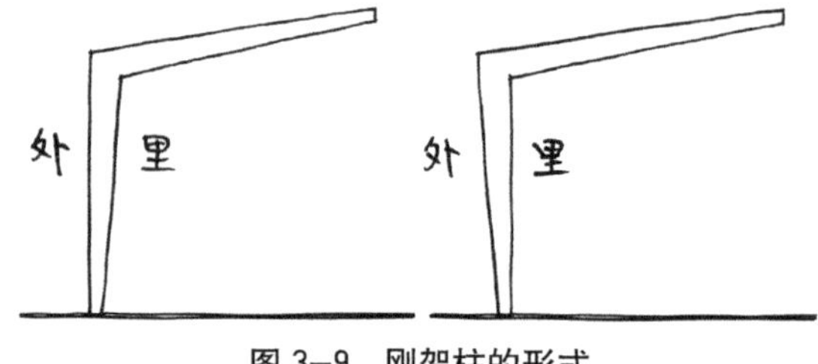

图 3–9 刚架柱的形式

刚架承受的荷载一般有永久荷载和可变荷载两种。在永久荷载的作用下，零弯矩点的位置是固定的；在可变荷载作用下，由于各种不利组合，零弯矩点的位置是变化的。因此在划分构件拼装单元时，零弯矩点的位置应该根据主要荷载确定。例如，对一般刚架（无悬挂吊车），由永久荷载产生的弯矩约占总弯矩的 90% 左右，拼接点位置应设在永久荷载作用下横梁的零弯矩点附近。这样，拼接点截面受力小，构造简单，易于处理。

3.3.2 排架结构的构件形式

从图 3–11 可以看出，排架结构柱与基础的连接节点处是弯矩的峰值部位，因此，排架柱最大截面应设置在柱底部位。由于排架结构中经常采用桥式吊车，故排架柱普遍采用变截面上下柱的结构形式，如图 3–12 所示。

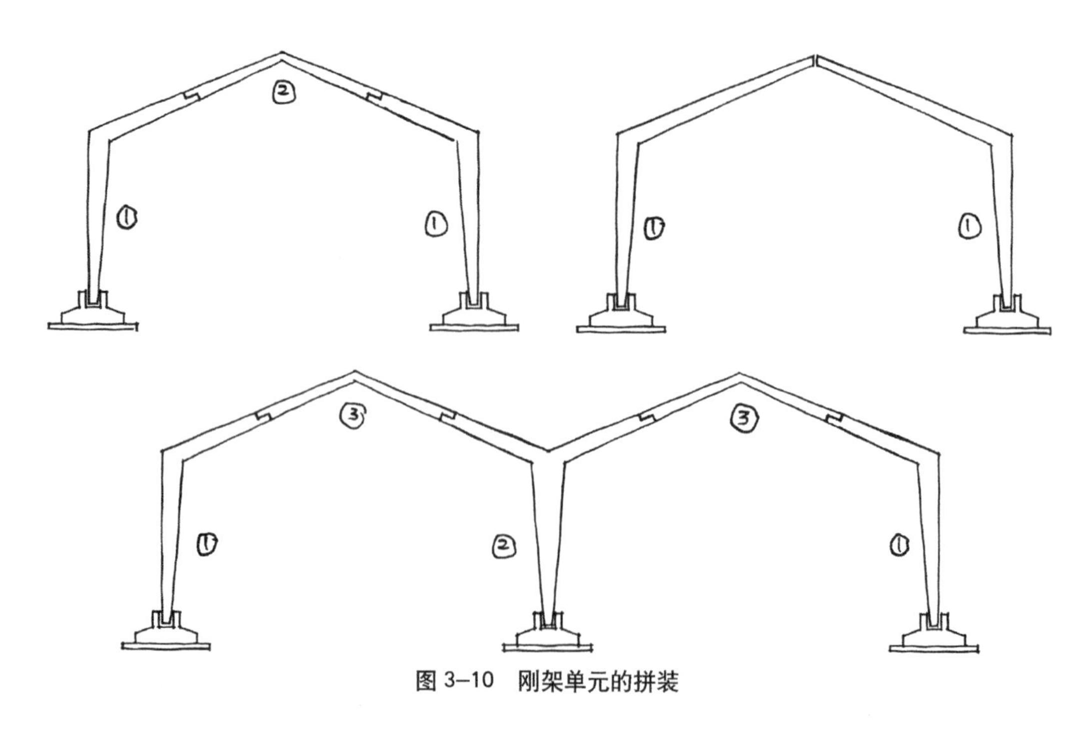

图 3–10 刚架单元的拼装

由于排架结构的跨度往往很大，因此联系两根排架柱的上部水平横梁主要采用工字形截面的屋面大梁或者大型屋架，如图 3–13 所示。

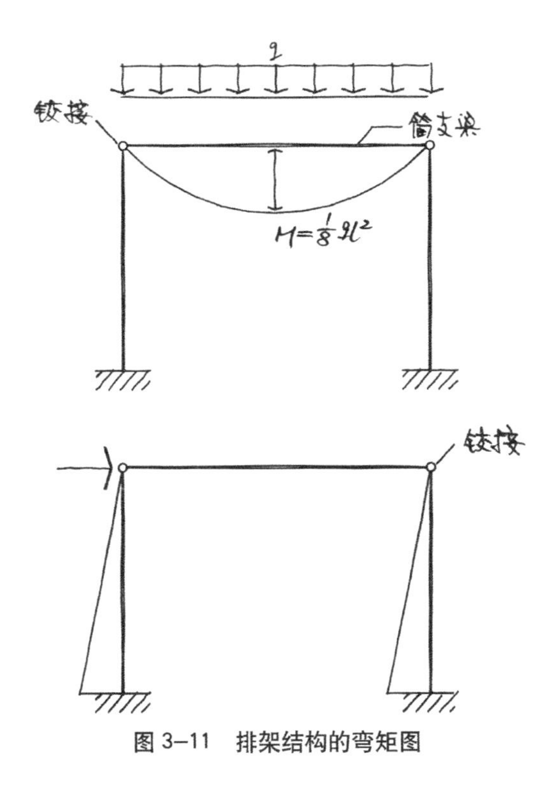

图 3–11　排架结构的弯矩图

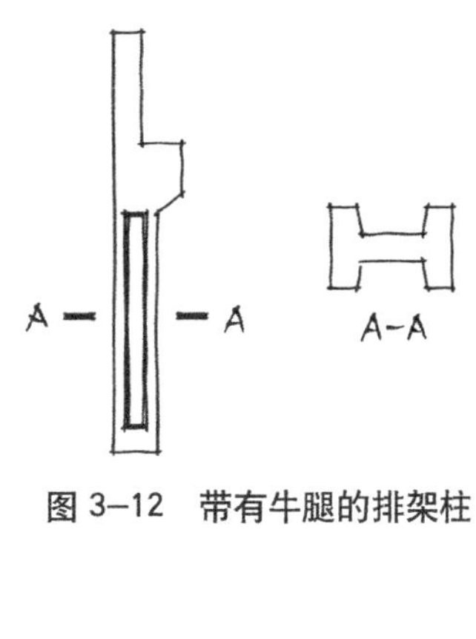

图 3–12　带有牛腿的排架柱

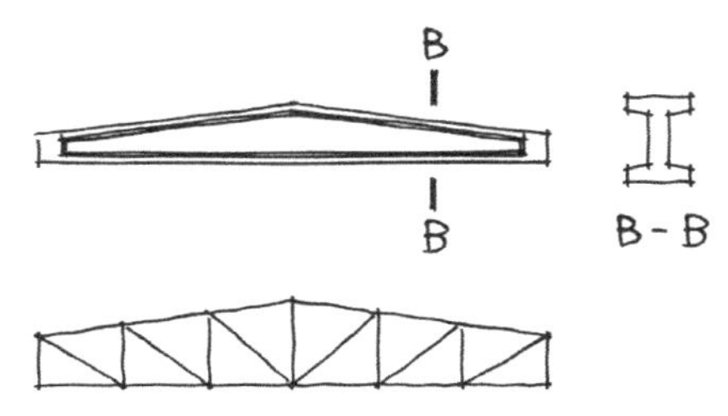

图 3–13　工字形截面的屋面大梁以及大型屋架

3.4　刚架结构与排架结构的空间刚度

两铰刚架和三铰刚架结构的空间刚度较小，常用于没有动荷载的民用与工业建筑中，当有吊车荷载时，其最大起重量不宜超过 10t。大型和重型厂房（特别是有吊车的厂房）等则主要采用排架结构。

刚架结构与排架结构虽然在适用范围上有一定的差异，但是，它们之间有一个共同的结构特征，就是结构的空间整体刚度比较低。刚架结构常见的跨度在二三十米，单层高度在几至十几米；排架结构常用于重型厂房，常见的跨度有三四十米，最大可达六七十米甚至更大，单层高度甚至可达二三十米以上。试想一下，这种尺度的刚架结构与排架结构，其至少数十米的跨度和十数米的净高所包围的空间内部没有任何结构构件，与常见的居住建筑和一般公共建筑采用的砌体结构、剪力墙结构、框架结构以及框架－剪力墙结构等较小的墙（柱）距和较小的层高相比较，其结构的空间刚度低是必然的结果。因此，需要对刚架结构和排架结构采取必要的加强整体空间刚度的措施。

在结构的总体布置时，应加强结构的整体刚度，保证结构在纵横两个方向都满足整体刚度的要求。在这里，我们首先对刚架结构与排架结构的基本结构组成做一个描述。

刚架结构的基本结构组成如图 3-14 所示，从结构平面横向来说，柱与横梁组成了横向刚架，各榀刚架之间由纵向设置的联系梁、大型屋面板或檩条等组成了纵向联系系统。至此，完整的三维空间结构已经形成。

排架结构的基本结构组成如图 3-15 所示，从结构平面横向来说，柱与横梁（或屋架）组成了横向排架，各榀排架之间由纵向设置的联系梁、大型屋面板或檩条、吊车梁等组成了纵向联系系统。至此，完整的三维空间结构已经形成。

但是，如前所述，此时的刚架结构或排架结构的空间整体刚度还是很小的。因此，我们要在此空间结构的基础上采取提高空间刚度的措施。这类措施主要有：针对刚架柱或排架柱设置柱间支撑以及针对柱顶横向水平构件（即屋盖系统）设置屋盖支撑。下面以排架结构为例，介绍柱间支撑与屋盖支撑

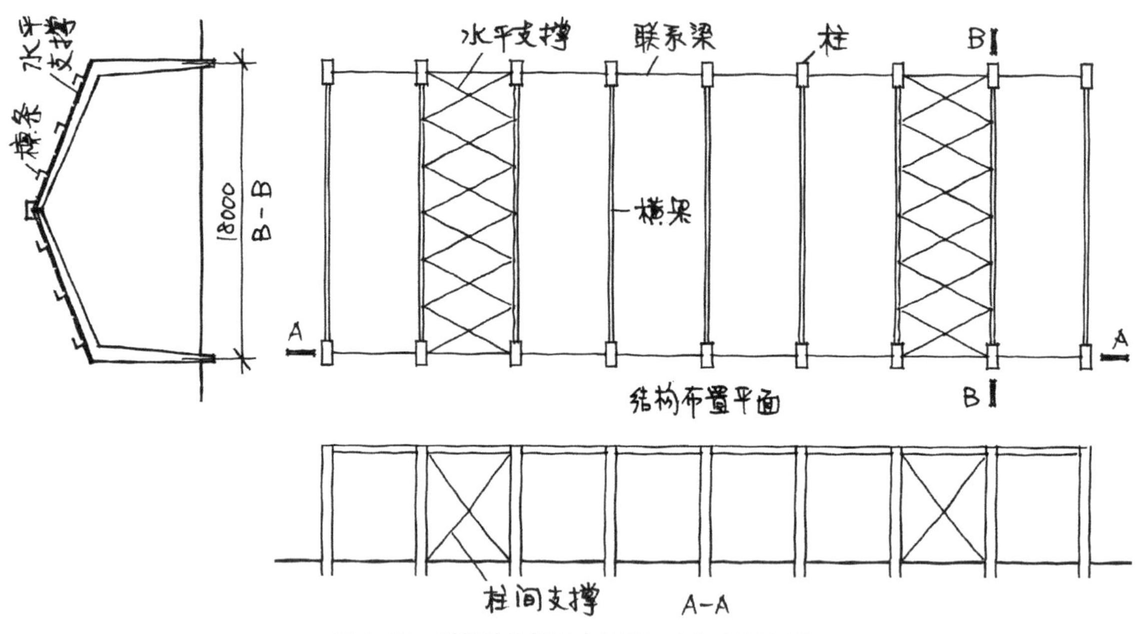

图 3-14 刚架结构的基本结构组成和支撑布置

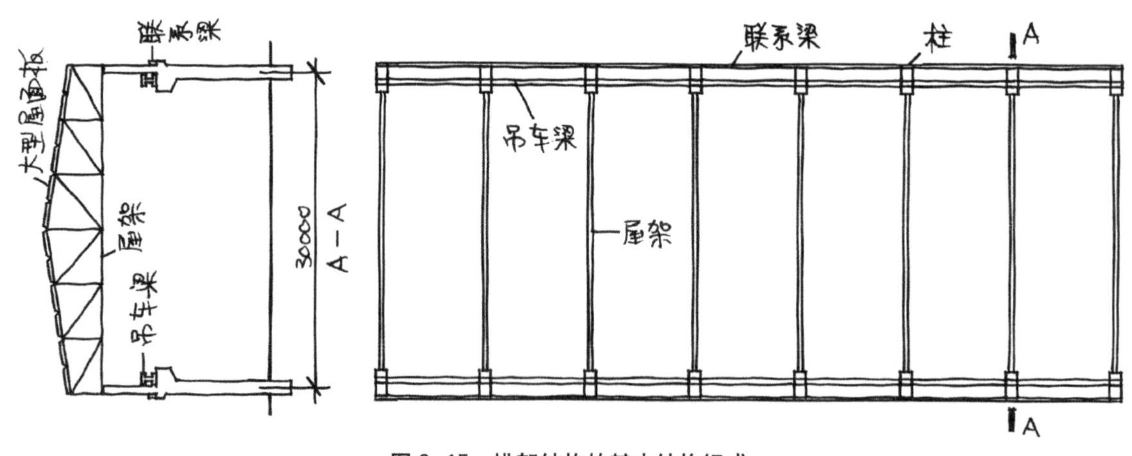

图 3-15 排架结构的基本结构组成

的主要形式和构造要求，刚架结构的支撑布置与排架结构的支撑布置类似，可参见图3-14所示。

3.4.1 柱间支撑

柱间支撑的作用主要是用以保证建筑高度（室内地坪至柱顶）内结构的纵向稳定及空间刚度，以有效地承受结构平面端部山墙风荷载、吊车纵向水平荷载以及温度应力等，在地震区，还将承受纵向地震荷载。柱间支撑又可细分为上段柱的柱间支撑、下段柱的柱间支撑等，如图3-16所示。有时，还会出现设置中段柱的情况，中段柱的柱间支撑布置如图3-17所示。

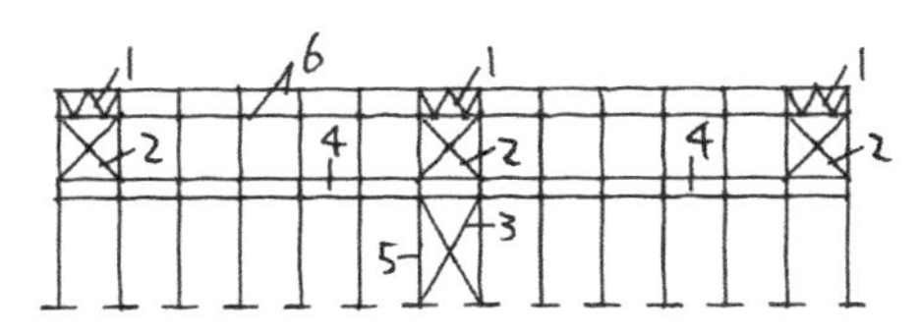

图3-16 排架结构的柱间支撑

1-屋架纵向垂直支撑；2-上柱支撑；3-下柱支撑；4-吊车梁；5-排架柱；6-屋架上、下弦纵向水平系杆

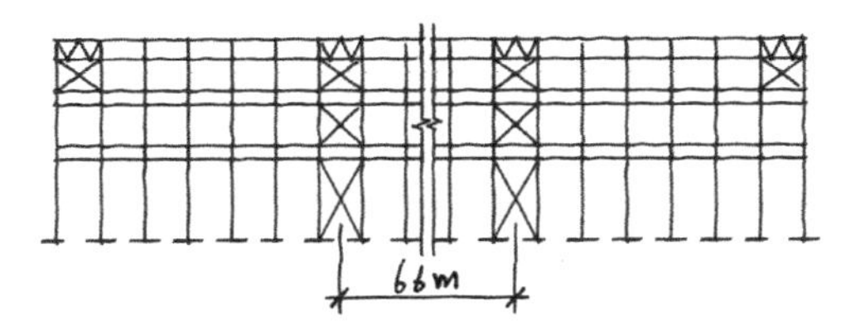

图3-17 排架结构温度区段较长时的柱间支撑

1）下段柱的柱间支撑（简称下柱支撑）

下柱支撑的布置，直接影响纵向结构温度变形的方向和附加温度应力的大小。一般情况下，应将下柱支撑设置在温度区段的中部。当温度区段长度不大时，可在温度区段中部设置一道下柱支撑，如图3-16所示；当温度区段长度大于120m时，为保证结构的纵向刚度，应在温度区段内设置两道下柱支撑，其位置应尽可能布置在温度区段中间的1/3范围内，两道下柱支撑的间距不宜大于66m，以减少由此产生的温度应力，如图3-17所示。

2）上段柱的柱间支撑（简称上柱支撑）

为了传递平面端部山墙风荷载，提高结构上部的纵向刚度，上柱支撑除了在布置有下柱支撑的柱间布置外，还应在温度区段两端布置上柱支撑，如图3-16和图3-17所示。温度区段两端的上柱支撑对温度应力的影响很小，可以忽略不计。

3）柱间支撑的构造形式

柱间支撑主要采用X形交叉的构造形式，如图3-18所示。由于X形交叉支撑构造简单，

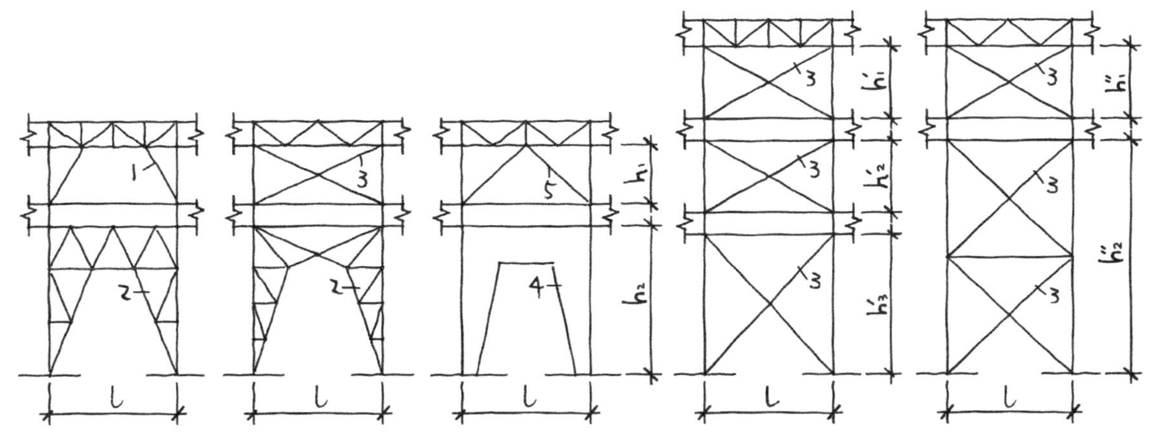

图3-18 柱间支撑的构造形式

1-八字形支撑；2-空腹门形支撑；3-X形支撑；4-实腹门形支撑；5-人字形支撑

传力直接，用料节省，并且刚度较大，所以是最常用的柱间支撑形式。在有些特殊情况下，例如，受到生产工艺和设备布置的限制时，或者由于 X 形支撑杆的倾角过小时，也会采用八字形、人字形以及门形等支撑形式，如图 3–18 所示。

3.4.2 屋盖支撑

在排架结构中，特别是结构跨度较大时，屋盖作为整个结构的水平分系统，其结构自身的高度是很大的，数米甚至十数米高的大型屋架、天窗架，必须具备足够的自身刚度和稳定性，以使它们在整体结构中承受和传递荷载，确保结构的安全。如何保证屋盖结构构件在安装和使用过程中的整体刚度和稳定性，就是屋盖支撑要解决的问题。

1）屋盖支撑的系统组成

屋盖支撑是一个系统，如图 3–19 所示，主要包括以下组成部分：

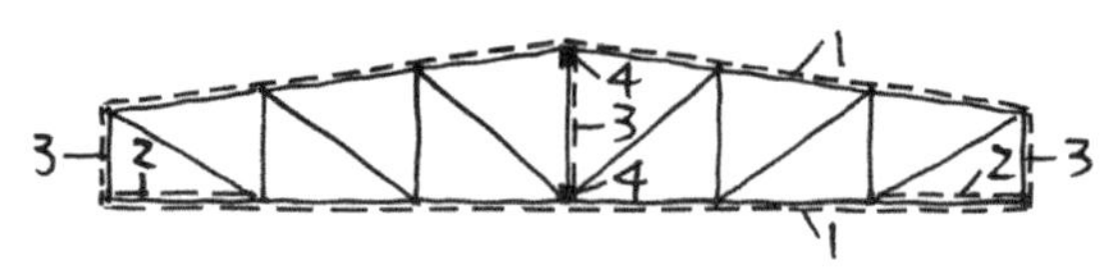

图 3–19 屋盖支撑系统示意图
1– 横向水平支撑；2– 纵向水平支撑；3– 纵向垂直支撑；4– 纵向水平系杆

（1）屋架和天窗架的横向水平支撑，又可再细分为屋架上弦横向水平支撑、屋架下弦横向水平支撑、天窗架上弦横向水平支撑等；

（2）屋架的纵向水平支撑，又可再细分为屋架上弦纵向水平支撑和屋架下弦纵向水平支撑等；

（3）屋架和天窗架的纵向垂直支撑；

（4）屋架和天窗架的纵向水平系杆，又可再细分为屋架上弦纵向水平系杆、屋架下弦纵向水平系杆、天窗架上弦纵向水平系杆等。

2）屋盖支撑各组成部分的作用及构造形式

（1）屋架和天窗架的横向水平支撑

屋架和天窗架的横向水平支撑包括屋架上弦横向水平支撑、屋架下弦横向水平支撑、天窗架上弦横向水平支撑，一般采用 X 形交叉的构造形式，如图 3–20 所示。

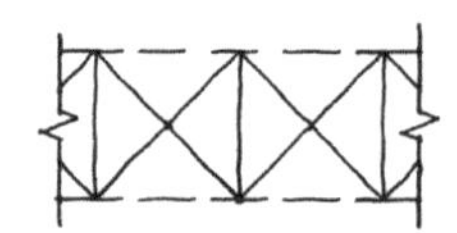

图 3–20 横向水平支撑和纵向水平支撑的形式

屋架上弦横向水平支撑、天窗架上弦横向水平支撑主要的作用是保证屋架和天窗架上弦的侧向稳定；当屋架上弦杆作为山墙抗风柱的支撑点时，屋架上弦横向水平支撑还能将水平风荷载或地震荷载传递到整个结构的纵向柱列。

屋架下弦横向水平支撑的作用是使屋架下弦杆在动荷载的作用下不致产生过大的振动；当屋架下弦杆作为山墙抗风柱的支撑点时，或者当屋架下弦杆设有悬挂式吊车和其他悬挂运输设备时，屋架下弦横向水平支撑还能将水平风荷载、地震荷载或其他荷载传递到整个结构的纵向柱列。

（2）屋架的纵向水平支撑

屋架的纵向水平支撑包括屋架上弦纵向水平支撑和屋架下弦纵向水平支撑，一般采用 X 形交叉的构造形式，如图 3–20 所示。

屋架的纵向水平支撑通常和横向水平支撑构成环形封闭支撑系统，以加强整个结构的刚度。屋架下弦纵向水平支撑能使吊车产生的水平力分布到邻近的排架柱上，并承受和传递纵向柱列传来的水平风荷载和地震荷载；当柱顶处设有纵向托架时，屋架下弦纵向水平支撑还能保证托架的平面外稳定。

（3）屋架和天窗架的纵向垂直支撑

屋架和天窗架的纵向垂直支撑包括屋架纵向垂直支撑以及天窗架纵向垂直支撑，一般采用如图 3–21 所示的支撑形式。

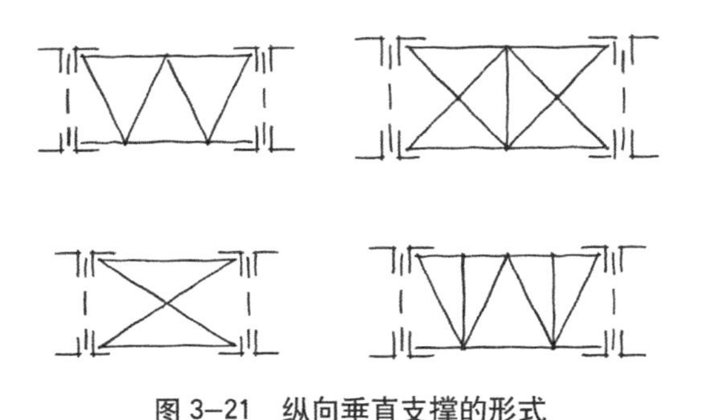

图 3–21 纵向垂直支撑的形式

屋架纵向垂直支撑的作用主要是保证屋架上弦杆的侧向稳定和提高屋架下弦杆的平面外刚度（缩短下弦杆的平面外计算长度）。天窗架纵向垂直支撑的作用主要是保证天窗架的侧向稳定。

（4）屋架和天窗架的纵向水平系杆

屋架和天窗架的纵向水平系杆包括屋架上弦纵向水平系杆、屋架下弦纵向水平系杆、天窗架上弦纵向水平系杆，同时又分为柔性系杆（拉杆）和刚性系杆（压杆），通常柔性系杆的截面比较小，多采用单角钢的形式，而刚性系杆的截面要求比较大，多采用由两个角钢组成的十字形截面的形式。

屋架和天窗架的纵向水平系杆的作用主要是与屋架和天窗架的纵向垂直支撑一起承受和传递纵向水平风荷载、地震荷载和其他水平荷载等。同时，纵向水平系杆有利于屋架和天窗架安装时的平面外稳定。

3.5 刚架结构与排架结构的实例

刚架结构与排架结构的空间特征明显，主要适用于大型空旷空间的需要，常用于单层工业厂房、飞机维修库、大型会展建筑等。

3.5.1 某大型单层多跨门式刚架结构厂房

图 3–22 所示为某大型单层多跨门式刚架结构厂房正在建造过程中的情况，从图中，我们可以清楚地看到钢结构的柱与梁的刚性连接以及各榀刚架之间屋面檩条的布置。

图 3–22 某大型单层多跨门式刚架结构厂房

图 3−23 某钢筋混凝土排架结构厂房

3.5.2 某钢筋混凝土排架结构厂房

图 3−23 所示为某钢筋混凝土排架结构厂房的结构组成，包括排架柱、工字形截面屋面大梁、大型屋面板、吊车梁、抗风柱、下柱支撑与上柱支撑等（远处第四跨内）。

复习思考题

3−1 什么叫刚架结构？什么叫排架结构？

3−2 为什么不能说“钢架结构”？

3−3 刚架结构与排架结构各自有什么优势与劣势？

3−4 刚架结构有哪些结构类型？各自的特点是什么？

3−5 影响结构构件外形形式的因素是什么？

3−6 刚架结构与排架结构的构件形式各有什么特点？

3−7 为什么说刚架结构与排架结构的空间刚度比较差？如何提高其空间刚度？

3−8 排架结构的支撑方式有哪些？其各自的作用和设置的要求是什么？

第 4 章 网架结构

4.1 网架结构的特点与适用范围

网架是桁架结构立体化后的一种结构形式。它是由许多杆件按照一定规律组成的网状结构。网架结构改变了一般平面桁架的受力状态，具有各向受力的性能，是高次超静定空间结构。

网架结构的各杆件之间互相起支撑作用，因此，它的整体性强，稳定性好，空间刚度大，是一种良好的抗震结构形式，尤其对大跨度建筑，其优越性更为显著。

在节点荷载作用下，网架的杆件主要承受轴向压力或者轴向拉力，能够充分发挥材料的强度，因此比较节省钢材。

网架结构是一种空间结构，因此，其结构性能具有很大的优势，结构自身高度较小，不仅可以有效地节省建筑宅间，而且能够利用较小规格的杆件建造大跨度的结构。同时它还具有杆件类型规则统一，适合于工厂化生产，然后进行地面拼装和整体吊装以及高空拼装等特点。

网架结构适用于多种建筑平面形状，如圆形、矩形、多边形等，造型也很壮观，因此在近年来得到了很大的发展和广泛的应用。

网架结构按外形可以划分为平板形网架（图 4–1*a*）以及壳形网架（图 4–1*b*、*c*、*d*）。网架结构既可以是双层（也就是既有上弦杆，又有下弦杆，如图 4–1a、*d* 所示）的，也可以是单层的（图 4–1*b*、*c*），这完全取决于网架本身的刚度需要。具体讲，平板网架都是双层的结构形式，这是由于平板网架属于平板结构，其结构应力以受弯为主，因而需要较大的结构自身高度；而壳形网架则根据其跨度以及外形的需要，有单层、双层、单曲、双曲等各种形状。图 4–1 所示为几种不同类型网架的简图。

网架结构的杆件多采用钢管或角钢制作，节点多为空心球节点或平板节点的形式，连接方法既可以是焊接，也可以采用螺栓连接的方法。图 4–2 所示为钢管形的网架杆件，图 4–3 所示为空心球，图 4–4 所示为空心球节点。

壳形网架属于曲面结构，从结构类型的划分上，我们将在下篇的曲面结构中进行介绍。这一章，我们将主要介绍平板网架结构。需要说明的是，**壳形网架与平板网架的区别**

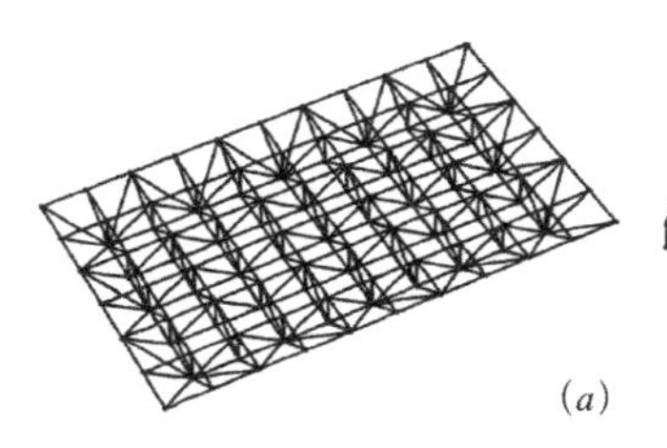
(*a*)

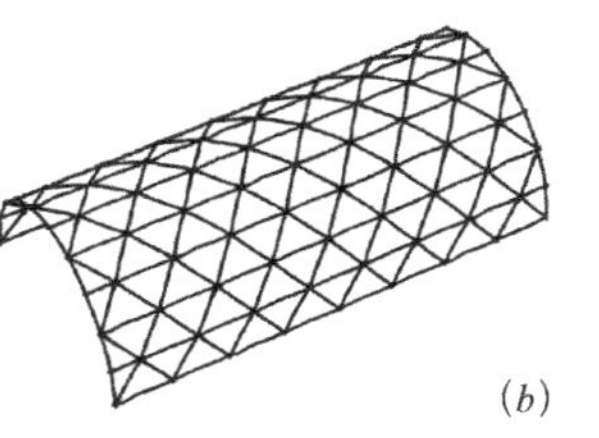
(*b*)

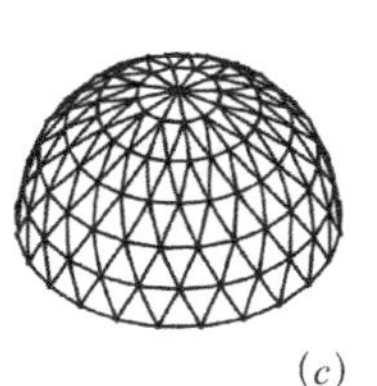
(*c*)

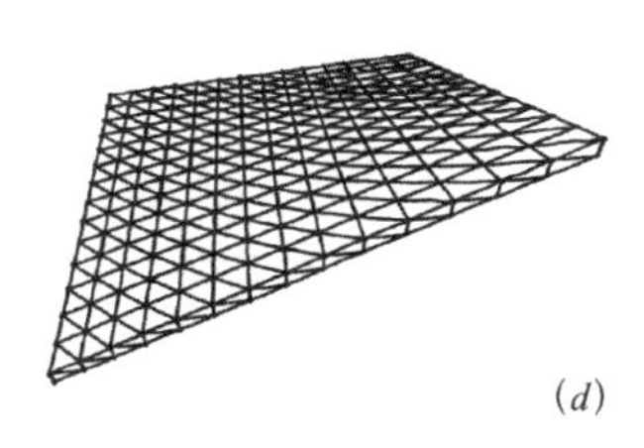
(*d*)

图 4–1　网架形式

图 4–2 钢管形的网架杆件

图 4–3 空心球

图 4–4 空心球节点

主要在于其曲面结构与非曲面结构的受力特征的不同，而两者在构造连接方法上则是完全一样的。

平板网架具有如下优点 ：

（1）平板网架为三维空间受力结构，因此具有较大的结构优势，其结构自重轻，较平面桁架结构节省钢材。如上海体育馆，建筑平面为圆形，直径 110m，屋顶采用了平板网架结构，用钢量仅为 47kg/m^2。如果采用平面桁架结构，用钢量至少增加一倍 ；

（2）平板网架整体刚度大，稳定性好，对承受集中荷载、非对称荷载、局部超载和抵抗地基不均匀沉降等不利情况都比较有利 ；

（3）平板网架是非曲面无推力空间结构，一般简支在下部支承结构上，连接构造比较简单 ；

（4）平板网架的应用范围广泛，不仅适用于中小跨度的工业与民用建筑，如工业厂房、俱乐部、食堂、会议室等，而且更宜于建造大跨度建筑的屋盖结构，如展览馆、体育馆、飞机库等。

4.2 平板网架的结构形式

从网架结构的构成方式上来看，平板网架可以分为交叉桁架体系和角锥体系两类。换一个角度看问题，我们也可以把这两类结构形式看成是分别由平面桁架交叉以及立体桁架交叉而形成的结构形式。对于交叉桁架体系，桁架交叉的形式既可以是两向交叉，也可以是三向交叉，以适应不同建筑平面形状的需要 ：两向交叉桁架可以是 90°正交，也可以是任意角相交 ；三向交叉桁架的交角一般为 60°。对于角锥体系，可以分别由三角锥、四角锥、六角锥等组成。

为了便于说明不同类型网架结构各杆件的布置方式，本节各图中网架结构平面及剖面以及上弦杆、下弦杆、腹杆的表示方法，均采用图 4–5 所示的形式。

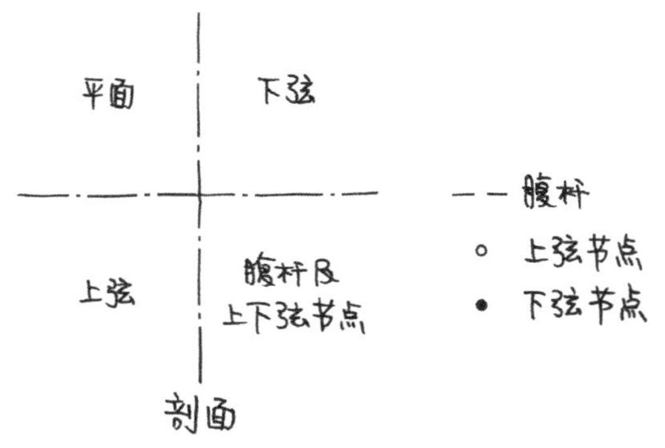

图 4–5　网架结构布置示意方法及图例

4.2.1　交叉桁架体系网架

交叉桁架体系网架结构是由许多上下弦平行的平面桁架相互交叉连接形成的网状结构。结构体系中，上弦杆一般受压，下弦杆则一般受拉，腹杆则根据其布置方式有的受拉，有的受压。交叉桁架体系网架的主要结构类型可分为如下几种。

1）两向正交正放网架

两向正交正放网架是由两个方向相互交叉成 90°角的桁架组成，而且两个方向的桁架与其相应建筑平面边线平行，如图 4–6 所示。

两向正交正放网架一般适用于两个方向的桁架跨度相等或接近的正方形或接近正方形的矩形建筑平面，特别是对于 50m 左右中等跨度的正方形建筑平面来说，采用两向正交正放网架较为有利。如果在平面形状为较狭长的长方形空间中采用两向正交正放网架，网架的受力状态就接近于主次梁结构的单向受力，长向桁架相当于次梁，短向桁架相当于主梁，网架的空间作用将很难体现出来，

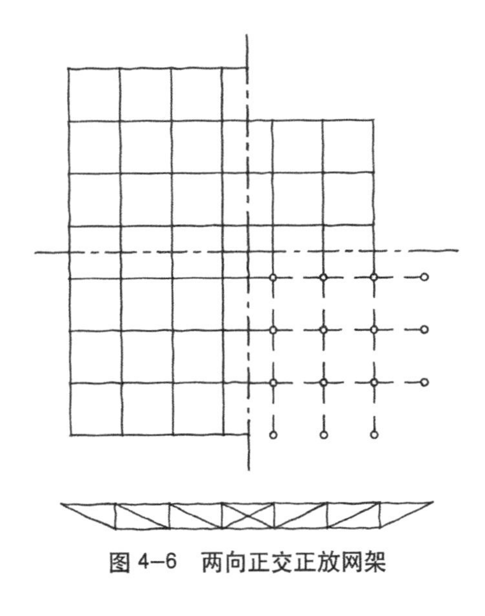

图 4–6　两向正交正放网架

因此，不宜在狭长的矩形平面中采用。

网架结构形式的选择与其支承情况有很大关系。相对于周边支承的情况，两向正交正放网架更适合四点支承的方式。当其为四点支承时，一般其四周均应向外悬挑以使其受力更为合理，悬挑长度以 1/4 柱距为宜。这种形式的网架从平面图形看是几何可变的，所以为了保证网架的几何不变性和有效地传递水平荷载，必须合理地设置结构水平支撑。

2）两向正交斜放网架

两向正交斜放网架是由两个方向相互交角为 90°的桁架组成，但桁架与建筑平面边线的交角则为 45°，如图 4–7 所示。

从受力上看，当这种网架周边为柱子支承时，由于角部短桁架的相对刚度较大，于是便对与其垂直交叉的长桁架起到很强的弹性支承作用，使得长桁架在角部产生负弯矩，从而减少了跨度中部的正弯矩，改善了网架的受力状态。但角部负弯矩的存在，会造成四角支座产生较大的拉力，如果四角支座抵抗不了此拉力，网架四角就会翘起，如图 4–8 所示。因此，采用这种网架时，要特别注意对四角的锚拉，设计特殊的拉力支座。为了

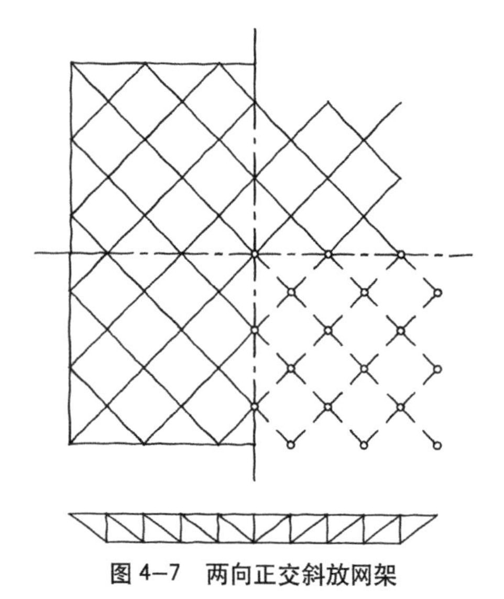

图 4–7　两向正交斜放网架

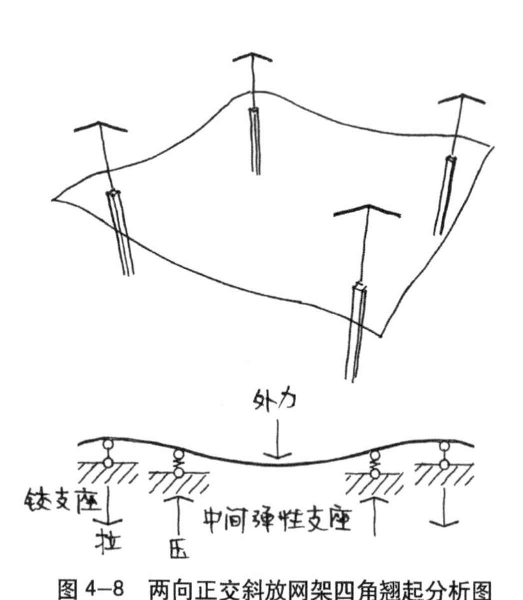

图 4–8　两向正交斜放网架四角翘起分析图

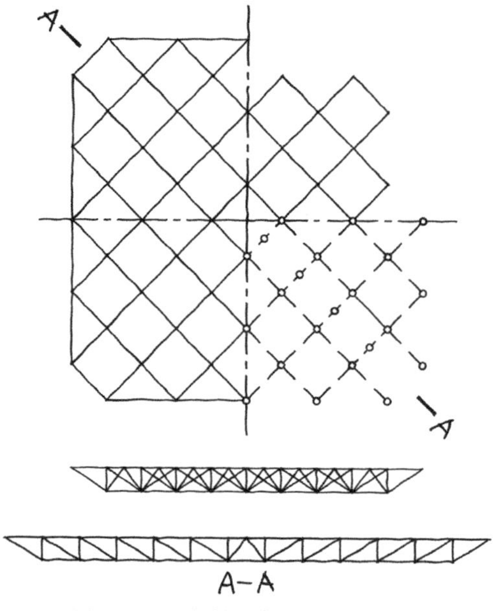

图 4–9　双角柱两向正交斜放网架

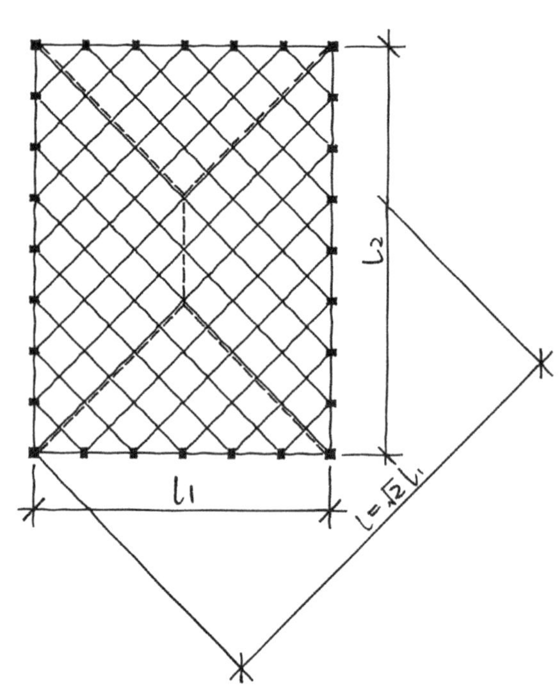

图 4–10　两向正交斜放网架用于矩形平面时的结构布置

不使拉力过大，还可以把角柱去掉（也可以看成是双角柱），由角部两根柱子共同来承担，使拉力分散，避免了拉力集中，简化了支座构造，如图 4–9 所示。但这样做造成的弊端是屋面起坡脊线的构造处理较为复杂。

两向正交斜放网架不仅适用于正方形建筑平面，而且也适用于不同比例的矩形建筑平面。两向正交斜放网架用于较长的矩形建筑平面时，布置方法如图 4–10 所示。其平面桁架长度 L 为平面短边边长（l_1）的$\sqrt{2}$倍，即桁架最大的长度为$\sqrt{2}\,l_1$。由此可以看出桁架长度并不因平面长边边长（l_2）的增加而改变。两向正交斜放网架避免了两向正交正放网架当建筑为狭长矩形平面时接近单向受力状态的缺点。

在周边支承的情况下，两向正交斜放网架与正交正放网架相比，不仅空间刚度较大，而且能节省用钢量，特别在大跨度时，其优越性就更加明显。

3）两向斜交斜放网架

两向斜交斜放网架是由两个方向相互交角为非90°的桁架组成，桁架与建筑平面边线的交角既非90°，也非45°，如图4-11所示。

很明显，两向斜交斜放网架在平面两个边上的桁架交点间距是不一样的，因此，它更适合在建筑相邻两个立面的柱距不相等的情况下采用。

4）三向交叉网架

三向交叉网架是由三个方向的平面桁架互为60°夹角组成的空间网架，如图4-12所

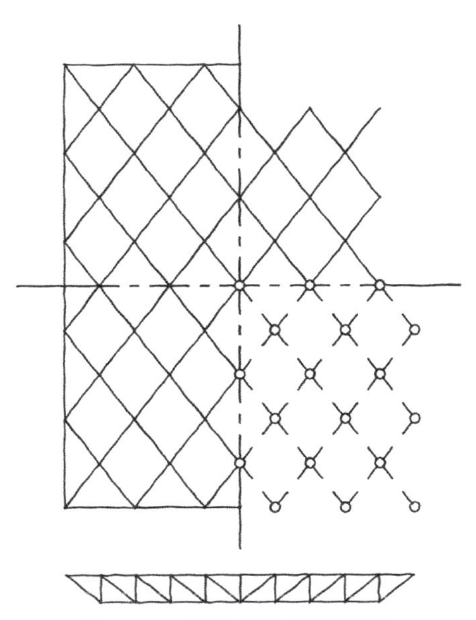

图4-11 两向斜交斜放网架

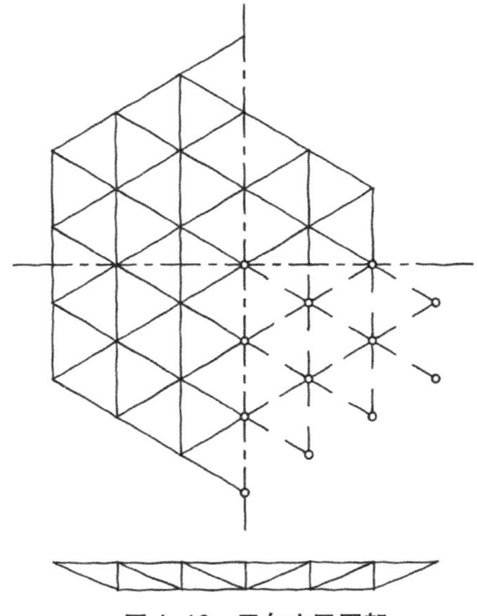

图4-12 三向交叉网架

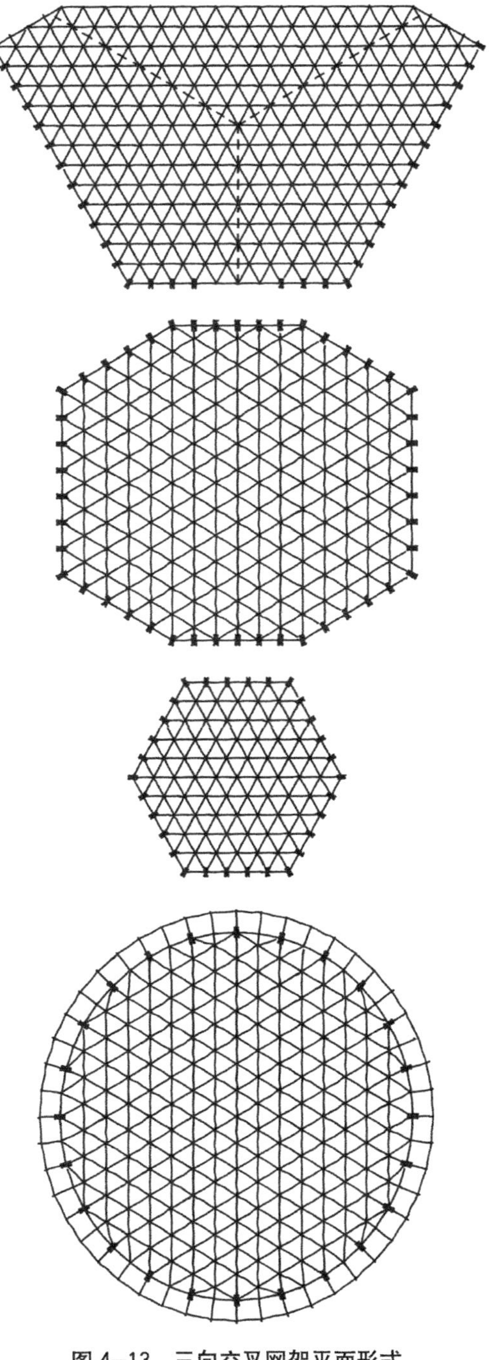

图4-13 三向交叉网架平面形式

示。它比两向网架的空间刚度大，但它的杆件相对比较多，节点构造比较复杂。三向交叉网架特别适合于多边形和圆形、椭圆形等平面形状的建筑，如图 4-13 所示。

5）单向折线形网架

单向折线形网架是由一系列平面桁架相互斜交成 V 字形而形成的网架结构类型。单向折线形网架可以看成是格构式的单向折板结构，如图 4-14 所示。单向折线形网架比平面桁架刚度大，亦不需要布置平面外支撑系统，各杆件内力均匀，对于较小跨度、特别是狭长的建筑平面较为适宜。为了加强结构的整体刚度，应在单向折线形网架的端部设置连续的上弦杆和下弦杆。

4.2.2 角锥体系网架

角锥体系网架是由三角锥、四角锥或六角锥单元（图 4-15）组成的空间网架结构。角锥体系网架比相同条件下的交叉桁架体系网架刚度大，受力性能好。它还可以预先做成标准锥体单元，安装、运输、存放都很方便。

1）四角锥网架

四角锥网架的上弦和下弦平面均为方形网格，上下弦错开半格放置，用斜腹杆连接上下弦的网格交点，形成一个个相连的四角锥，如图 4-16 所示。四角锥网架上弦不易设置再分杆，因此，网格尺寸受到限制，总体尺度不宜太大，适用于中小跨度的建筑。

常用的四角锥网架有以下几种。

（1）正放四角锥网架

正放四角锥网架是指锥的底边杆件及连接锥顶的杆件均与相应建筑平面周边平行的角锥体系网架。

正放四角锥网架可以由倒四角锥（锥顶向下）单元组成（图 4-17），锥的底边相连成为网架的上弦杆，锥顶的连杆为网架的下

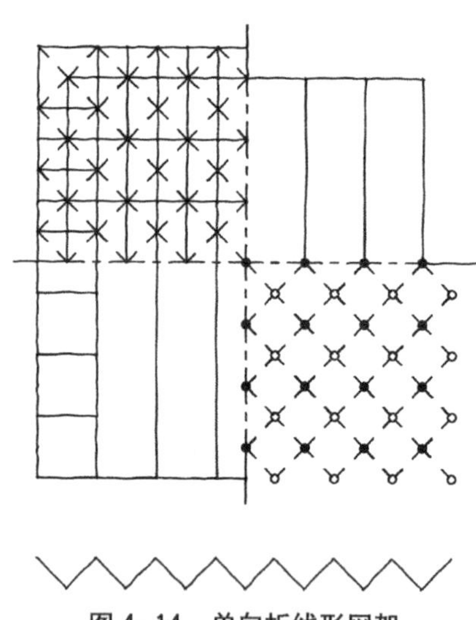

图 4-14 单向折线形网架

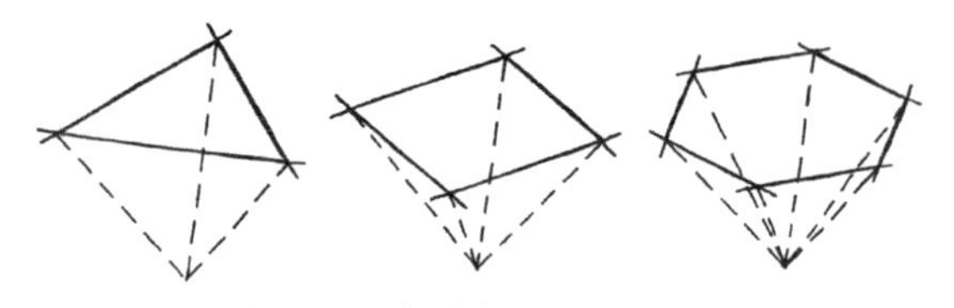

图 4-15 各种角锥单元示意图

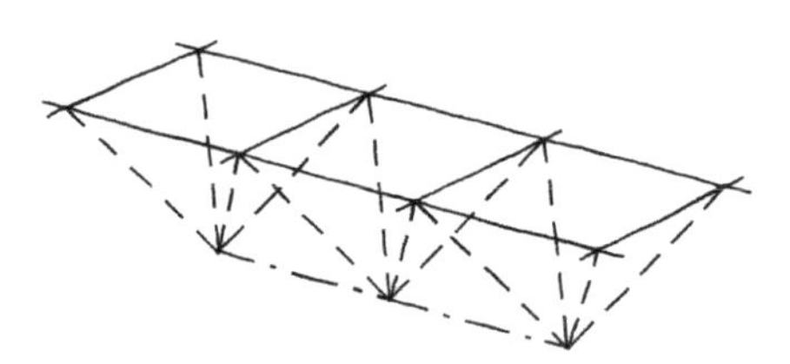

图 4-16 四角锥连接单元示意图

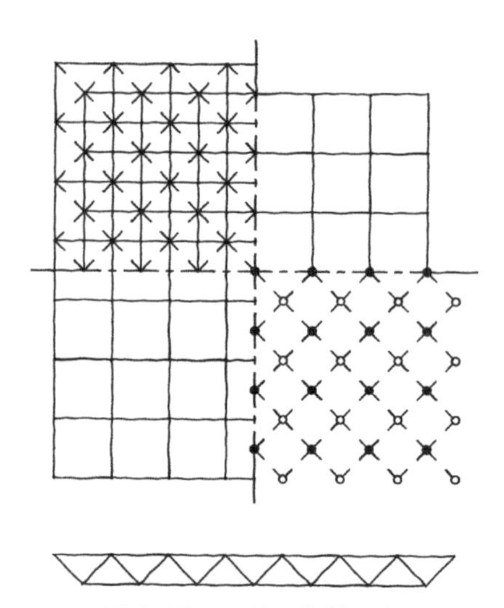

图 4-17 正放四角锥网架

弦杆，上下弦杆平面错开半个网格，锥体的棱边杆件为腹杆。正放四角锥网架也可由正四角锥（锥顶向上）单元组成。这样，锥的底边相连成为网架的下弦杆，锥顶的连杆为网架的上弦杆，上下弦杆平面也错开半个网格。

正放四角锥网架各杆件的内力比较均匀，当其为点支承时，除支座附近的杆件内力较大外，其他杆件的内力分布也比较均匀。正放四角锥网架的上下弦杆等长且无竖杆，构造比较简单，屋面结构板的规格也比较统一。这种网架适用于平面接近正方形的中、小跨度的周边支承的建筑，也适用于大柱网的点支承、有悬挂吊车的工业厂房和屋面荷载较大的建筑。

（2）正放跳格四角锥网架

为了便于屋面设置采光通风天窗，可以在正放四角锥网架的基础上间隔地去掉一些四角锥单元，形成正放跳格四角锥网架，如图 4–18 所示。从结构的角度来看，跳格布置四角锥可以看成是将由连续四角锥组成的立体桁架拉开一定间距（一个四角锥单元的间距）布置的结果。

（3）斜放四角锥网架

斜放四角锥网架是指四角锥单元的底边

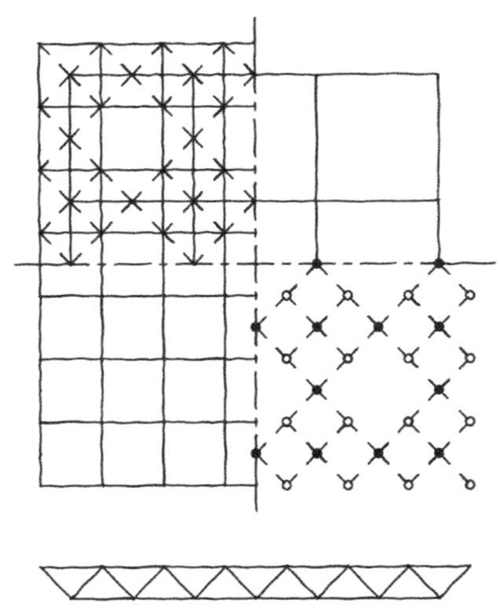

图 4–18　正放跳格四角锥网架

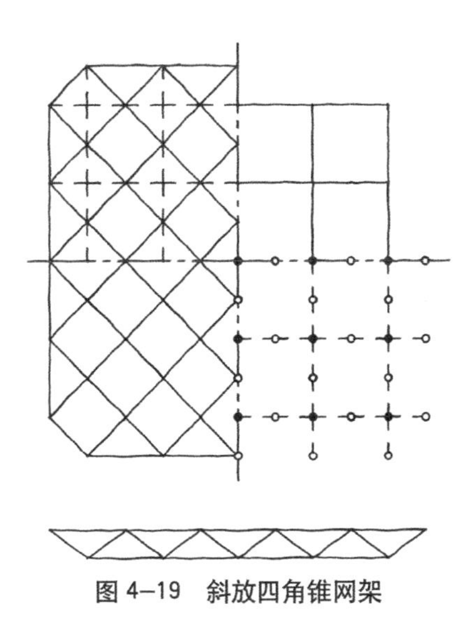

图 4–19　斜放四角锥网架

（即上弦杆）与建筑平面周边夹角为 45°，而连接各锥顶的下弦杆仍平行于建筑平面边线的角锥体系网架，如图 4–19 所示。

斜放四角锥网架比正放四角锥网架受力更为合理，因为四角锥体斜放以后，上弦杆相对更短，对避免杆件受压失稳有利，下弦杆虽长但为受拉杆件，这样可以更充分地发挥材料的强度作用。斜放四角锥网架形式新颖，经济指标较好，节点汇集的杆件数目少，构造简单。斜放四角锥网架的缺点是由于其上弦杆与建筑平面周边夹角为 45°，使得屋面板的规格种类比较多，屋面排水坡的形成也比较困难，因而给屋面的构造设计带来了一定不便。

斜放四角锥网架适用于中小跨度和矩形平面的建筑。它的支承方式可以是周边支承或周边支承与点支承相结合。当其仅为点支承时，要注意在周边布置封闭的边桁架以保证网架的稳定性。

（4）棋盘形四角锥网架

棋盘形四角锥网架是将斜放四角锥网架水平旋转 45°角而成，四角锥体的连接方式不变，如图 4–20 所示。这个旋转使网架的上弦杆与建筑平面的边线相平行，而下弦杆与建

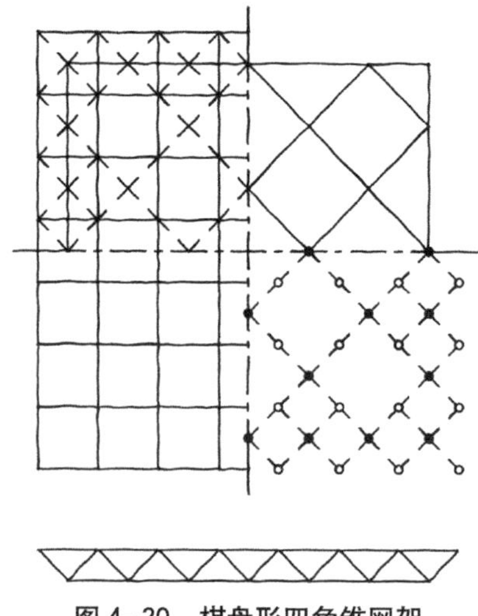

图 4-20 棋盘形四角锥网架

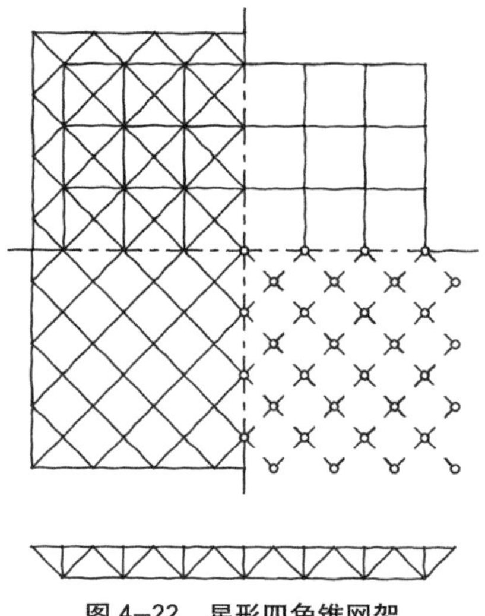

图 4-22 星形四角锥网架

筑平面边线成 45°交角，这种变化克服了斜放四角锥网架时屋面板规格多、屋面排水坡形成比较困难的缺点。

（5）星形四角锥网架

星形四角锥网架的单元是由两个倒置的三角形小桁架正交形成，在交点处共用一个竖杆，如图 4-21 所示。将各星形四角锥单元的上弦杆连接起来即为网架的上弦，将各星形四角锥单元的锥顶用杆件纵横连接起来即为网架的下弦，如图 4-22 所示。星形四角锥网架的上弦杆短，下弦杆长，受力合理，竖杆受压，其内力等于上弦节点荷载。星形四角锥网架一般适用于中小跨度且为周边支承的屋盖。

2）六角锥网架

六角锥网架的单元是六角锥，如图 4-15 所示。当锥顶向下时，上弦为正六边形网格，下弦为正三角形网格；而当锥顶向上时，上弦为正三角形网格，下弦为正六边形网格，如图 4-23 所示。六角锥网架杆件多，节点构造复杂，屋面板为六角形或三角形，施工比较复杂。

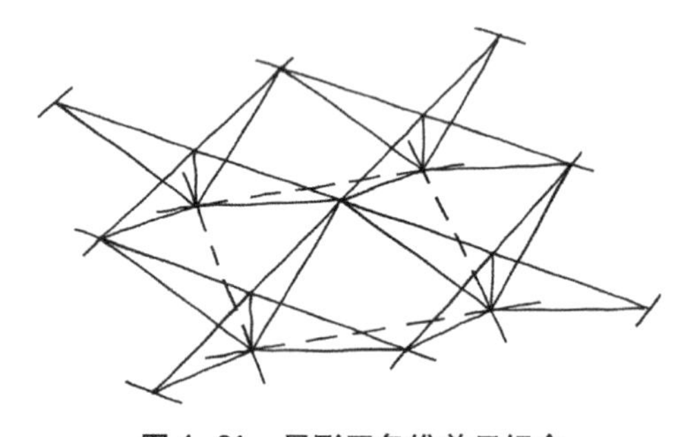

图 4-21 星形四角锥单元组合

3）三角锥网架

三角锥网架是由三角锥单元组成，三角锥体的底面呈正三角形，锥顶朝下，锥顶位于正三角形底面的重心线上，由底面正三角形的三个角向锥顶连接三根腹杆，即构成一个三角锥单元体，如图 4-15 所示。三角锥体

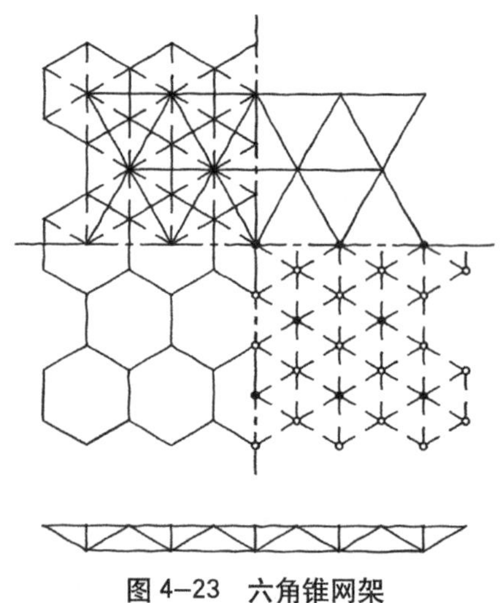

图 4-23 六角锥网架

的底边形成网架的上弦平面，连接三角锥顶点的杆件形成网架的下弦平面。三角锥网架受力均匀，与前述几种类型的网架比较，其刚度更好，在大跨度工程中应用广泛，适合于矩形、三边形、梯形、六边形和圆形等建筑平面。

根据三角锥体单元布置和连接方式的不同，常见的三角锥体网架有下列三种类型。

（1）三角锥网架

三角锥网架是由倒置的三角锥（顶点朝下）排列而成，其上下弦杆形成的网格均为正三角形，如图 4–24 所示。三角锥网架受力比较均匀，整体刚度也较好，一般适用于大中跨度及重屋盖的建筑。如果三角锥网架的高度$h=\sqrt{2/3}\,s$（s为弦杆长度），则网架的全部杆件均为等长杆。

（2）跳格三角锥网架

三角锥网架也可以采用跳格布置的形式，如图 4–25 所示。跳格三角锥网架是在三角锥网架的基础上，有规律地抽掉部分锥体而成。这种网架的上弦杆为三角形网格，下弦杆为三角形和六角形网格。跳格三角锥网架的用料较省，同时杆件减少，构造也较简单，但空间刚度有所降低，适用于屋盖荷载较轻、跨度较小的情况。

（3）蜂窝形三角锥网架

蜂窝形三角锥网架实际上也是一种跳格式的三角锥网架，它是由相邻的各三角锥体（顶点朝下）底面的角与角正向相接而形成，所以，其上弦杆组成的图案呈三角形和六边形，下弦杆的几何图案呈六边形，而且下弦杆与腹杆的水平投影完全重叠，如图 4–26 所示。蜂窝形三角锥网架的每个节点都有 6 根

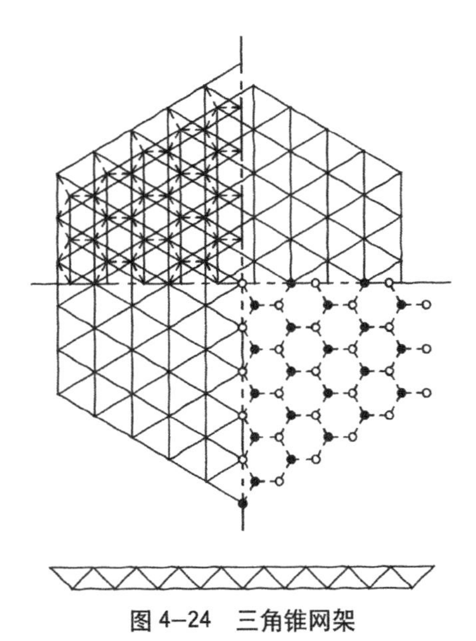

图 4–24　三角锥网架

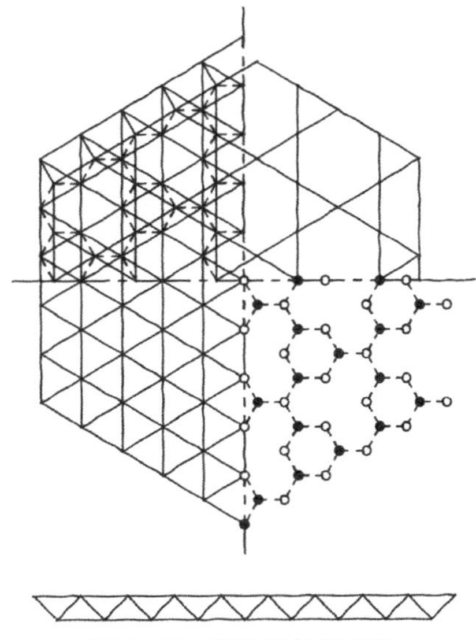

图 4–25　跳格三角锥网架

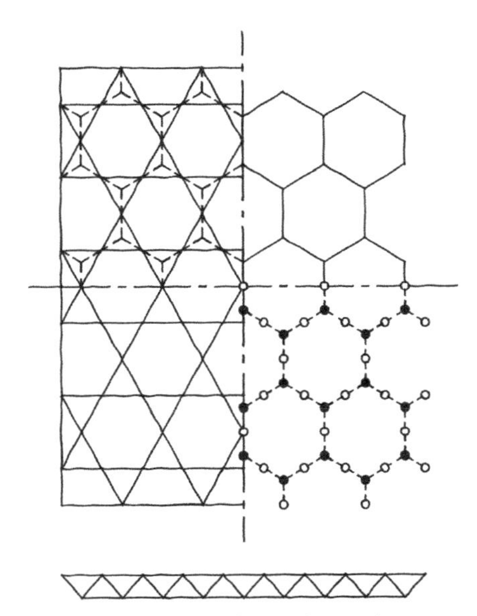

图 4–26　蜂窝形三角锥网架

杆件交汇，是常见的几种网架中节点汇集杆件最少的一种。蜂窝形三角锥网架上弦杆短，下弦杆长，受力比较合理。由于这类网架跳空抽掉的角锥体比较多，节点及杆件数均较少，因而其用钢量也比较少，适用于轻型的中小跨度的屋盖。

4.3 平板网架的受力特点

如前所述，**平板网架实际上就是由平面桁架或立体桁架按一定角度交叉形成的空间结构。** 显然，平板网架的受力特点与平面桁架或立体桁架的受力特点是密切相关的。平面桁架体系只需考虑其在桁架平面内的单向受力，其计算简图如图 4–27 所示。

平板网架的受力特点是空间工作。现以简单的双向正交桁架体系为例，来说明网架的受力特点，如图 4–28 所示。

从图 4–28 中我们可以看出，这种受力分析的基本思路是把空间的网架简化为相应的交叉梁系，然后进行弯矩、剪力和挠度的计算，从而求出桁架各个杆件的内力。其基本假定与平面桁架或立体桁架的基本假定是相关的。

（1）网架中双向交叉的桁架分别用刚度

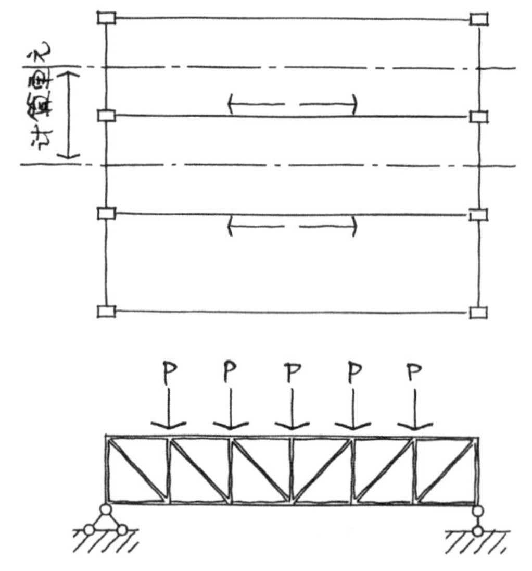

图 4–27　平面桁架体系计算简图

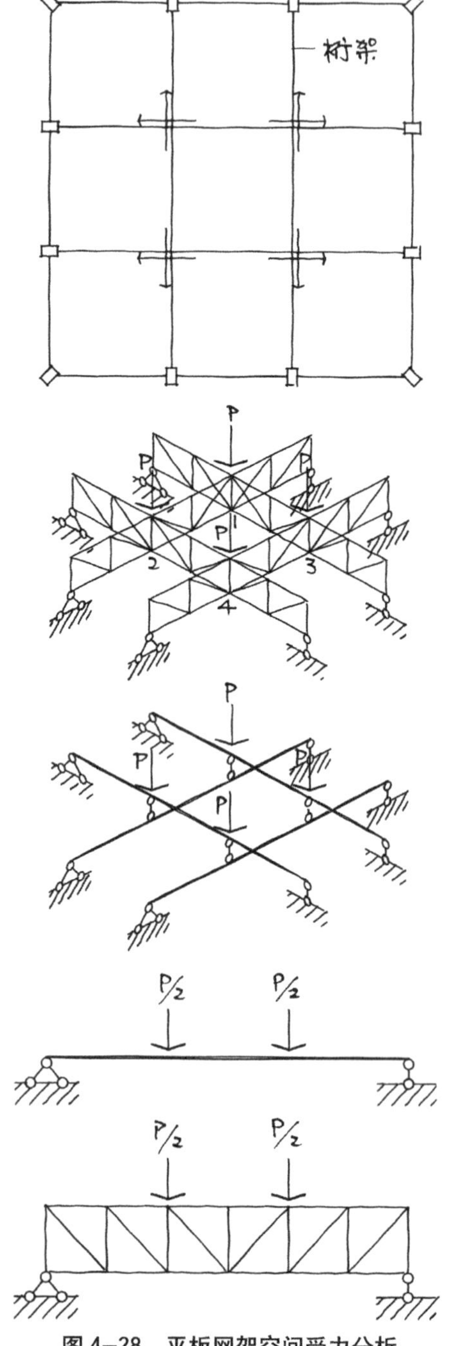

图 4–28　平板网架空间受力分析

相当的梁来代替。桁架的上、下弦共同承担弯矩，腹杆承担剪力；

（2）两个方向的桁架在交点处位移相等（即两者之间没有相对位移），而且仅考虑其竖向位移。

从图 4-28 的简图中可以看出，在两个方向桁架的交叉点（1、2、3、4 点）上，节点荷载 P 由两个方向的桁架共同承担，每个桁架分担 $P/2$。由此，我们便把一个空间工作的网架简化为静定的平面桁架来计算弯矩、剪力和挠度，从而求出各个杆件的内力，其内力主要为轴力（拉力或压力）。

4.4 平板网架的主要尺寸

网架的形式、高度、网格尺寸、腹杆布置等，与建筑平面形状、结构支承条件、跨度大小、屋面材料、荷载大小、有无集中荷载（悬挂吊车等）以及施工条件等因素有密切的关系。

4.4.1 网架高度

网架的高度（即网架结构自身的厚度）主要影响网架的刚度和弦杆的应力。增加网架的高度可以提高网架的刚度，减少弦杆内力，但会使腹杆长度增加，从而使整个建筑物的高度增加。

网架的高度主要取决于网架平面短向的跨度。网架的高度与短向跨度之比一般为：

当跨度小于 30 m 时，约为 1/13~1/10；

当跨度介于 30~60m 之间时，约为 1/15~1/12；

当跨度大于 60 m 时，约为 1/18~1/14。

当屋面荷载较大或有悬挂吊车等集中荷载时，为了满足刚度要求，网架高度应大些，当采用轻屋面时，网架高度可小些；当建筑平面为狭长的矩形时，网架高度应大些，因为狭长矩形平面网架的单向梁作用较为明显，当建筑平面为正方形或接近正方形时，网架高度可小些；当采用螺栓球节点时，网架高度应大些，以减小弦杆内力，并尽可能减小各杆件之间内力的差别，以便统一杆件和螺栓球的规格，当采用焊接节点时，网架高度则可小些。

4.4.2 网格尺寸

网格尺寸主要指网架的上弦网格尺寸。网格尺寸应与网架高度配合确定，以获得腹杆的合理倾角；网格尺寸的确定还要考虑柱距的模数、屋面构件和屋面做法等。在可能的条件下，网格尺寸宜大些，以减少节点数和更有效地发挥杆件的截面强度、简化构造、节约钢材。当采用钢筋混凝土屋面板时，网格尺寸不宜过大，一般不超过 3m×3m，否则构件自重过大，吊装困难。当网架杆件为钢管时，由于杆件截面性能好，网格尺寸可以大些；当杆件为角钢时，由于截面受长细比限制，杆件不宜太长，网格尺寸不宜太大。

网格尺寸与网架短向跨度之比，一般为：

当跨度小于 30m 时，约为 1/12~1/8；

当跨度介于 30~60m 之间时，约为 1/14~1/11；

当跨度大于 60m 时，约为 1/18~1/13。

4.4.3 腹杆布置

为了充分发挥杆件材料的强度，使网架

受力合理，网架的腹杆布置应尽量减小压杆的长细比，使受压杆件短，受拉杆件长。对交叉桁架体系网架，腹杆倾角一般在 40°~55° 之间。对角锥网架，斜腹杆的倾角宜采用 60°，这样可以使杆件标准化。

对于大跨度的网架，因网格尺寸较大，为了减小上弦杆长度，宜采用再分式腹杆，如图 4–29 所示，这样可以减小上弦杆的长细比，以减小受压杆的弯曲变形，使结构受力更为合理。

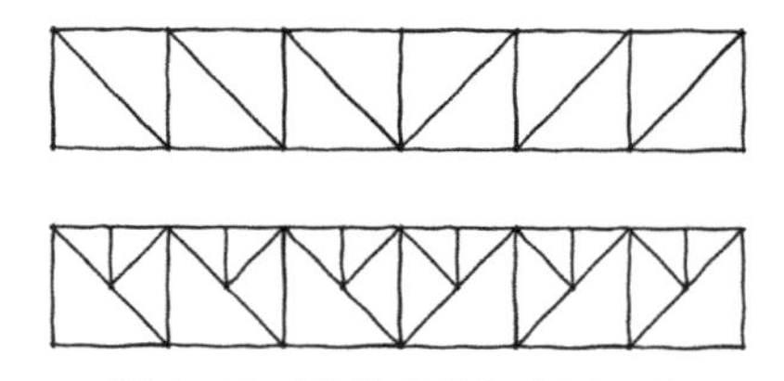

图 4–29 再分式腹杆布置示意

4.5 网架的支承方式与支座节点

4.5.1 网架的支承方式

网架的支承方式除了与网架的结构类型有关以外，还与建筑的使用功能和形式有密切的关系。设计时，应把结构的支承方式与建筑的平、立面设计结合起来考虑。网架常用的支承方式有两类。

1）周边支承网架

周边支承网架如图 4–30 所示。其中，图 4–30（*a*）为网架支承在周边柱子上的支承方式，网架的支座节点位于柱顶，传力直接，受力均匀，适用于大跨度及中等跨度的网架；图 4–30（*b*）为网架支承在边梁上，边梁则支承在若干个边柱上的支承方式，这种支承方式可以使柱子间距比较灵活，网架网格的划分不受柱距的限制，在建筑的平面和立面处理上具有较大的灵活性，网架的受力也较均匀，对于中、小跨度的网架是比较合适的；图 4–30（*c*）为网架支承在圈梁上，圈梁支承在砖墙上的支承方式。

周边支承的网架可以不设置边桁架，因此，网架的用钢量指标较低。

2）四点支承或多点支承网架

四点支承或多点支承网架如图 4–31 所示。这种支承方式是整个网架支承在四角的

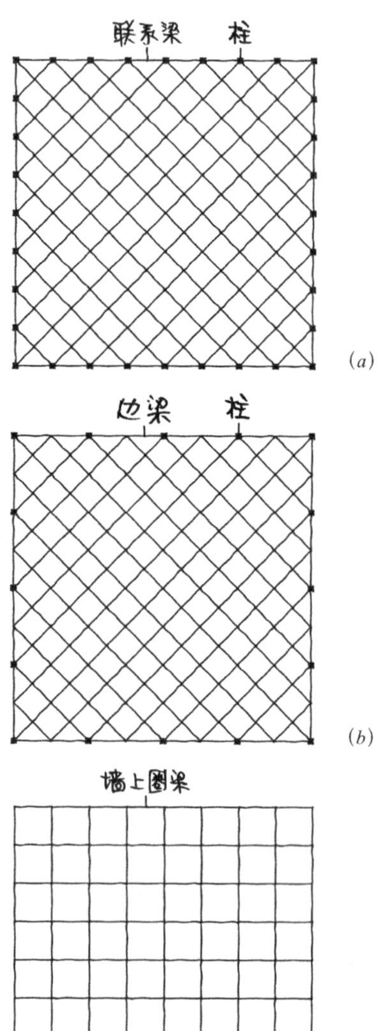

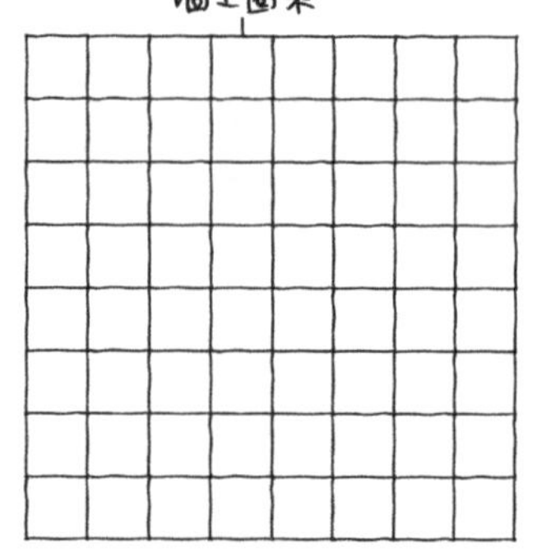

图 4–30 周边支承网架

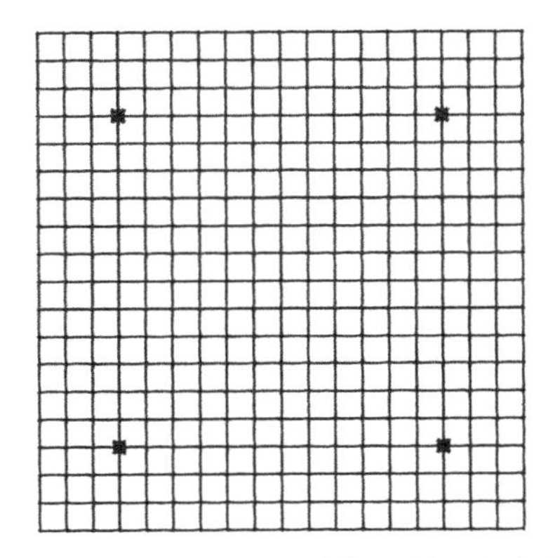
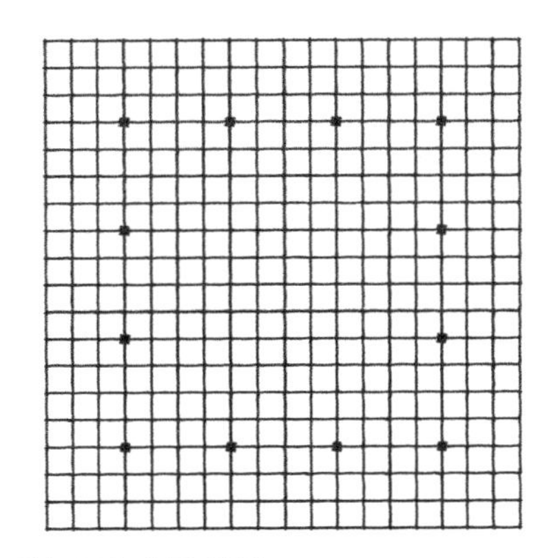

图 4-31 四点支承与多点支承网架

四个支点上或者更多的支点上，由于柱子少，使用灵活，广泛适用于中、小型的体育馆、大柱距的厂房以及大仓库等建筑。

当采用四点支承网架时，网架周边一般都设置成悬挑的形式，挑出部分的跨度以四分之一柱距为宜。这样可以利用悬臂部分的平衡来减小网架中部的弯矩峰值和挠度值，以获得更好的经济效果。

3）三边支承网架

有时，由于使用功能上的要求（例如飞机场的机库等），还会出现三边支承、一边自由的网架支承方式，这时网架的自由边必须设置刚度较大的边桁架或桁架梁，如图 4-32 所示。

4.5.2 支座节点

网架结构的支座节点一般采用铰支座。铰支座的构造应符合它的力学假定，即允许

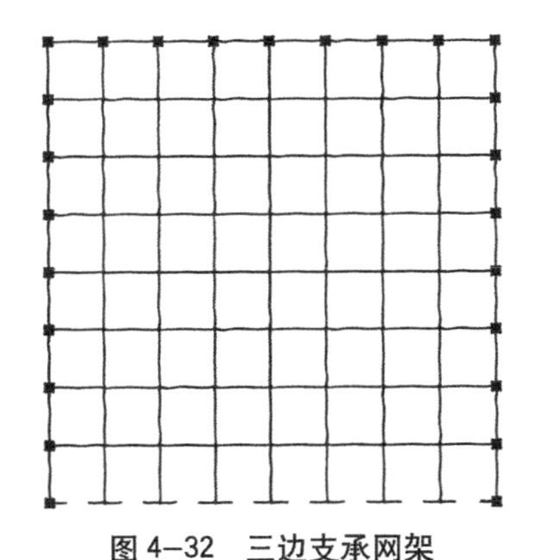

图 4-32 三边支承网架

其有一定的转动，否则，网架的实际内力和变形就会与结构计算的结果有较大的出入，容易造成结构的破坏事故。

根据网架的跨度大小、支座受力特点和温度应力等因素的差别，网架结构的支座节点可做成不动铰支座或半滑动的铰支座。两向正交斜放网架等网架结构的角部对支座会产生拉力，因此其角部支座应确保有足够的抵抗拉力的措施。

对于跨度较小的网架可采用平板支座，如图 4-33 所示。对于跨度较大的网架，由于较大的挠度和温度应力的影响，宜采用可有一定转动的弧形支座，即在支座板与柱顶板之间加一弧形钢板，如图 4-34 所示。以上两种支座类型基本上属于不动铰支座。

当网架跨度很大或处于温差较大的情况下时，其支座的转动和侧移都不能忽略，所以为了满足既能转动又能有一定侧移的要求，支座可以做成半滑动铰式的摇摆支座，如图 4-35 所示。摇摆支座的上、下托座之间装有一块两面为弧形的铸钢块，这种支座的缺点是只能在一个方向转动，但如果采用如图 4-36 所示的球形铰支座，则可以很好地解决这个问题。对角部支座会产生很大拉力的两向正交斜放网架等结构类型，可以采用如图 4-37 所示的受拉支座。

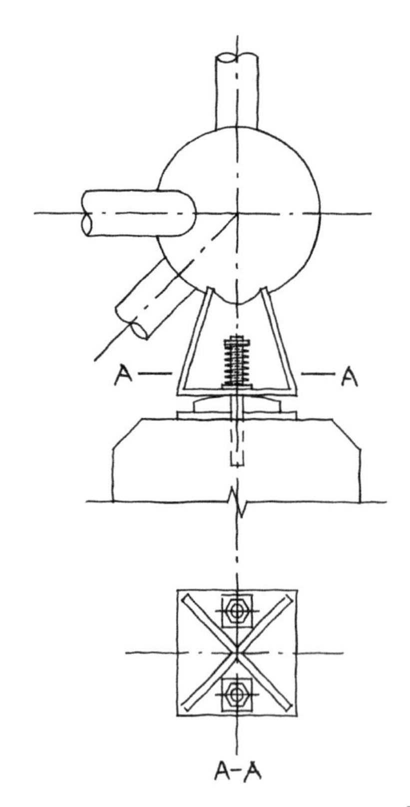

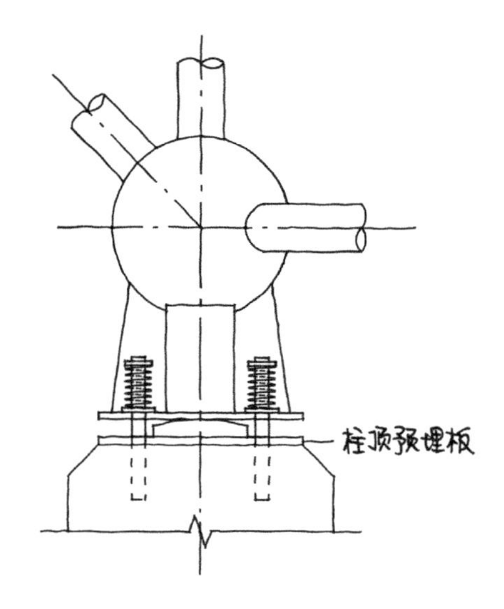

图 4–34 弧形支座节点

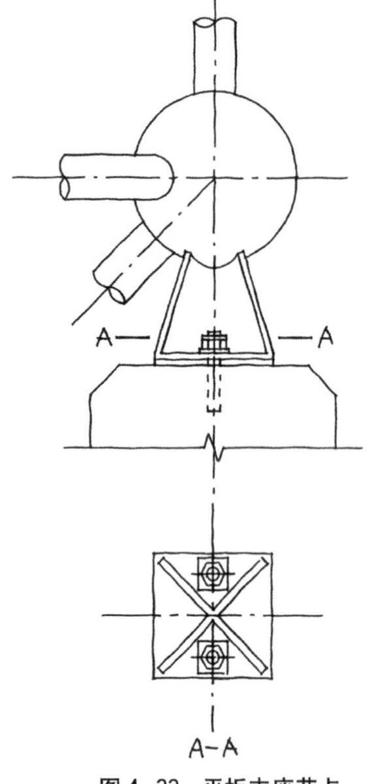

图 4–33 平板支座节点

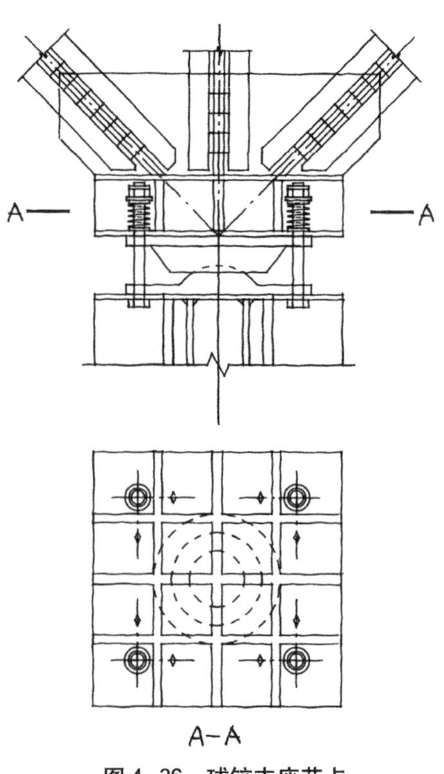

图 4–36 球铰支座节点

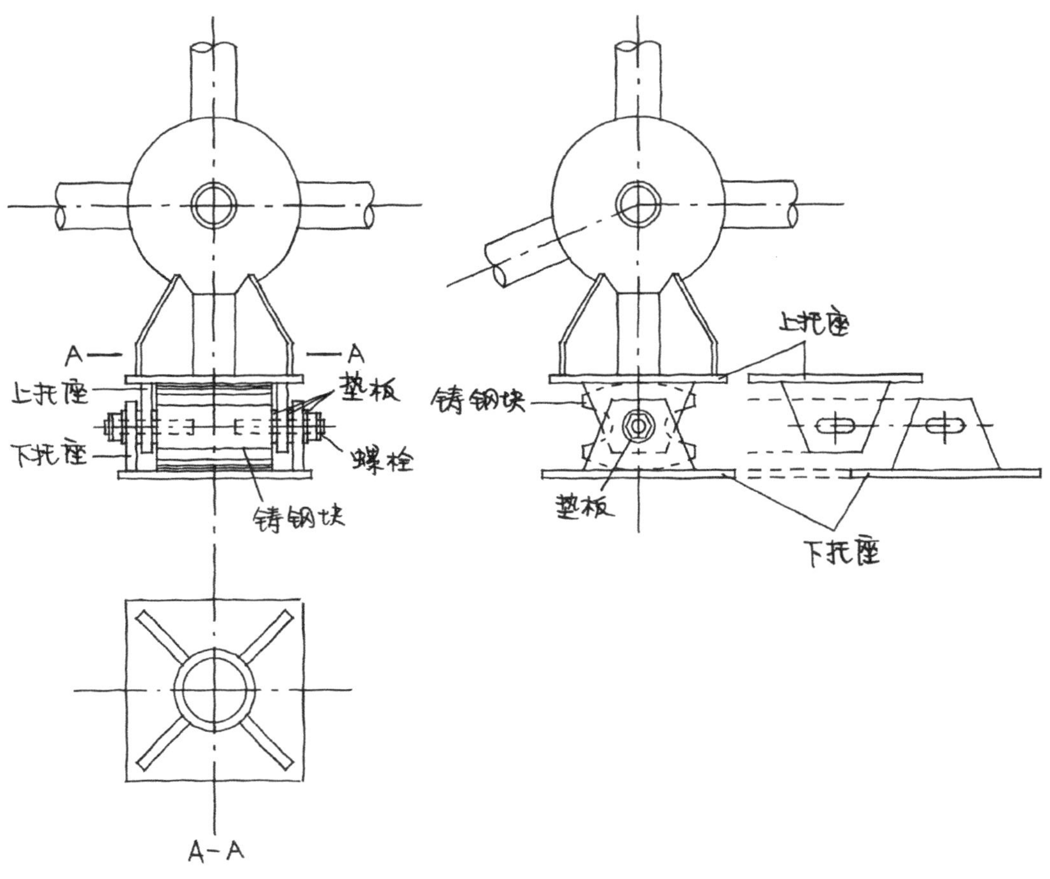

图 4–35　摇摆支座节点

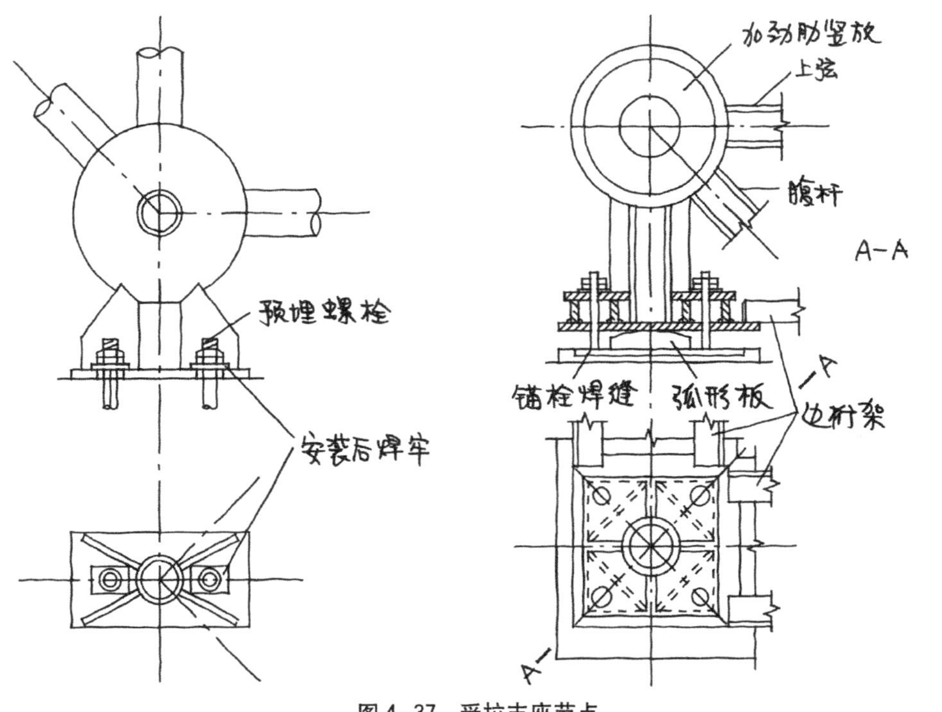

图 4–37　受拉支座节点

4.6 网架的杆件截面与节点

4.6.1 网架的杆件截面

网架杆件常用的类型有钢管和角钢两种。由于钢管比角钢受力更为合理，因此较为节省材料，钢管的厚度最薄仅为 1.5mm，一般可节省大约 30%~40% 的用钢量。在网架形式比较简单、平面尺寸又比较小的情况下，也可采用角钢。

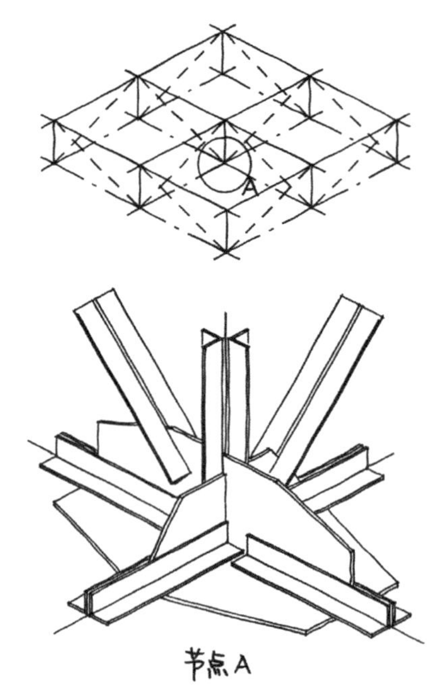

图 4–38　角钢杆件、平板节点

4.6.2 网架杆件节点

平板网架节点汇交的杆件多，一般会有 10 根左右，而且这些杆件之间呈三维立体的关系，因此节点形式和构造的合理与否，对网架结构的受力性能、制造安装、用钢量以及工程造价都有很大的影响。在杆件节点的设计上，首先要确保各杆件的形心线在节点上应对中交汇于一点，以避免引起附加的偏心力矩。合理的节点设计应该做到安全可靠、构造简单、易于制作拼装、节约钢材。节点的类型很多，现介绍几个常见的典型节点。

1）杆件为角钢的平板节点

图 4–38 所示为杆件为角钢的平板节点。这种节点刚度大，整体性好，制造加工简单，质量容易保证，成本低廉，适用于两向正交网架。

平板节点的连接方式可以采用焊接或者螺栓连接，也可以采用焊接与螺栓连接相结合的方式，连接质量容易保证。螺栓连接适于高空作业安装使用，主要受力杆件的连接应采用高强度螺栓。

2）杆件为钢管的球节点

当杆件采用钢管时，节点宜采用球节点的形式。球节点的特点是各向杆件轴线容易汇交于节点球心，构造简单，用钢量少，节

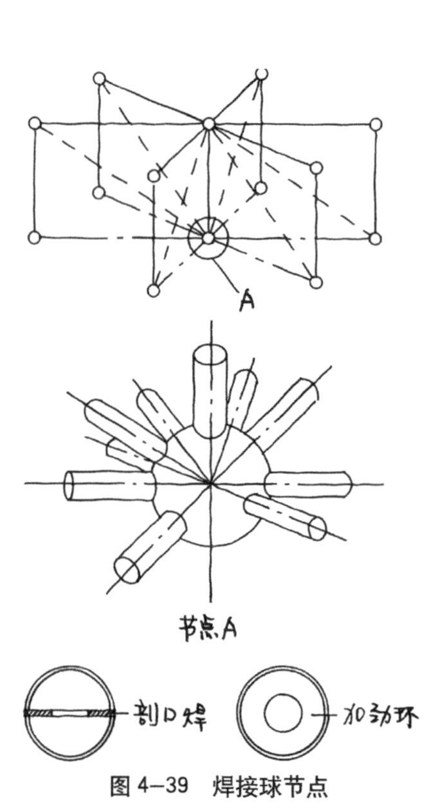

图 4–39　焊接球节点

点体型小，形式轻巧美观。普通球节点是用两块钢板模压成半球，然后焊接成整体。为了加强球的刚度，球内可焊上一个加劲环。焊接球节点示意图如图 4–39 所示。

螺栓球节点是在实心钢球上钻出螺栓孔，用螺栓连接杆件，如图 4–40 所示。这种节点不需焊接，避免了焊接变形，同时大大加快了安装速度，也有利于构件的标准化，适合于工业化生产。螺栓球节点的缺点是构造复杂，机械加工量大。

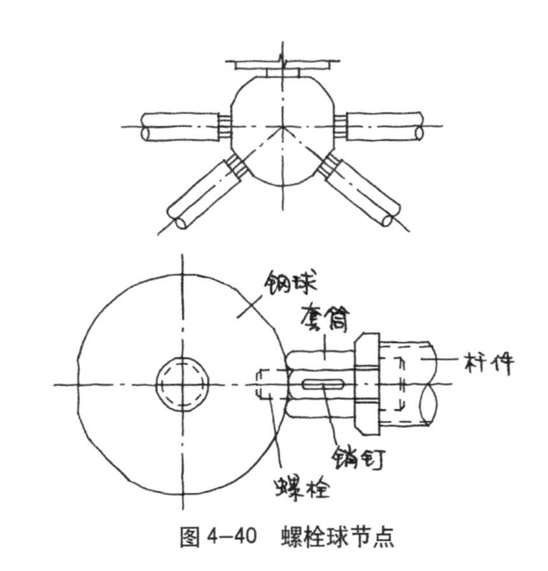

图 4–40 螺栓球节点

4.7 网架结构的屋面及吊顶

网架结构的屋面及吊顶应尽量采用轻质材料，以减轻整个网架屋顶的自重。否则，不仅增加整个屋面的荷载，使网架的用钢量增加，不经济，而且对整个建筑的抗震也是十分不利的。在整个屋面的设计中，应注意屋面坡度以及屋面和吊顶材料的合理选择。

4.7.1 屋面坡度

网架结构屋面坡度的形成有两种做法。

1）结构找坡

结构找坡通过网架本身起拱来满足坡度要求，屋面板或檩条直接搁置在网架上弦杆上。这种做法使网架各个节点的标高变化复杂，尤其是四坡起拱时，使设计和施工都增加了一定的难度。

2）构造找坡

构造找坡通过在网架上弦节点处加焊不同高度的钢管或角钢来找出屋面坡度，钢管高度根据找坡要求确定，如图 4–41 所示。这种做法使网架本身构造简单，施工比较方便，标高也比较容易控制。

4.7.2 屋面材料

网架屋面材料的选用应综合考虑建筑的使用要求、材料供应、施工条件和技术经济

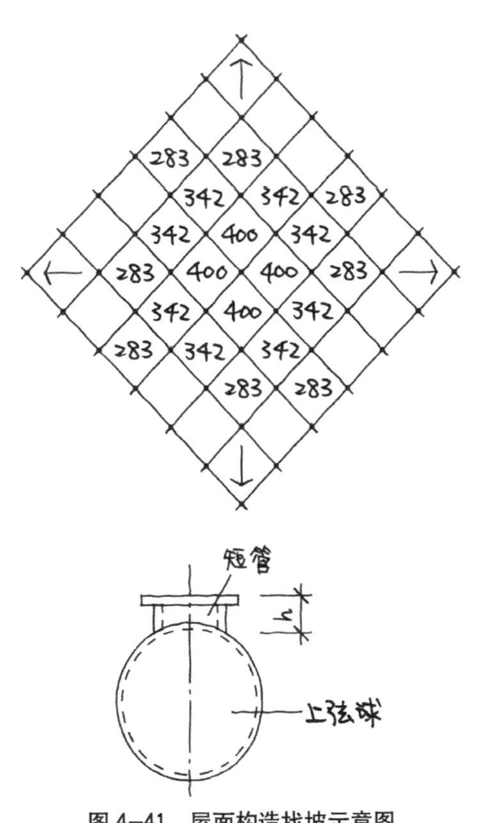

图 4–41 屋面构造找坡示意图

指标等因素来确定。一般情况下，屋面材料越轻越好，可采用钢檩、望板、柔性卷材和铝板的做法，或者采用钢丝网水泥板、柔性卷材等做法。

图 4–42 所示为上海体育馆练习馆采用的三角形钢丝网水泥板。该练习馆采用了斜放四角锥网架，跨度为 35m×35m，上弦网格的边长为 3.54m×3.54m。每个网格布置两块三角形屋面板，板的规格类型只有两种，除平面四角处为板 B2 外，其余均为板 B1。

近年来，膜建筑结构的应用越来越广泛。以 2008 年北京奥运会场馆之一的国家游泳中心“水立方”（图 4–43）为例，其网架结构的屋顶及外墙均采用了 ETFE（乙烯－四氟乙烯共聚物）作为外层膜覆盖材料。

这种特殊的膜建筑材料质地轻巧，但强度却超乎想象，充气后可经得住汽车轧过。

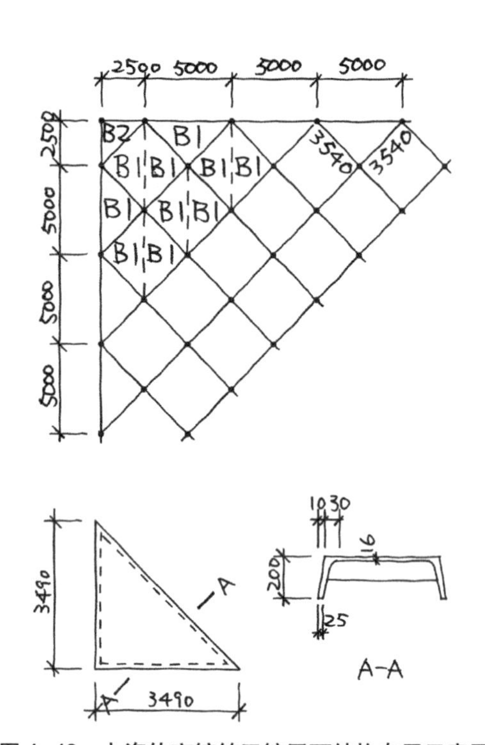

图 4–42 上海体育馆练习馆屋面结构布置示意图

图 4–43 国家游泳中心——“水立方”

ETFE 膜的延展性、耐火性、耐热性都非常好，它可以拉伸到原来长度的 3~4 倍都不会断裂，在 715℃以上的高温下才会烧成一个窟窿，但是不扩散，没有烟也没有燃烧物掉下去。ETFE 膜具有很强的自洁功能，膜材料表面基本上不沾灰尘，除了遇上沙尘暴等极端天气，一般情况下，自然降水足以使其清洁如新。

“水立方”采用的 ETFE 膜材料还具有显著的节能效果。白天，3000 多个半透明的气枕能使最柔和的光线进入室内，整个游泳馆的绝大部分区域不再需要灯光照明。在隔热保温上，仅控温方面，ETFE 膜材料就能帮助“水立方”节省 30% 的电力。

4.7.3 吊顶

由于网架结构自身的形式已经具有新颖美观的特点，故一般不另做吊顶，这样既美观又经济。对于某些有特殊要求的建筑，例如影剧院、音乐厅、大型体育馆等，由于对顶棚有声学上或遮盖屋顶内布置的管道和其他设备的特殊需要，则应该做吊顶。吊顶也应尽量采用轻质材料，以减轻网架屋顶的整体重量。

4.8 网架结构的施工安装方法

网架是空间结构，跨度大，杆件多，在整个网架的建造过程中都需要非常高的精度。如果精度达不到设计要求，不仅会造成施工困难，而且会改变结构原本设计的几何关系和受力状态，产生附加应力，使部分杆件受力超过设计允许值。

在建筑方案设计时，就应该充分考虑网架结构的施工安装方法，因为网架结构的施工安装方法对建筑设计方案、工程造价和施工进度都有很大的影响。网架的施工安装方法与建筑平面、建筑空间、网架结构类型、施工场地条件、吊装机械的能力等因素都有密切的关系。网架的制作与安装方法可分为高空拼装法和整体吊装法两大类。

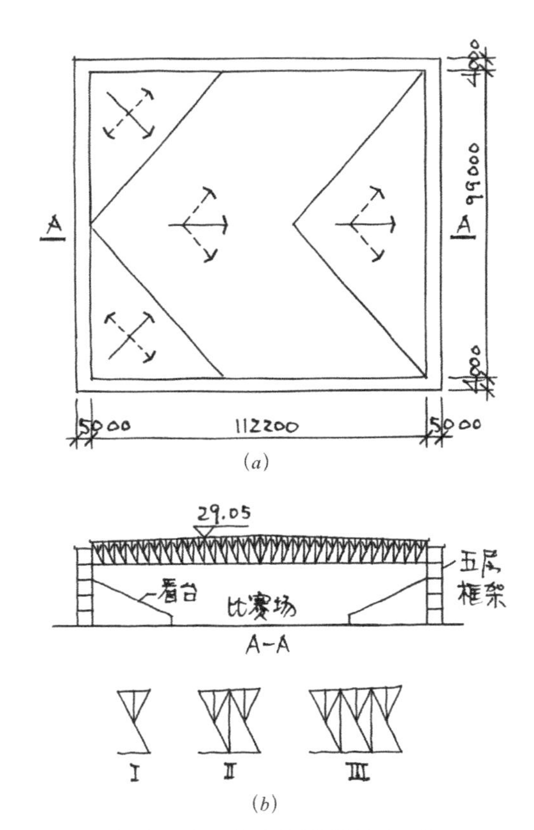

图 4–44 首都体育馆网架安装方案

4.8.1 高空拼装法

高空拼装法就是利用设在网架设计高度处的施工作业平台，将单根构件或者在地面预先拼装好的安装单元在高空作业面进行整体拼装。图 4–44 所示为首都体育馆安装方案的示意图，其中图 4–44（*a*）表示拼装次序，按实线箭头方向向前拼装，按虚线箭头方向铺开。图 4–44（*b*）表示三种拼装单元，均由工厂预制。这种安装方法适合于周围有辅助用房、网架结构被围在中间、无法采用整体安装的工程，例如影剧院建筑观众厅上部设置的网架，由于周围有挑台、耳光、舞台、休息厅等，就可以采用这种方法制作安装。

4.8.2 整体吊装法

整体吊装法是指将网架在地面预先拼装好，然后再进行整体吊装的施工安装方法，可以避免高空作业。对于自重比较轻的中小跨度的网架，可以采用几台履带式起重机协同作业进行吊装，如图 4–45 所示为北京国际俱乐部网球馆整体吊装示意图。当网架跨度

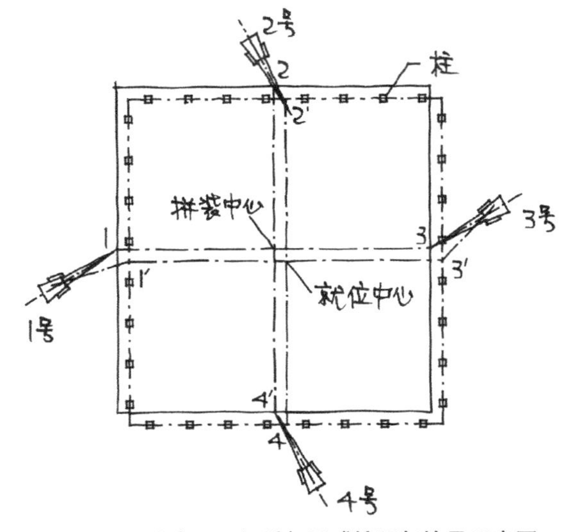

图 4–45 北京国际俱乐部网球馆网架抬吊示意图

很大时，可以采用组合式扒杆起吊安装，如图 4–46 所示为上海体育馆网架安装扒杆布置示意图。对于钢结构支承柱或者采用型钢做骨架的劲性钢筋混凝土支承柱的网架，可以利用钢柱或柱子钢骨架顶升网架进行整体安装。

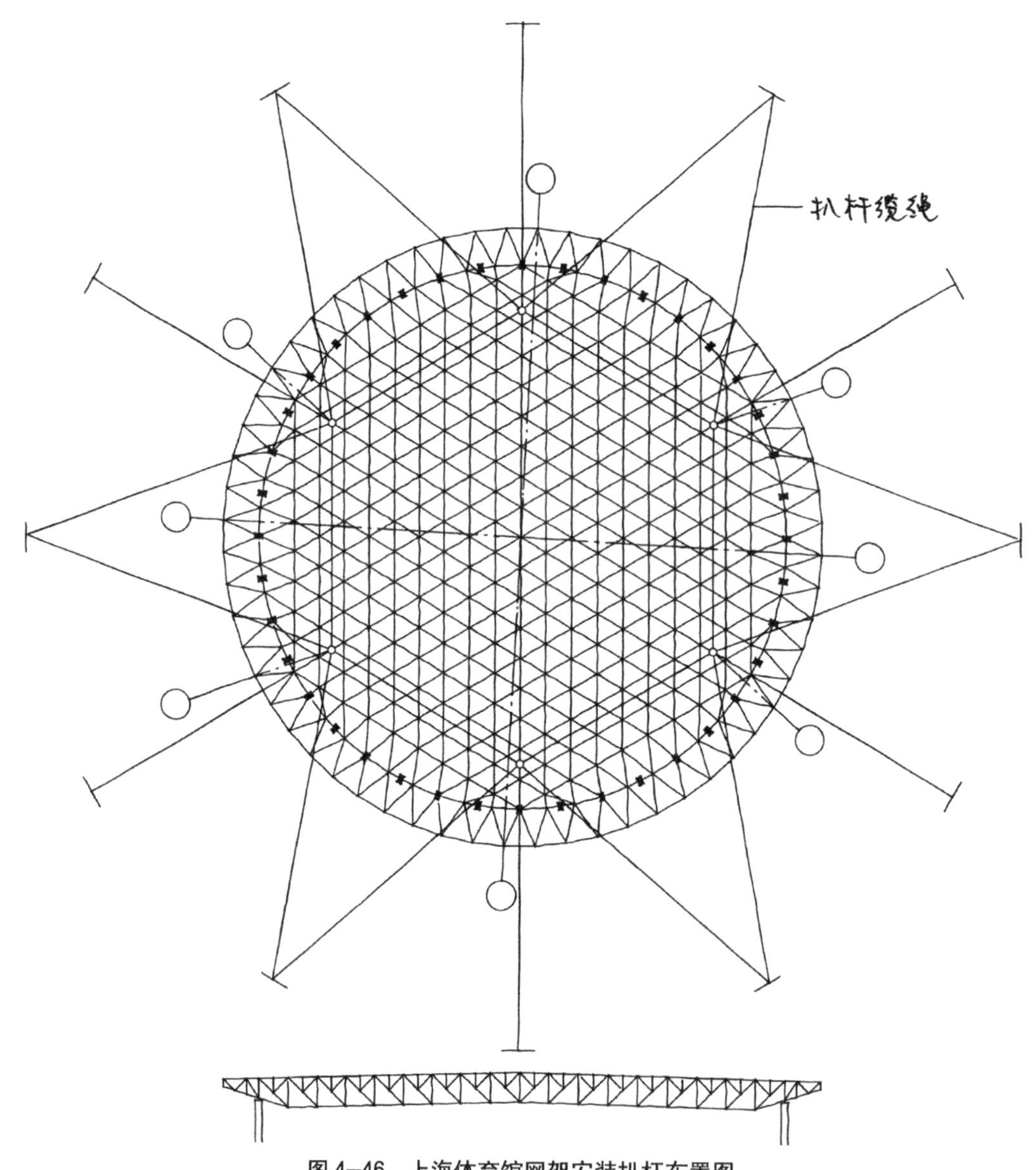

图 4–46　上海体育馆网架安装扒杆布置图

4.9　网架结构的实例

从前述各种类型网架结构的类型和形成方式来看，网架实际上就是一种格构式的“杆”按不同排列方式组成的“面”结构，既可以作为屋盖结构使用，也可以作为墙体结构使用。以下我们通过一些建筑实例来做进一步的说明。

4.9.1 国家游泳中心——“水立方”

国家游泳中心“水立方”位于北京奥林匹克公园内，是2008年北京奥运会标志性建筑物之一。

形成“水立方”外挂膜材料独特的细胞排列形式和肥皂泡天然形态的，是它的结构骨架——钢结构网架形成的屋顶结构和外墙结构。实际上，我们看到的类似肥皂泡的天然形态只是“水立方”钢结构骨架的“微观”形态，而“水立方”钢结构骨架的“宏观”形态实际上就是常见的平板网架结构。图4-47所示为“水立方”的剖面图，从图中可以看出，不同结构杆件之间呈现出一种随机无序的交错状态，创造出了独一无二的“肥皂泡”图案效果的建筑形象。

接下来，我们着重关注一下组成“水立方”整体结构骨架的平板网架结构的尺度。“水立方”建筑长宽均为176.538m，高度为30.588m，墙体厚度为3.472m及5.876m两种，屋盖厚度为7.211m。这其中，跨度最大的比赛大厅的平面尺寸为117m×126m，这是确定网架屋顶厚度的依据。从这些数据来看，“水立方”的外骨架墙的墙厚以及屋顶结构的厚度都是相当惊人的，但这种情况一点也不奇怪，因为“水立方”的结构主体就是最基本的平板网架受弯结构，屋顶结构约1 : 17的高跨比和墙体结构约1 : 10或1 : 5的厚高比是最基本的结构刚度要求。

4.9.2 水晶大教堂

坐落于美国加利福尼亚州佳登格勒佛，由20世纪著名建筑大师飞利浦·约翰逊设计的水晶大教堂既是一个建筑奇迹，也是一个人间奇迹，如图4-48所示。这座教堂在宗教

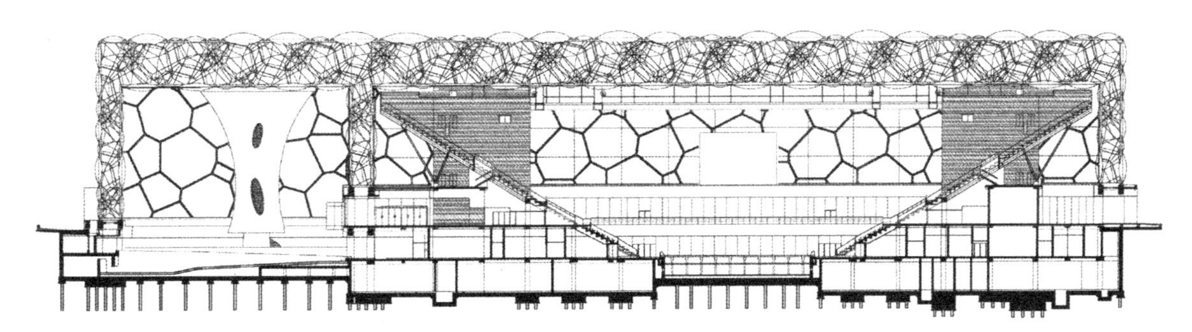

图4-47 国家游泳中心——“水立方”的剖面示意图

图4-48 水晶大教堂外景

图4-49 水晶大教堂内景

建筑中开天辟地地创造出了巨大和明亮的空间，使所有教堂望尘莫及。水晶教堂被众人评为“世界最壮美的十大教堂”之一，它的壮观、绚丽和通透，不仅在教堂中绝无仅有，就是在公共建筑中，也称得上经典。图4-49所示为水晶大教堂的内景，我们可以清楚地看出钢网架结构形成的整个水晶大教堂的结构骨架，包括大跨度的屋顶结构以及高大宽阔的墙体结构，淋漓尽致地体现出网架结构的巨大尺度感。

复习思考题

4-1 网架结构的特点是什么？

4-2 网架结构采用单层或双层的依据是什么？

4-3 平板网架都有哪些结构形式？其各自适用的跨度和适用的平面形状各有什么不同？

4-4 交叉桁架体系网架和角锥体系网架有哪些相同点和不同点？

4-5 平板网架结构的受力特点是什么？

4-6 平板网架结构的主要尺寸是根据什么确定的？

4-7 网架结构的支承方式有哪些？各自的适用范围如何？

4-8 网架结构的杆件形式和节点形式有哪些？

4-9 网架结构的施工安装方法有哪些？各有什么优势与劣势？

第 5 章

高层建筑结构

这一章介绍的"高层"建筑结构，包括建筑分类中的多层、中高层、高层、超高层等全部类型的建筑。我们在这里所说的"高层"建筑结构，更多的是从概念的角度来阐述的，我们更关心的是，**在建筑物的高度不断增高的过程中，建筑结构逐渐发生的本质变化。**建筑分类中的多层、中高层、高层、超高层等不同类型建筑的划分，只是人为地对客观事物的一种主观辨识。因此，在以下叙述中，除了特别指明之处，我们所提及的高层建筑，都是这样一个广义的含义。

高层建筑常用的结构类型有砌体结构、框架结构、剪力墙结构、框架－剪力墙结构、筒体结构、悬挂结构等。在高层建筑的结构类型中，更多地运用的是平板结构的各种类型，曲面结构类型也有采用，但相对要少得多。在建筑材料的应用上，随着建筑高度的增加，钢结构的比例也相应增大。

5.1 高层建筑结构的力学特征

在建筑物的高度不断增高的过程当中，建筑结构也在逐渐的发生变化。我们将从以下几个角度来讨论这个问题。

5.1.1 竖向荷载与水平荷载对建筑结构的影响（应力和应变）随着建筑高度增加时的变化趋势

所有的建筑结构都要承受竖向荷载与水平荷载，而当建筑物的高度从低向高逐渐增高的过程当中，这两种荷载所起到的作用和影响发生了极大的变化。对于比较低矮的建筑，竖向荷载起到了控制作用，而随着建筑高度的逐渐增加，水平荷载较竖向荷载起到的控制作用权重逐渐增加，而对于高层建筑，水平荷载则起到主要的控制作用。

从图 5−1 中，我们可以得出如下结论：

（1）在一般情况下，各层的竖向荷载基本相同，在结构中产生的竖向压力大小随着建筑高度的增加呈线性增加，与建筑高度成正比；

（2）水平荷载本身的大小随建筑高度的增加而增加，在建筑结构中产生的应力随建筑高度的增加呈一种非线性增加的趋势。例

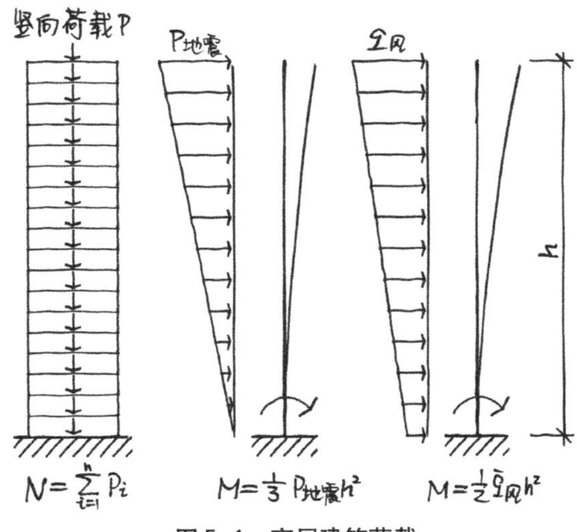

图 5−1 高层建筑荷载

如，假定将水平风荷载折算成等效均布荷载 $\bar{q}$，则结构底部产生的弯矩值与建筑高度的平方成正比。水平地震作用（荷载）的大小近似于倒三角形的分布，结构底部产生的弯矩值也与房屋高度的平方成正比。

因此，在高层建筑中，水平荷载成了主要的控制因素。或者说，**比较低矮的建筑结构是竖向压力起主要的控制作用，而高层建筑结构则是由弯－剪应力起主要的控制作用。**这就是高层建筑结构的受力特点，认识到这一特点，对高层建筑结构体系的认识和选择是极为重要的。

低层建筑采用砖、石、混凝土空心承重砌块等作为结构材料的比较普遍，而高层建筑更多采用钢筋混凝土或者钢材作为结构材料，这种状况不仅是由于钢筋混凝土或者钢材有更高的材料强度，更是由于这些材料的抗弯及抗剪能力要远远大于砖、石、混凝土空心承重砌块等结构材料。

5.1.2 建筑体型对建筑结构的影响随着建筑高度增加时的变化趋势

从建筑几何形体的角度来看，**建筑体型高宽比的大小对建筑结构整体刚度的影响至关重要。**一般情况下，建筑物的高度从三四米（单层建筑的高度）至四五百米（超高层建筑的高度）的变化，至少增加了150倍；而建筑物的宽度（即总进深）在从低层建筑向高层建筑的变化过程中，却很难有哪怕10倍以上的增加。换句话说，建筑物越高，其体型高宽比就越大，其结果就是建筑结构的整体抗侧弯刚度越来越差。因此，高层建筑在建筑结构体系和形式上就必须进行认真的选择，并对建筑结构的水平变形（楼层层间最大位移与层高之比 $\Delta u/h$）进行合理的限制，以确保在正常使用条件下，其结构具有足够的抗侧弯刚度，避免产生过大的位移而影响结构的承载力、稳定性和使用要求。

1）限制水平变形的意义和设计要求

首先，建筑物过大的水平变形会给人造成不舒适感；其次，过大的水平变形会使填充墙和建筑装修开裂或脱落，影响建筑物的正常使用与美观，严重时，甚至会造成生命和财产的损失；第三，过大的水平变形会使主体结构出现裂缝，甚至破坏倒塌。

建筑结构水平侧向位移的限值主要是限制层间的相对位移，即每层上下的相对位移 Δu 与层高 h 之比不应超过表5–1的限值。

楼层层间最大位移与层高之比的限值　表5–1

结构类型	$\Delta u/h$ 限值
框架	1/550
框架－剪力墙	1/800
框架－核心筒	1/800
板柱－剪力墙	1/800
筒中筒、剪力墙	1/1000
框支层	1/1000

注：1. 此表内限值适用于高度不大于150m的高层建筑；
2. 高度等于或大于250m的高层建筑，其楼层层间最大位移与层高之比 $\Delta u/h$ 不宜大于1/500；
3. 高度在150~250m之间的高层建筑，其楼层层间最大位移与层高之比 $\Delta u/h$ 的限值按本注第1款和第2款的限值线性插入取用。

2）建筑体型高宽比的限制

显然，建筑体型高宽比是衡量建筑结构抗水平侧向刚度的一个重要指标，这个指标在建筑方案设计阶段就是十分重要的。

各种不同材料结构类型的空间刚度不同，其体型高宽比限值也有差异，见表5–2、表5–3、表5–4、表5–5、表5–6所示。

多层砌体房屋最大高宽比　表5–2

抗震设防烈度	6	7	8	9
最大高宽比	2.5	2.5	2.0	1.5

A级高度钢筋混凝土高层建筑结构适用的最大高宽比　　表5–3

结构体系	非抗震设计	抗震设防烈度		
		6、7	8	9
框架	5	4	3	2
板柱–剪力墙	5	4	3	2
框架–剪力墙	5	5	4	3
剪力墙	6	6	5	4
筒中筒	6	6	5	4
框架–核心筒	6	6	5	4

B级高度钢筋混凝土高层建筑结构适用的最大高宽比　　表5–4

非抗震设计	抗震设防烈度	
	6、7	8
8	7	6

钢结构民用房屋适用的最大高宽比　　表5–5

抗震设防烈度	6、7	8	9
最大高宽比	6.5	6.0	5.5

钢–钢筋混凝土混合结构高层建筑适用的最大高宽比　　表5–6

结构体系	非抗震设计	抗震设防烈度		
		6、7	8	9
钢框架–钢筋混凝土筒体	7	7	6	4
型钢混凝土框架–钢筋混凝土筒体	8			

5.2 框架结构

5.2.1 框架结构的特点

框架结构是一种十分普遍的建筑结构类型，在建筑工程中得到了广泛的采用。

框架结构由于没有结构墙体的限制和制约，其建筑平面的布置十分灵活；同时，建筑立面设计受到的结构约束也非常少，为建筑外立面采用整体的玻璃幕墙或大面积连续窗的形式提供了可能。但是，框架结构的缺点也十分突出，其竖向分系统的构件（即框架柱）的数量和截面积都很少，导致其结构整体刚度较差，因此，在抗震设防地区，框架结构主要用于多层以下的建筑中。

5.2.2 框架结构的布置方案

框架结构体系是由楼板、梁、柱及基础四种承重构件组成的。在结构计算中，承重梁（也称托板梁）与柱和基础构成平面框架，相邻各平面框架再由与承重梁垂直的联系梁连接起来，形成一个空间结构整体。预制楼板把楼面荷载传给承重梁，承重梁再传给柱子，柱子再传给基础，最后传到地基上。如果是方格式柱网的现浇钢筋混凝土楼板，则纵横两个方向的梁均为承重梁，并且两个方向的梁互相起联系梁的作用。

框架结构通常有三种结构布置方案。

1）横向框架

横向框架的结构布置示意图如图5–2(*a*)所示。横向框架的特点是，主要承重框架是由横向承重梁(亦习惯称其为主梁)与柱构成，楼板支承在横向承重梁上，再由纵向联系梁（亦习惯称其为次梁）将横向框架连接成一个空间结构整体。

在竖向荷载的作用下，横向框架按多层刚架进行内力分析，图5–2（*b*）所示为其计算简图和弯矩分布图。

在水平风荷载的作用下，一般仅对横向

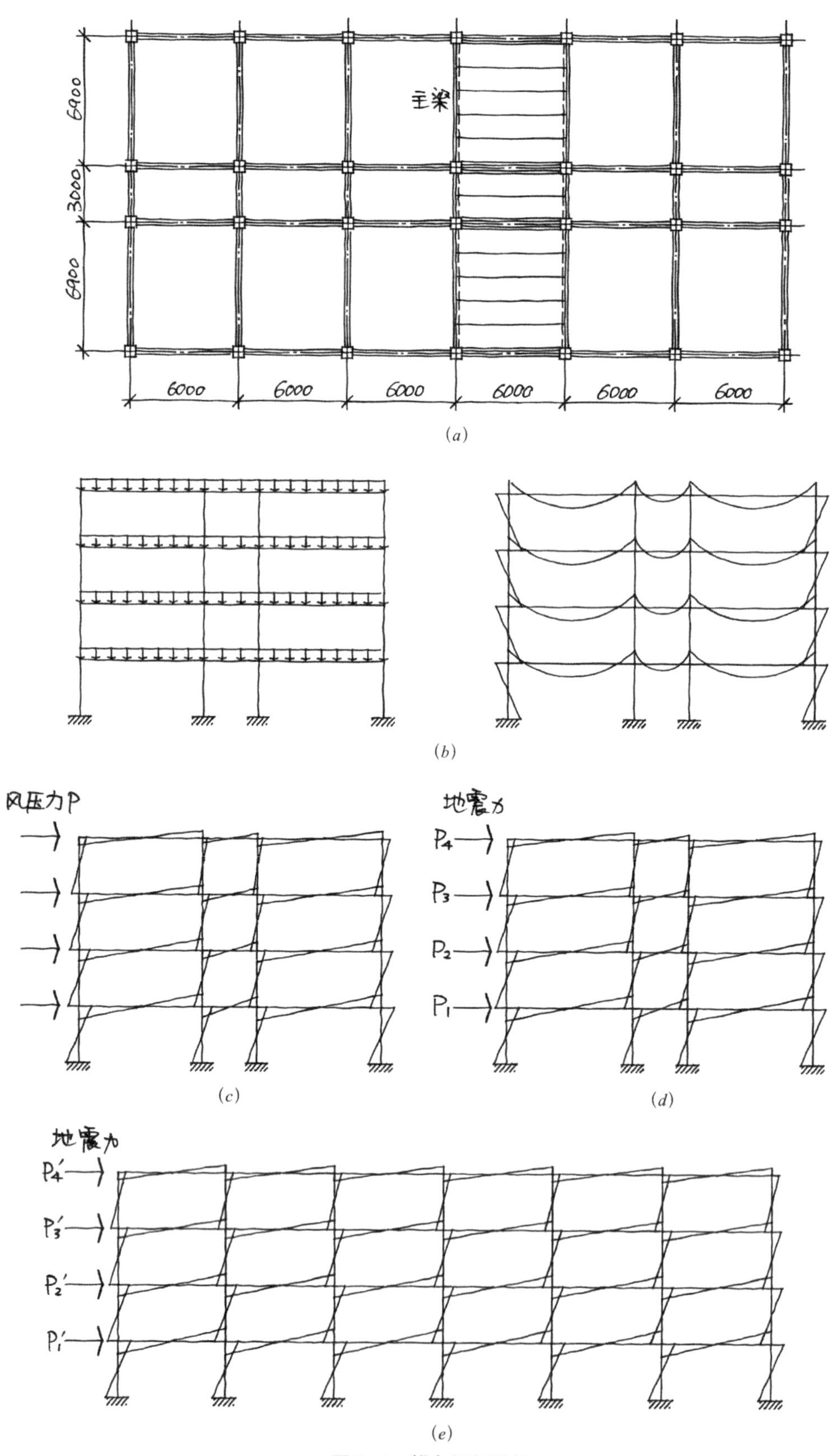

6900
3000
6900
主梁
6000
6000
6000
6000
6000
6000
(a)
(b)
风压力P
地震力
P4
P3
P2
P1
(c)
(d)
地震力
P4'
P3'
P2'
P1'
(e)

图 5–2 横向框架结构

框架结构的横向框架进行内力分析，而不必对其纵向框架进行内力分析。究其原因，则是因为横向迎风面大、风荷载大且框架柱少，由风荷载产生的内力较大，作用效果明显；相比之下，纵向迎风面小、风荷载小且框架柱多，由风荷载产生的内力很小，可以忽略不计。横向框架在风荷载作用下的弯矩分布如图 5–2（*c*）所示。

相比于风荷载，在水平地震作用（荷载）的作用下，对其横向框架和纵向框架都应进行内力分析。因为作用在建筑上的地震作用（荷载）的大小取决于建筑自身质量产生的惯性力的大小，对于同一个建筑物，其自身的质量是不变的，纵向地震作用（荷载）与横向地震作用（荷载）对建筑的影响基本上是一样的。纵向框架和横向框架在地震作用（荷载）下的弯矩如图 5–2（*d*）、（*e*）所示。

需要说明的是，风荷载与地震荷载一般不考虑同时作用。

在实际工程中，因为大多数建筑物的体形都是纵向比横向要长很多，因此这些建筑的纵向刚度相比横向刚度要大得多，为了使建筑的横向也获得较大的刚度，采用横向框架方案有利于整个建筑结构各向刚度的均衡性要求。

2）纵向框架

纵向框架的结构布置示意如图 5–3 所示。纵向框架的特点是，主要承重框架由纵向承重梁与柱构成，楼板支承在纵向承重梁上，横向则由联系梁将纵向框架连接成一个空间结构整体。

在楼板传来的竖向荷载作用下，纵向框架按多层刚架进行内力分析。

在水平风荷载作用下，仍应对横向框架进行内力分析，而纵向框架可以不必进行内力分析，这一点的原因与前述横向框架方案的对应内容相同。同样，在水平地震荷载作用下，对横向框架和纵向框架都应进行内力分析。

纵向框架方案的优点是：横向梁的高度较小，有利于管道穿行；楼层的净高大，能得到更多可利用的室内空间。

纵向框架方案由于其结构横向刚度较差，一般情况下，在实际工程中较少采用。

3）纵横向混合框架

图 5–4 所示为纵横向混合框架结构的平面布置示意图。图 5–4（*a*）所示为预制单向板布置的纵横向混合框架结构，图 5–4（*b*）所示为现浇双向板布置的纵横向混合

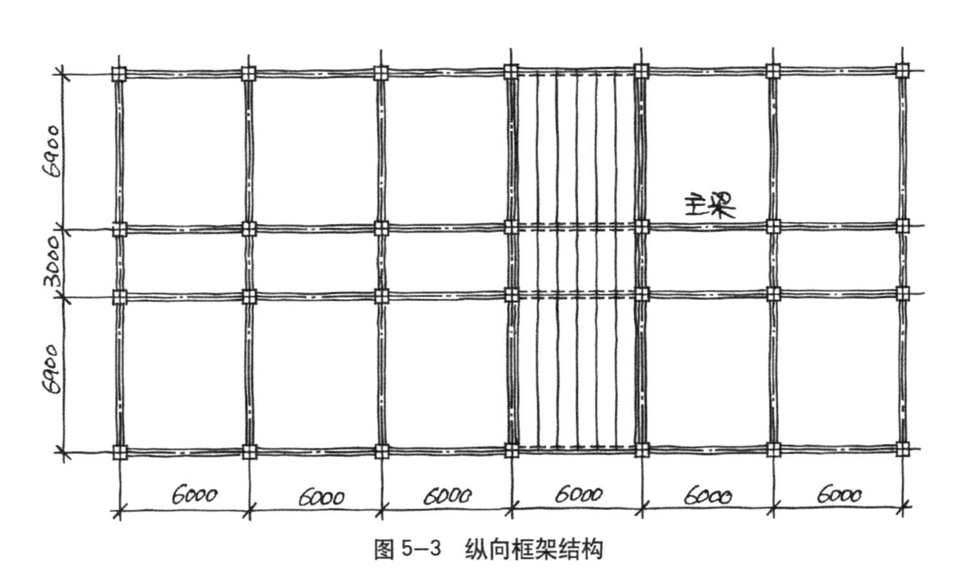

图 5–3　纵向框架结构

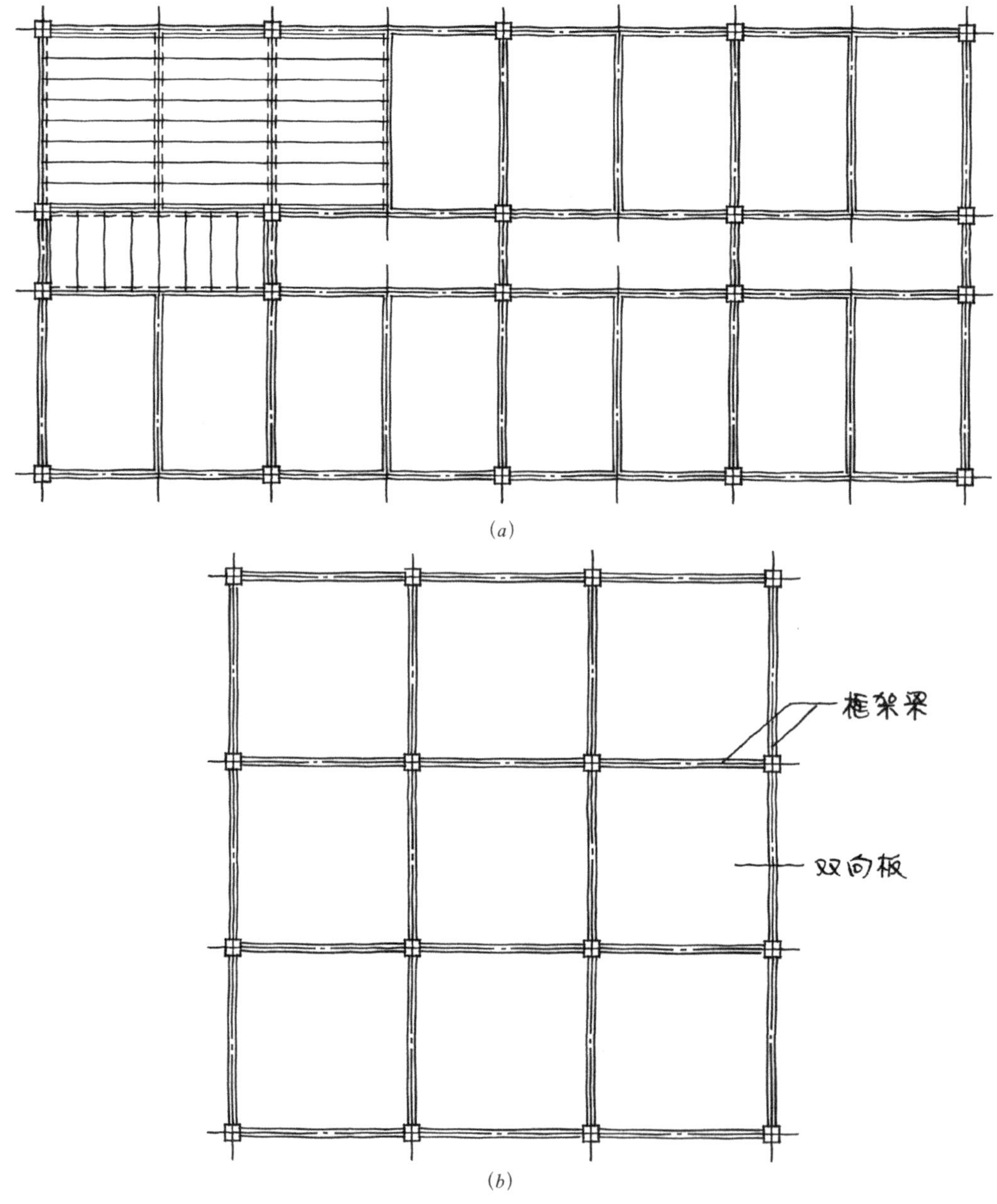

图 5-4 纵横向混合框架结构

框架结构。

纵横向混合框架的特点是沿建筑的纵横两个方向均布置承重梁，它综合了横向框架与纵向框架的优点，是比较有利于抗震的一种结构布置形式。

5.2.3 柱网形式

由定位轴线纵横交叉形成的、用以确定建筑物的开间（柱距）和进深（跨度）的平面网格称为柱网。柱网形式和网格大小的选择，首先应满足建筑的使用功能要求，同时应力求使建筑形状规则、简单整齐，符合建筑模数协调统一标准的要求，以使建筑构件类型和尺寸规格尽量减少，有利于建筑结构的标准化和提高建筑工业化的水平。图 5-5 所示为多层框架结构工业建筑平剖面的示意图。

常见的框架结构柱网形式有以下几种，如图 5-6 所示。

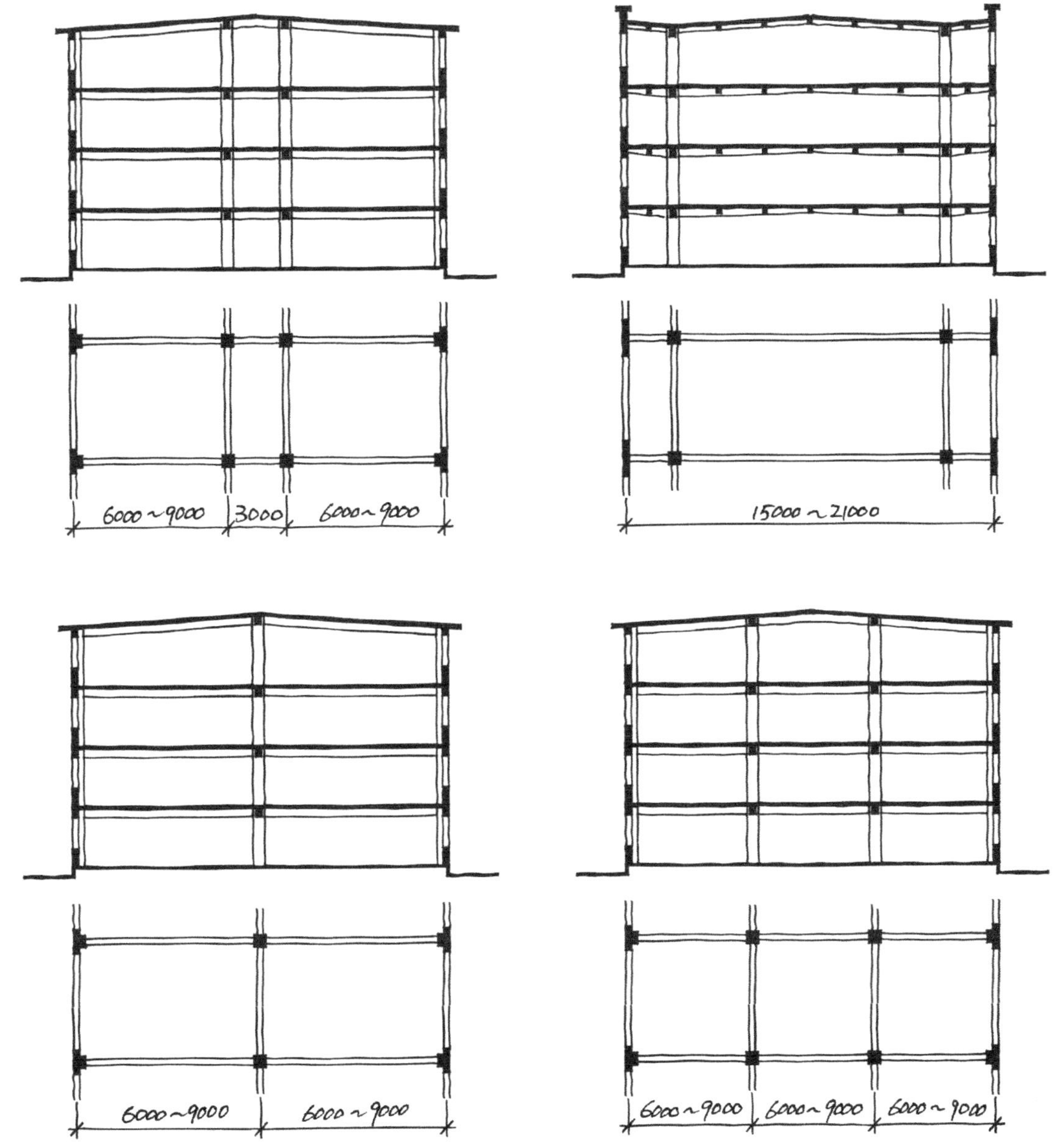

图 5–5 多层框架结构工业建筑平剖面示意图

1）方格式柱网

我们把开间尺寸和进深尺寸相同或相近的柱网平面称为方格式柱网，如图 5–6 中的（*a*）、（*c*）、（*d*）、（*f*）所示。这种柱网形式的适应性比较强，应用范围非常广泛，各种民用建筑和多层工业厂房等类型的建筑都有采用。

2）内廊式柱网

内廊式柱网的平面特点是，柱网的开间尺寸是一致的，而进深尺寸则呈现大、小、大的三跨形式，例如开间尺寸为 4000mm（或 8000mm），进深尺寸为 8000mm+3000mm+8000mm，如图 5–6（*b*）所示。这种柱网形式的应用范围也很广泛，适用于内廊式平面的教学楼、宾馆客房以及中间设通道两侧布置流水线的工业厂房等类型的建筑。

3）曲线形柱网

曲线形柱网的类型是多种多样的，适用

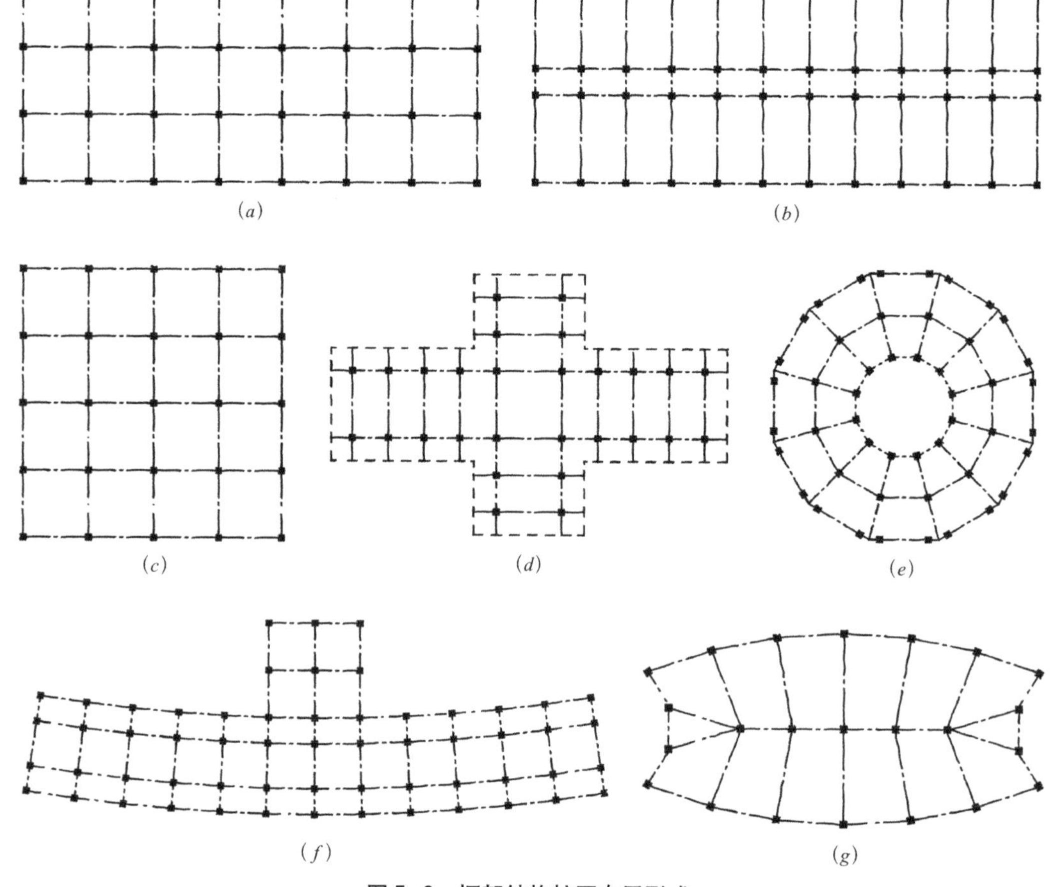

图 5–6 框架结构柱网布置形式

于各种不同类型建筑平面的要求，其形成规律和特点就是方格式柱网和内廊式柱网曲线化的结果，如图 5–6（e）、（g）所示。

5.2.4 框架柱、梁、板的截面形式和尺寸估算

1）框架柱的截面形式和尺寸估算

框架柱采用现浇方法施工时，多采用矩形截面或圆形截面；在多层工业厂房等建筑中，由于经常采用预制装配式的施工方法，采用工字形截面的情况亦比较普遍。框架柱截面尺寸的估算可根据经验确定，也可以根据结构的刚度条件估算，即按照柱的长细比大约在 1/20~1/10 的范围左右，并且截面的边长不得小于 300mm。框架柱截面的边长一般应比同方向的梁宽至少多取 50mm，以便于梁、柱节点钢筋的布置，使构造简单合理，施工方便。

2）框架承重梁的截面形式和尺寸估算

框架承重梁在采用现浇方法施工时，多采用矩形截面，且梁高一般均含板厚，这样设计比较经济；当采用较大跨度的预制装配式方法施工时，则普遍采用 T 形截面和工字形截面。承重梁的截面高度一般可根据设计荷载的大小按跨度的 1/15~1/10 取值，截面宽度一般取截面高度的 1/3 左右。

3）框架联系梁的截面形式和尺寸估算

单纯的联系梁的截面形式主要采用矩形，其确定的依据和方法与承重梁基本相同。联系梁与承重梁相比，少了承受楼板荷

载的功能，但是其截面高度不宜取得过小，因为**我们不仅要考虑梁这个构件是否承受竖向荷载，还要考虑其承受水平荷载的要求，**因此，过小的梁截面高度难以满足结构的整体要求。

4）框架板的截面形式和尺寸估算

框架结构中，板的截面形式主要采用等厚的板式结构，其厚度取值一般为其跨度的1/45~1/35。考虑到保证结构功能的合理实现和施工工艺的可行性因素，板的最小厚度不应小于60mm，对于板柱体系的无梁框架，板的最小厚度不应小于150mm，常用的现浇钢筋混凝土板厚度要求见表5-7所示。当柱网间距比较大时，板的跨度增大，板厚增加，此时，可以考虑采用密肋板的形式以减小板的厚度，密肋板的形式如图5-7所示。

图5-7 双向密肋楼板

现浇钢筋混凝土板的最小厚度（mm） 表5-7

板的类别		最小厚度
单向板	屋面板	60
	民用建筑楼板	60
	工业建筑楼板	70
	行车道下的楼板	80
双向板		80
密肋板	肋间距≤700mm	40
	肋间距>700mm	50
悬臂板	板的悬臂长度≤500mm	60
	板的悬臂长度>500mm	80
无梁楼板		150

5.3 剪力墙结构

5.3.1 剪力墙结构的特点

剪力墙结构是将建筑中所有的结构墙体都设计成能够抵抗水平荷载的墙体的结构。在水平荷载的作用下，这些墙体主要工作状态是受剪和受弯，所以称为剪力墙。剪力墙结构侧向刚度很大，可以承受很大的水平荷载，也可以同时承受很大的竖向荷载，因此剪力墙结构可以建造超高层建筑。剪力墙结构如图5-8所示。

由于剪力墙结构要求剪力墙体在数量上满足一定要求，使得此类建筑的平面限制比较多，因此剪力墙结构的适用范围有限，一般适用于较小开间的居住建筑、公共建筑（比如宾馆客房部分）等类型的建筑。

在宾馆建筑中，通常要求有较大的入口大堂、餐厅、会议厅等功能空间，而剪力墙结构却很难满足这些空间的结构需要。针对这种情况，一般可以采取如下三种解决办法：第一，将这类建筑空间从高层客房中移出，布置在高层建筑周围的低层裙房中；第二，除入口大堂外，在满足《高层民用建筑设计防火规范》等相关规范的前提下，将餐

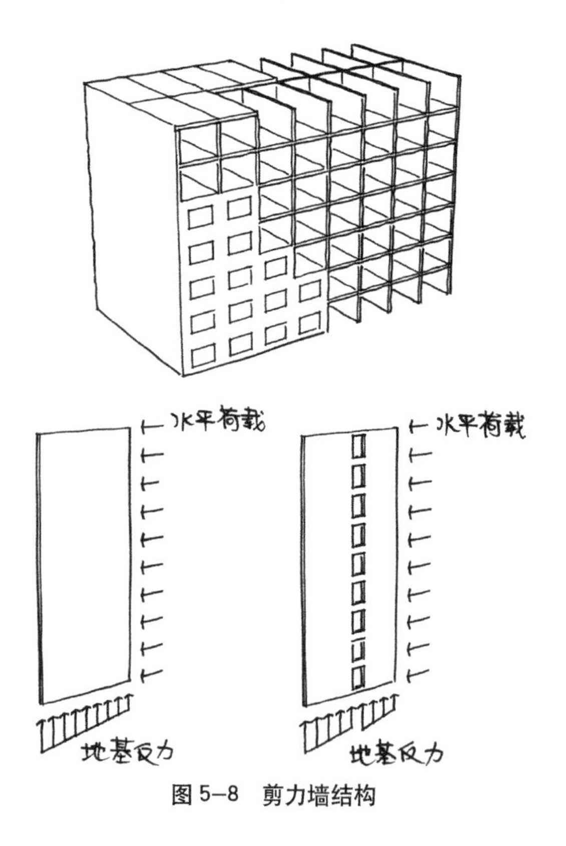

图 5–8 剪力墙结构

厅、会议厅等建筑空间集中设置在建筑的顶层，以避免这些大空间设置在中间楼层造成剪力墙在竖向的中断；第三，采用框支剪力墙结构，即建筑的底层采用框架结构（或框–剪结构）布置大空间，而上部仍采用剪力墙结构布置客房，如图 5–9 所示。框支剪力墙结构的底层柱子内力很大，需要很大的柱截面，用钢量多，而且底层框架成为结构的薄弱环节，对建筑的抗震十分不利，地震区应尽量避免采用。

图 5–9 框支剪力墙结构

5.3.2 剪力墙结构的布置方案

剪力墙结构的布置方案主要有以下三种。

1）横墙承重方案

横墙承重方案的特点是楼板支承在横向剪力墙上，横墙间距即楼板的跨度。通常情况下，剪力墙的间距为 3~6m 左右。

如果剪力墙的间距较小（一般在 4m 以下）时，其优势是剪力墙结构的横向刚度比较大，有利于整个结构纵、横两个方向侧向刚度的均衡。从一方面看，对于层数较少的建筑来说，剪力墙的承载能力不能得到充分地利用，因此造成一定程度的浪费，比如水泥和钢筋等建筑材料的浪费；从另一方面看，对于住宅类建筑来说，较小的横向剪力墙间距可以大大减少设置横向隔墙的材料和工序，同时也避免了隔墙对楼板结构的集中荷载作用，使楼板结构较为经济。

2）纵墙承重方案

纵墙承重方案是针对建筑功能空间需要较大开间的情况下采用的一种结构布置方案。但对于剪力墙结构主要适用的住宅、宾馆客房等建筑来说，大开间的情况并不普遍，因而，采用纵墙承重方案的情况比较少见。

3）纵横墙混合承重方案

纵横墙混合承重方案有两种情况。第一种是全现浇的钢筋混凝土楼板支承在周边的纵、横剪力墙上；第二种是预制楼板支承在进深大梁和横向剪力墙上，大梁支承在纵墙上，如图 5–10 所示。第二种结构布置方式的缺点是大梁在纵墙上的支承面积很小，同时，由于横向剪力墙很少，纵墙平面外的自由长度较大，与横墙的拉结较差，对建筑结构的抗震能力有一定的影响。在塔式住宅建筑中，由于建筑平面纵、横两个方向长度差别不大，此时采用纵横墙混合承重的结构方案是比较

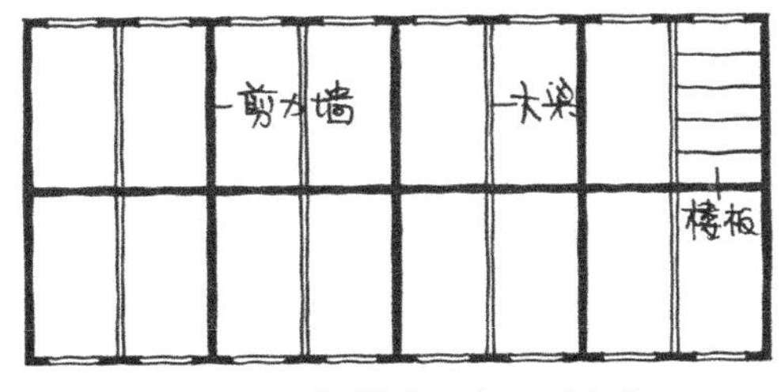

图 5–10　纵横墙混合承重方案

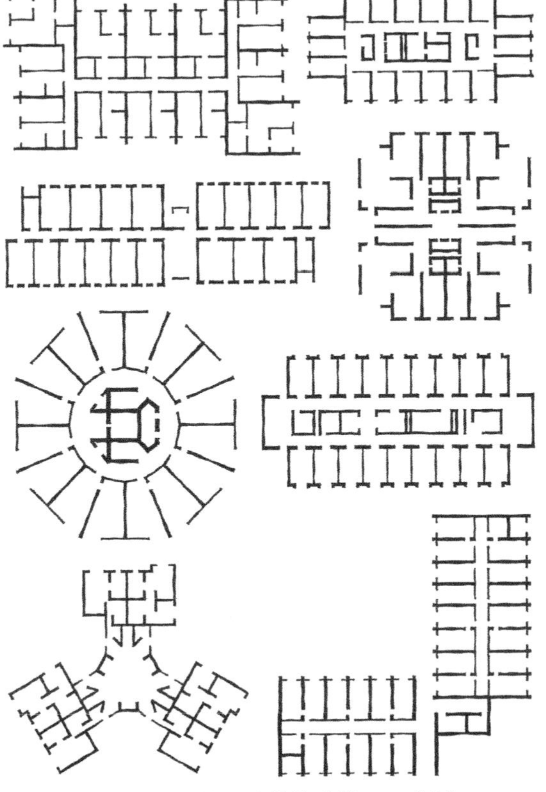
图 5–11　剪力墙结构建筑平面实例

合理的。

剪力墙结构的建筑平面可以设计成非常多样化的形式，图 5–11 所示为一些剪力墙结构的建筑平面实例。

5.3.3　剪力墙结构的基本设计要求

1）剪力墙的布置要求

剪力墙在平面上应尽可能对齐，并且不宜采用间断布置的方式，这一要求对于剪力墙有效地实现其抵抗水平地震剪力来说至关重要。在剖面方向上，剪力墙应自下到上连续布置，避免刚度突变，不应在中间楼层中出现剪力墙的中断。如果有设置大空间的需要，应将大空间布置在建筑的顶层，以避免造成剪力墙的中断。剪力墙在平面上的布置应尽量均匀对称，以使建筑平面内的刚度均匀，避免建筑结构在水平地震作用下出现扭转，这种结构的扭转对于建筑物的抗震是十分有害的。

2）剪力墙上开洞的设计要求

建筑物设置门窗等洞口是功能上的必须要求，但剪力墙上洞口设置的位置、数量、均衡性等对建筑结构的影响是非常大的，因此，必须给予足够的重视：

（1）剪力墙的门窗洞口宜上下对齐、成列布置，形成明确的墙肢和连梁。宜避免使墙肢刚度相差悬殊的洞口设置。这也是所有墙承重结构的基本设计要求；

（2）在纵横墙交叉处，应避免在几面墙上同时开洞。开洞时应尽可能形成门垛，这个要求是为了避免在结构的局部出现过于集中的削弱；

（3）建筑平面的尽端是结构的最薄弱环节，因此，在山墙和其转角处的外墙上应尽量少开洞或不开洞，在靠近外墙（尤其是山墙）的内墙段上也尽量不开洞。

5.4　框架 – 剪力墙结构

5.4.1　框架 – 剪力墙结构的特点

本章前两节分别介绍了框架结构和剪力墙结构的基本特点。这两种结构形式的优点和缺点都很突出。当我们需要灵活宽敞的建

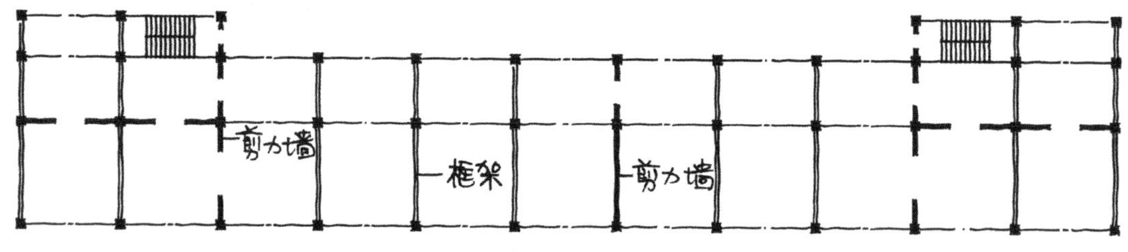

图 5-12 框架 - 剪力墙结构示意图

筑空间时，框架结构满足了我们的需求；当高层建筑需要足够的抗侧弯刚度时，剪力墙结构解决了这样的问题。当我们既需要在高层建筑中形成较为宽敞的使用空间，又要使其满足足够的抗侧弯刚度时，框架结构和剪力墙结构都不能单独来满足我们的需要，但此时如果采用框架－剪力墙结构，则能很好地解决这两个问题。

框架－剪力墙结构，即在完整的柱、梁、板形成的框架结构的基础上，在框架的某些柱间布置剪力墙，并使剪力墙与框架互相取长补短，协同工作，综合了两种结构类型的优势。这样，便得到了承载能力较大、抗侧弯刚度满足要求，而建筑布置又较为灵活的框架－剪力墙结构体系，如图 5-12 所示。

在框架－剪力墙结构中，框架和剪力墙这两种结构体系能互相协同工作。在水平风荷载或水平地震荷载的作用下，剪力墙相当于固定在地基上的悬臂梁，其变形主要为弯曲型变形，框架则为剪切型变形。框架和剪力墙通过楼盖结构联系在一起，则楼盖结构的水平刚度可使两者达到共同的变形，如图 5-13 所示。

如何才能使框架与剪力墙之间更好地协同工作，是框架－剪力墙结构布置的重要问题。在框架－剪力墙结构中，剪力墙在平面中不是连续布置的，因此，剪力墙与独立的框架柱之间必须依靠连接两者的楼盖来协调，此时楼盖在水平方向上的刚度大小就成了关键因素。显然，楼盖的水平刚度越大，框架与剪力墙之间的协同工作就越好。

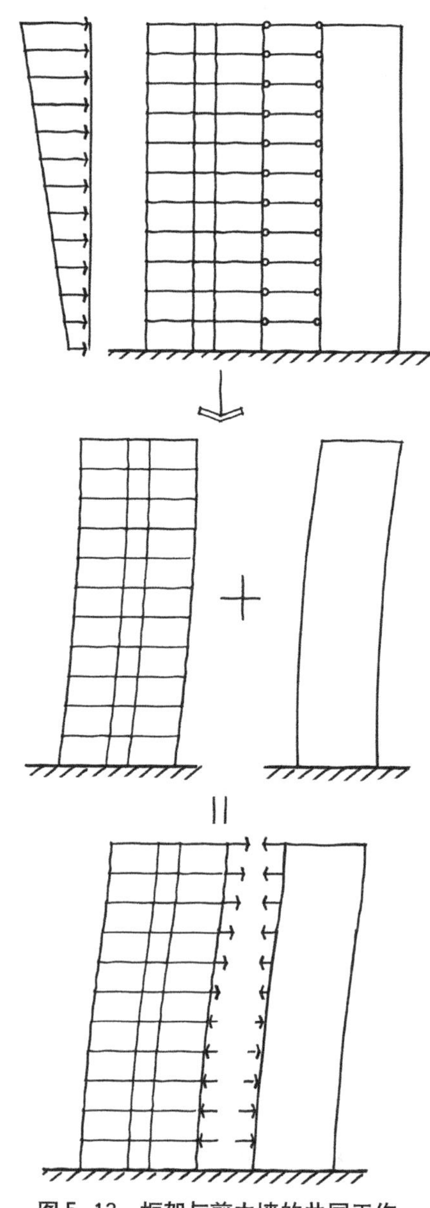

图 5-13 框架与剪力墙的共同工作

加强楼盖的水平刚度，一般可采取以下两种措施：一是加强楼盖本身的整体刚度，如采用现浇整体式钢筋混凝土楼盖或装配整体式钢筋混凝土楼盖（即在铺放好预制楼板后，在其上现浇整体钢筋混凝土叠合层）；二是控制剪力墙的最大间距。以上两种措施都是为了控制楼盖在水平面内的弯曲变形。在水平荷载的作用下，楼盖可以看成是支承在剪力墙上的水平深梁，如图 5–14 所示。

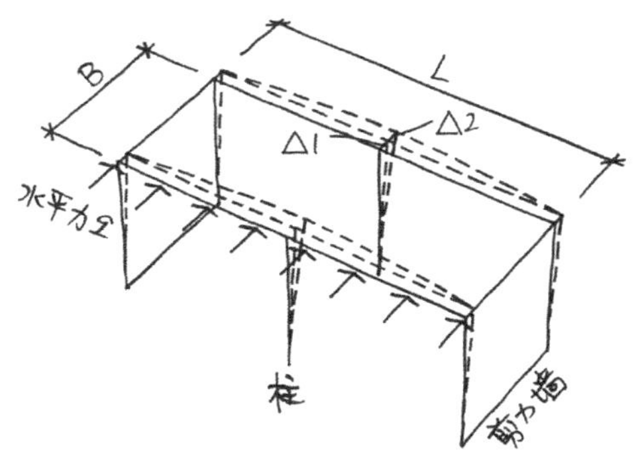

图 5–14 剪力墙与楼盖在水平荷载作用下的变形

从图中可以看出，剪力墙的间距 L 就是该水平深梁的跨度，房屋宽度 B 就是该水平深梁的截面高度。在水平力 q 的作用下，剪力墙产生位移 $\Delta1$，水平深梁的最大弯曲挠度变形值为 $\Delta2$。当 $\Delta2/L \leqslant 1/1.2\times10^{-4}$ 时，即可认为楼盖的刚度为无限大，弯曲变形 $\Delta2$ 可以忽略不计。也就是说，在水平荷载的作用下，刚性足够大的楼盖使剪力墙和框架柱之间产生了相等的位移 $\Delta1$，从而达到了两者之间协同工作的效果。

如果楼盖的刚度很低、跨度 L（即剪力墙的间距）很大，楼盖的弯曲变形 $\Delta2$ 就会大大增加，剪力墙和框架之间将无法有效地协同工作，这样，框架就将承担更多的水平荷载。因此，《建筑抗震设计规范》规定，对于不同类型和不同施工方法的钢筋混凝土楼盖，其剪力墙之间楼、屋盖的长宽比（L/B）应满足表 5–8 中规定的要求，以确保楼盖具有足够的刚度。

剪力墙之间楼、屋盖的长宽比
（剪力墙间距限制） 表 5–8

楼、屋盖类型	烈度			
	6	7	8	9
现浇、叠合梁板	4	4	3	2
装配式楼盖	3	3	2.5	不宜采用
框支层和板柱－剪力墙的现浇梁板	2.5	2.5	2	不应采用

5.4.2 框架 - 剪力墙的结构布置要求

由于框架－剪力墙结构是由框架和剪力墙两部分共同组成的，所以，其结构布置的要求与这两部分分别单独作为结构体系时的布置要求基本相同。具体来说，在框架－剪力墙结构体系中，框架部分的结构布置要求与纯框架结构并无不同；而剪力墙部分的结构布置要求则有些变化，这是因为纯剪力墙结构是可以完全独立存在的结构整体，而框架－剪力墙结构中的剪力墙则只是无法自身独立存在的结构组成部分。在一般情况下，剪力墙承担 80% 以上的水平荷载，而框架承担余下部分的水平荷载及全部竖向荷载。显然，剪力墙出现在框架结构中的目的就是要提高结构整体的抗侧弯刚度。框架－剪力墙结构中剪力墙的布置需满足以下要求：

（1）框架－剪力墙结构应设计成双向抗侧力体系，在抗震设计时，结构两主轴方向均应布置剪力墙，剪力墙的布置宜使结构各主轴方向的侧向刚度接近；

（2）在剖面方向上，剪力墙宜贯通建筑物的全高以避免刚度突变，且不应在中间楼层中出现剪力墙的中断；剪力墙开洞时，洞口宜上下对齐；

（3）剪力墙宜均匀布置在建筑物的周边附近、楼梯间、电梯间等平面形状变化及永久荷载较大的部位，楼、电梯间等竖井宜尽量与靠近的抗侧力结构结合布置，如图 5-15 所示；

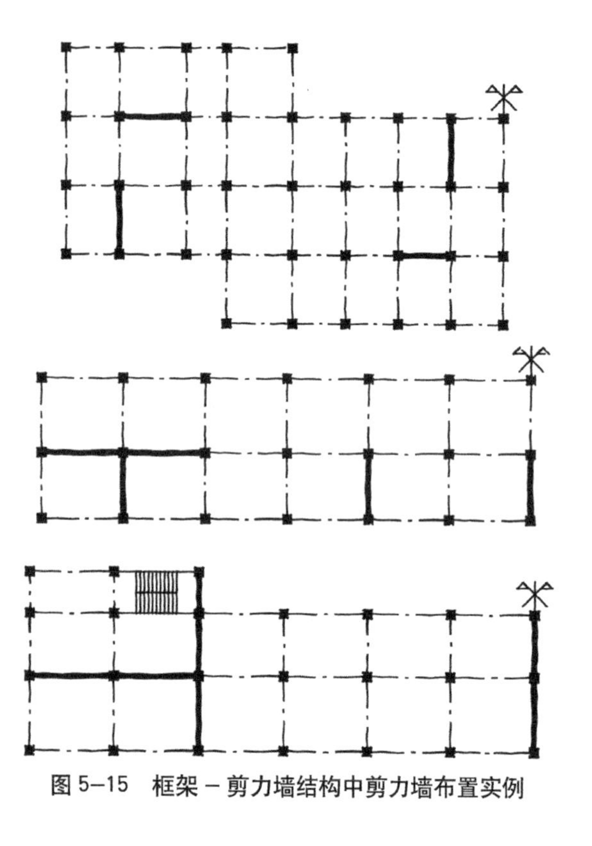
图 5-15　框架 - 剪力墙结构中剪力墙布置实例

（4）纵、横剪力墙宜组成 L 形、T 形和 U 形等形式，以提高其空间刚度，如图 5-16 所示；

（5）剪力墙的数量要适当。过少会增加框架的负担，过多则会造成浪费，并出现空间限制过多、整体刚度过大等问题；

（6）一般情况下，剪力墙的厚度取值应不小于 160mm，且不小于 1/20 层高；

（7）梁与柱或柱与剪力墙的中线宜重合，以避免剪力墙或者梁对柱子产生扭转的不利影响。

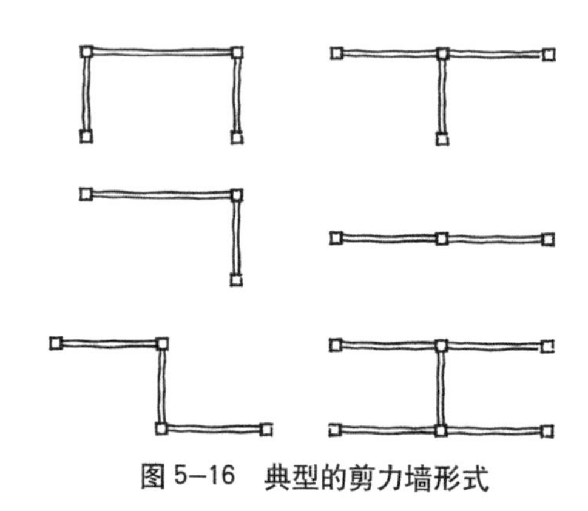
图 5-16　典型的剪力墙形式

5.5　筒体结构

5.5.1　筒体结构的特点

顾名思义，筒体结构是指由一个或几个作为主要的抗侧力构件的筒形结构组成的结构类型。此时，建筑的结构体系主要靠筒体承受水平荷载，因此具有很好的空间刚度、很高的抗侧弯能力和抗震能力。超高层建筑对结构的抗侧弯能力和抗扭能力的需求更为突出，因此，筒体结构在超高层建筑当中得到了广泛的应用。

美国 SOM 建筑设计事务所的法齐卢·坎恩于 20 世纪 60 年代初期首次提出框筒结构的概念，并于 1965 年在芝加哥的 38 层的 Brunswick 大楼初次应用此结构之后，筒体结构就成为高层建筑重要的结构形式之一，并且得到了广泛的应用。在承受水平风荷载或地震荷载的作用时，整个筒体结构相当于一个刚接于地基的封闭空心悬臂梁，如图 5-17 所示。它不仅可以抵抗很大的弯矩，同时也可以抵抗扭矩，是目前最先进的高层建筑结构体系之一。筒体结构建筑布置灵活，而且

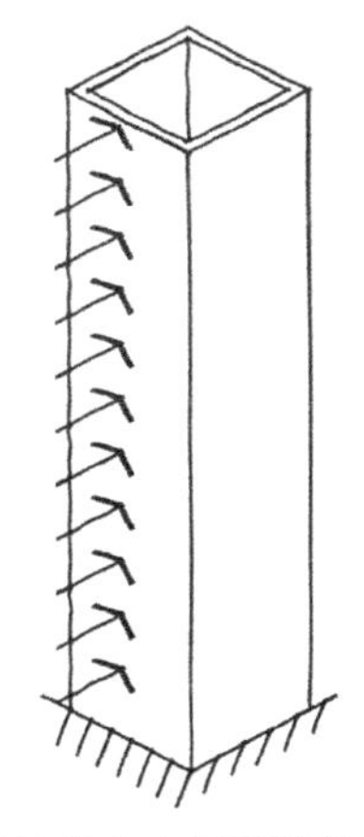

图 5–17 筒体结构在水平荷载作用下的受力状态

能大大节约建筑结构材料，大多数筒体结构的高层建筑每平方米建筑面积的结构材料消耗量仅相当于一般框架结构建筑的一半左右。

5.5.2 筒体结构的设计

1）筒体结构的构造类型

按其构造形式的不同，筒体结构可以分为薄壁筒和框筒两种不同的形式。

（1）薄壁筒

薄壁筒是板式墙组成的筒体，一般是由建筑内部的楼梯间、电梯间以及设备管道井的钢筋混凝土墙体围合形成的，如图 5–18（*a*）、（*c*）所示。因为薄壁筒体一般位于建筑平面的中部，因此也称其为核心筒。

（2）框筒

所谓框筒，是指由密柱、高梁形成空间框架组成的筒体，即筒体是由其周边密集设置的立柱与高跨比很大的横梁（即上下层窗洞之间的墙体）组成，既可以看成是由密柱、高梁形成的空间框架，也可以看成是一个密布孔洞的筒形结构，如图 5–18（*b*）、（*c*）所示。框筒主要用做外筒，筒体的孔洞面积一般不大于筒壁面积的 50%，立柱中距一般为 1.2~3.0m，特殊情况下也可扩大到 4.5m，横梁高度一般为 0.6~1.2m。立柱可为矩形或 T 形截面，横梁常采用矩形截面。

2）筒体的结构布置

（1）竖向结构——筒体的布置

竖向结构的布置形式有单筒、筒中筒和集束筒三种形式。

单筒是指只有一个框筒作外筒的筒体结构类型，如图 5–18（*b*）所示。实际上，一般在外筒所围合的内部空间中，或者设置内筒（薄壁筒），或者设置框架，单筒结构非常少见。

筒中筒体系（也称套筒体系）是由内筒（薄壁筒）与外筒（框筒）共同组成的筒体结构类型，如图 5–18（*c*）所示。

集束筒是由几个连在一起的筒体组成的筒体结构类型，是单个筒体在平面内的集合，如图 5–18（*d*）所示。位于芝加哥的 110 层高的西尔斯大厦（见第 5.6 节高层建筑结构实例的具体介绍）就是采用的这种集束筒体系，它由九个标准筒组成，其平面尺寸为 68.58m× 68.58m。

集束筒的结构刚度是以上几种筒体结构类型中最大的。

筒体的布置应结合建筑的平面和结构的

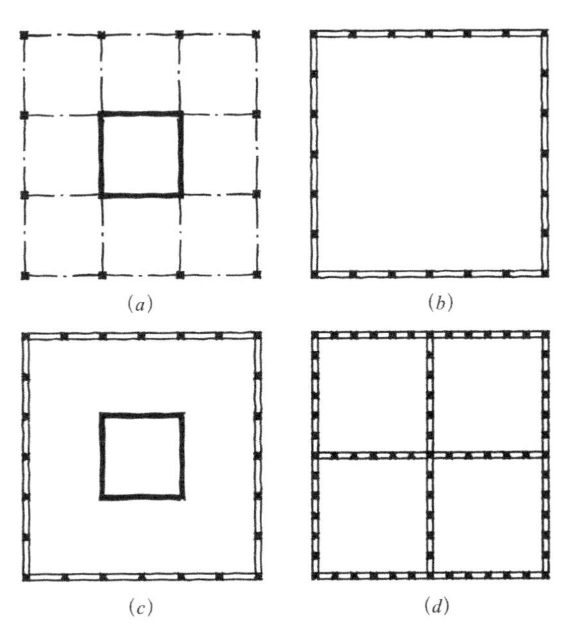

图 5–18 筒体的构造类型

承载要求进行。筒体自身最合理的平面形状应该是正方形或者圆形，狭长的矩形或者椭圆形不是理想的选择。常见的一些筒体结构的布置实例如图 5-19 所示。

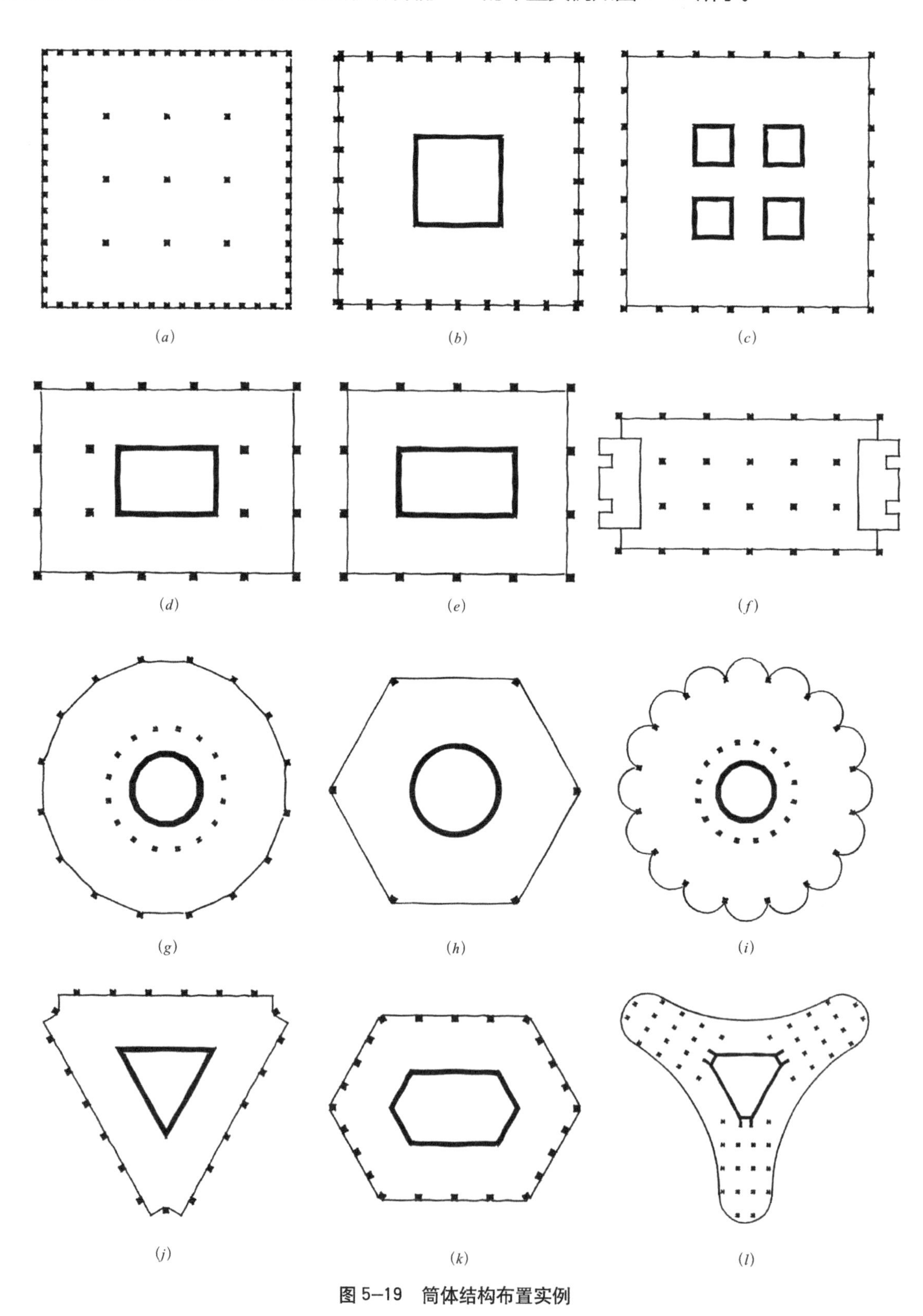

图 5-19　筒体结构布置实例

（2）水平结构——楼板层的布置

在筒体结构的内外筒壁之间布置楼板结构时，如果筒壁的间距小，则可以直接布置楼板；如果间距比较大，可以采用梁或桁架形成梁板式楼板结构；也可以在局部布置柱子，形成框架－筒体结构以减小楼板结构的跨度。

筒体结构的楼板层布置方式多种多样，几种较为典型的布置方式如图 5–20 所示。

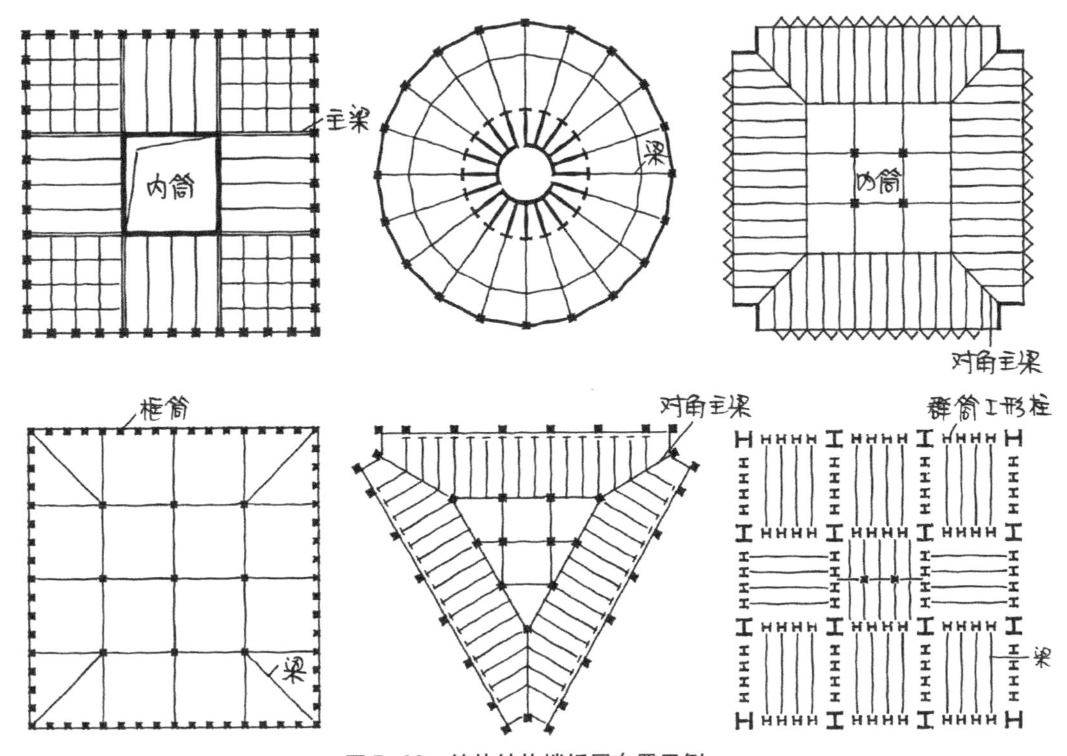

图 5–20 筒体结构楼板层布置示例

3）筒体的结构类型

（1）筒体结构

这里所说的筒体结构是指单纯的筒体结构，包括单筒、筒中筒、集束筒等。

（2）框筒＋桁架结构

如前所述，筒体结构的外筒均为框筒，以满足建筑外立面设窗的需要。建筑的室内视野以及自然采光等方面要求外窗的尺寸应该尽量大一些；但与此同时，筒体结构抗侧弯刚度要求外筒壁上的洞口不宜过大。

为了解决上述矛盾，可以采用框筒＋桁架的结构形式，即沿着外筒周边并不很密的柱子上设置竖直向上的整体桁架，在解决室内视野和自然采光的前提下满足筒体结构空间整体刚度的要求。图 5–21 所示的芝加哥约翰·汉考克大厦就是这种框筒＋桁架结构的建筑实例，图 5–22 所示为约翰·汉考克大厦的内景，从图中我们可以感受到巨大的整体桁架形成的室内空间效果。

（3）框架－筒体结构

框架－筒体结构简称**框－筒**结构（注意**框－筒**结构与**框筒**结构的区别）。框架－筒体结构是在内薄壁筒或者筒中筒结构的基础上再额外布置框架结构，即在内薄壁筒的周围或者在内、外筒之间布置框架，以形成建筑使用空间。框架－筒体结构实际上是利

图 5–21 约翰·汉考克大厦

图 5–22 约翰·汉考克大厦内景

用框架结构提供建筑使用空间，而通过筒体结构满足结构抗侧弯刚度的要求而形成的类似于框架 – 剪力墙结构的组合结构形式如图 5–19（*a*）、（*d*）、（*e*）、（*f*）、（*l*）所示。

5.6 悬挂结构

5.6.1 悬挂结构的特点

悬挂结构是指将建筑结构的水平分系统（楼板层、屋顶结构层等）通过吊杆或钢索吊挂或斜拉固定在结构竖向分系统（筒体或柱）上的水平悬壁梁或桁架的一种结构类型。

用钢吊杆或钢索承担屋顶结构层和楼板层的荷载，能够充分发挥高强度钢材的力学性能，有效增加结构跨度，减少材料消耗。吊杆或吊索的设置实际上取代了一般框架结构形式中柱子的作用，因此，在悬挂结构的建筑空间中，柱子的数量相对要少得多，建筑空间的灵活性也得到了很大的提高，同时也使建筑的造型更加富于变化。悬挂结构的钢吊杆或钢索无需落地，在用地紧张的不利前提下，可大幅度解放地面空间。

早在 1837 年建造的法国洛里恩军械库已经采用了悬挂结构的屋顶。20 世纪 50 年代以后，随着钢产量的增加和强度的提高以及结构力学理论的发展，悬挂结构在工程上的应用越来越广泛。悬挂结构既可用于单层建筑，也大量用于高层建筑。

5.6.2 悬挂结构的类型

悬挂结构按层数划分，可分为单层悬挂

结构与高层悬挂结构两大类。

1）单层悬挂结构

在单层悬挂结构的建筑中，可以将梁、板、桁架、薄壳等刚性构件形成的屋顶结构用斜拉索固定在中心柱上，形如吊伞，也可将屋顶结构固定在两端的塔架上，形如斜拉桥。

我国在20世纪60年代建造的南昌拖拉机齿轮厂齿轮车间就采用了单层悬挂结构，其柱网尺寸为12m×12m，屋顶用4m×4m的壳板组成一个伞状结构，并用8根斜拉索固定在中心立柱顶端，如图5–23所示。

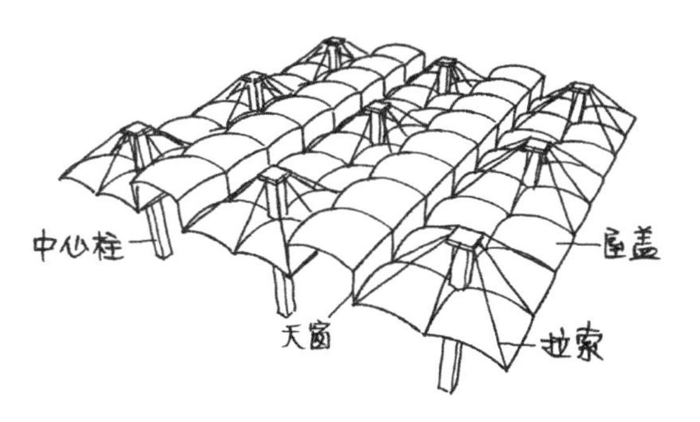

图5–23 单层悬挂结构的厂房结构示意图

2）高层悬挂结构

高层悬挂结构是指由核心筒作为主要的竖向支承结构，再由吊架、吊杆或斜拉杆作连接吊挂的构件，用以悬挂各层楼板组成的一种结构类型，如图5–24所示。

具体来讲，高层悬挂结构的各层楼板（悬挂次结构）的一端支承在核心筒（主结构）上，另一端则由吊杆悬挂；吊杆悬挂在由井筒伸出的吊架（悬挂转换结构）上，如图5–24（*a*）所示，或者用斜拉杆悬挂在核心筒的顶端，如图5–24（*b*）所示；全部荷载传递到核心筒后，再由核心筒传至基础和地基。

根据建筑层数多少与荷载大小的不同，可以采用两种不同的悬挂方式：第一种为全部由井筒顶部悬挂，第二种为分组悬挂于井筒高度的不同部位，每组以悬挂8~10层楼板为宜，如图5–25所示。

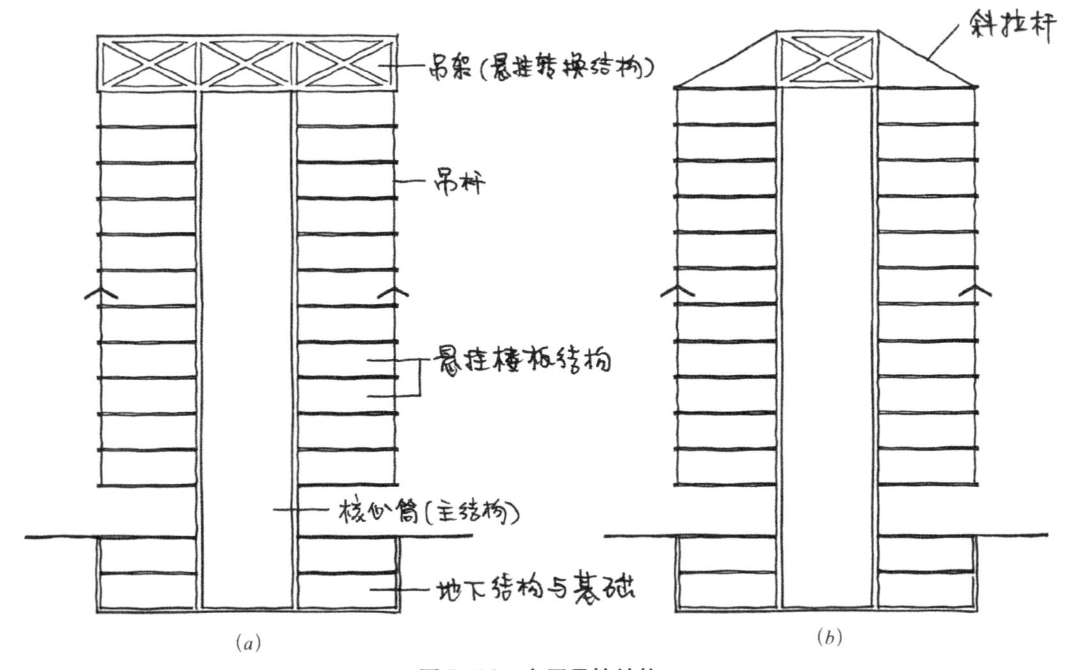

图5–24 高层悬挂结构

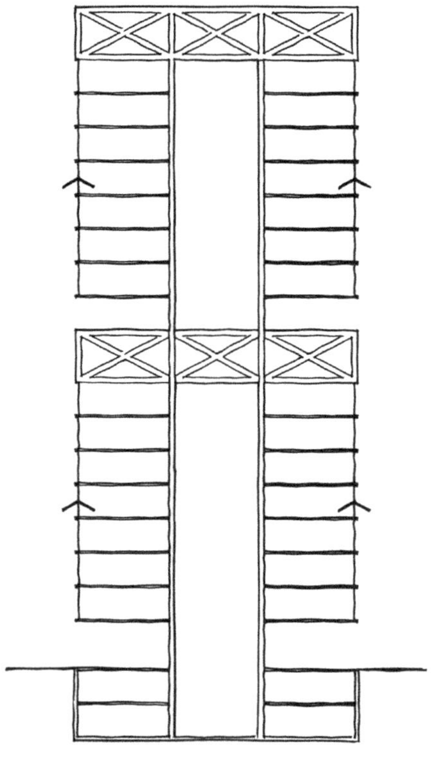
图 5–25　分组悬挂高层悬挂结构

图 5–26　宝马大厦

5.6.3　悬挂结构的实例

1）宝马大厦

著名的宝马大厦（BMW Tower）是德国慕尼黑宝马总部建筑群的标志性建筑，与宝马博物馆、宝马世界等建筑相邻，如图 5–26 所示。宝马大厦由奥地利建筑师 Schwanzer 于 1973 设计，整个建筑共 22 层（其中办公空间为 18 层），高 101m，由四个圆柱形塔楼组成，象征发动机的四个汽缸，所以宝马大厦又被称作“四缸大厦”。四个汽缸没有立于地面，每个汽缸每一层的圆形楼板都是在地面安装完成后由液压设备拉升到高空，一端支承于平面中部的核心筒上，圆心处则悬挂于支承柱上。大胆的悬挂结构设计使得宝马大厦极具创新精神和超前理念，堪称世界建筑设计的巅峰之作。

2）联邦储备银行

位于美国明尼阿波利斯的联邦储备银行也是久负盛名的悬挂式建筑，如图 5–27 所示。

图 5–27　美国明尼阿波利斯的联邦储备银行

这个建筑按照类似悬索桥的方式建造起来，两侧相距 83.2m 的高塔（核心筒）与桥墩的作用相同，两座塔顶之间设有高 8.5m 的巨大跨度的钢桁架，垂直的钢索就悬挂在钢桁架上，把 11 层的建筑物挂起来。此外还有两条工字型钢做成的悬链，对钢桁架起辅助作用。

银行的安全部分如银库、保险柜等都建造在地面以下，上面的建筑是 11 层的办公和管理部分，整座建筑只有两边的高塔占用地面，16 层大楼下部是架空的，与外面的广场连成一体，充分利用了宝贵的土地。在造型上，垂链形悬索的上部和下部两部分墙面采用了不同反射效果的玻璃幕墙，使这一奇特的结构形式充分显露表达出来。建成以后，这种悬挂结构方式曾引起了轰动。

5.7 高层建筑结构实例

5.7.1 西尔斯大厦

西尔斯大厦（Sears Tower）是位于美国伊利诺伊州芝加哥的一幢摩天大楼，由 SOM 建筑设计事务所为当时世界上最大的零售商西尔斯百货公司设计，如图 5–28 所示。整个建筑高 442.3m，地上 108 层，地下 3 层，总建筑面积达 418000m^2，底部平面尺寸为 68.58m×68.58m，由 9 个 22.86m 见方的正方形组成。西尔斯大厦在 1974 年落成时，高度超越当时纽约的世界贸易中心，曾一度是世界上最高的建筑，在被马来西亚的“国家石油双子座大厦”超过之前，它保持了世界上最高建筑物的纪录达 25 年。

大厦的结构工程师为解决像西尔斯大厦这样的高层建筑如何抵抗水平风荷载的结构问题，提出了集束筒结构体系的概念并付诸实践。

大厦采用由钢框架构成的集束筒结构体系，外部用黑铝和镀层玻璃幕墙围护，并在适当部位用黑色环带巧妙地遮盖了服务性设施区与设备层。整幢大厦被当作一个向上逐渐收窄的悬挑集束筒空间结构，其外形的特点是 9 个筒体结构的宽度相同，但高度不一，在高度上逐渐上收，即 1~50 层为 9 个宽度为 22.86m 的方形筒组成的正方形平面；51~66 层截去一对对角方筒单元；67~90 层再截去另一对对角方筒单元，形成十字形；91~110 层由两个方筒单元直升到顶，如图 5–29 所示。

这样的结构设计方法除了可以取得变化

图 5–28　西尔斯大厦

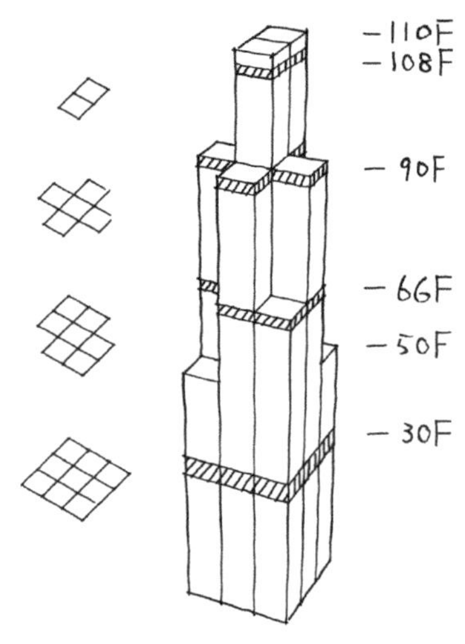

图 5–29 西尔斯大厦平面示意图及效果图

丰富的外部造型效果，更可有效减小大厦顶部的风压，由水平风荷载引起的剪力也随之变小，由风压引起的振动也明显减轻。顶部设计风压为 3kPa，设计允许位移（振动时允许产生的振幅）为建筑总高度的 1/500（即 900mm），建成后最大风速时实测位移为 460mm。这种集束筒结构体系概念的提出和应用是高层建筑抗风结构设计的明显进展。

西尔斯大厦总共使用了 76000t 钢材，即 $1.62kg/m^2$，每平方米的用钢量比采用框架－剪力墙结构体系的帝国大厦降低了 20%。

5.7.2 香港汇丰银行大厦

香港汇丰银行大厦于 1985 年建成，由英国著名建筑师诺曼·福斯特设计。诺曼·福斯特以设计高技派风格的建筑而著名，香港汇丰银行大厦正是这种风格的重要代表作之一，如图 5–30、图 5–31 所示。

香港汇丰银行大厦是目前世界上最高的大型悬挂结构的建筑，大厦最高处达 180m，

图 5–30 香港汇丰银行大厦

图 5–31 香港汇丰银行大厦内景

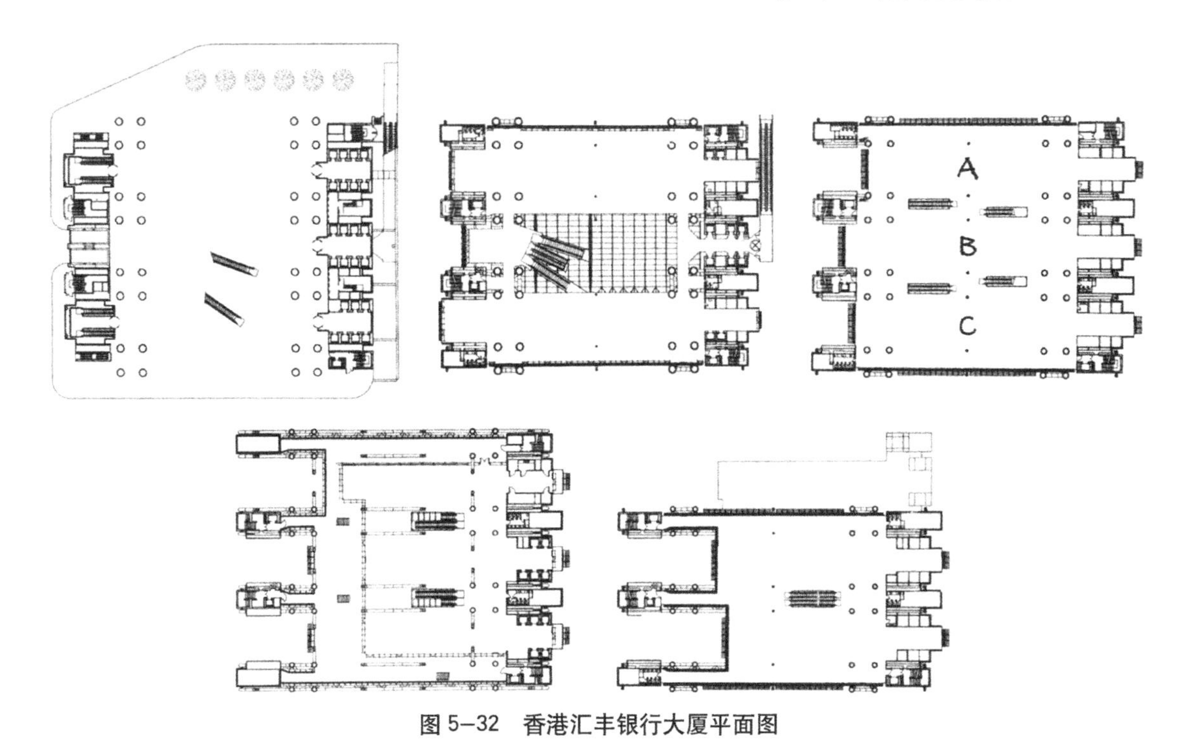

图 5-32 香港汇丰银行大厦平面图

其中主体悬挂结构部分高 167.7m。

整个建筑底层悬空，竖向垂直构件为 8 组钢柱，每组由 4 根直径为 1.4m 的圆管形柱子组成。八组钢柱分为 4 排，每排两组，4 排钢柱将建筑平面分为 A、B、C 三跨的结构形式，中跨最高为 41 层，南跨为 35 层，北跨为 28 层，如图 5-32 所示。

整个建筑采用了 5 组水平桁架式悬挂结构，每组的水平桁架中央垂下的钢杆悬挂钢梁，楼板则置于梁上，从而形成建筑使用空间，如图 5-33 所示。另外，5 组悬吊楼层结构的水平桁架分设于 11~12 层、20~21 层、28~29 层、35~36 层、41~42 层，水平桁架所在的两层结构层处理为一层使用空间，如图 5-34 所示。在平面上，水平桁架中间跨度 B 内的空间作为室内公共休息大厅兼交通空间，两侧跨度 A、C 内的空间则作为室外庭园平台。

当香港汇丰银行大厦在 1985 年落成时，整个建筑耗资达 52 亿港币，是当时世界上最昂贵的建筑。

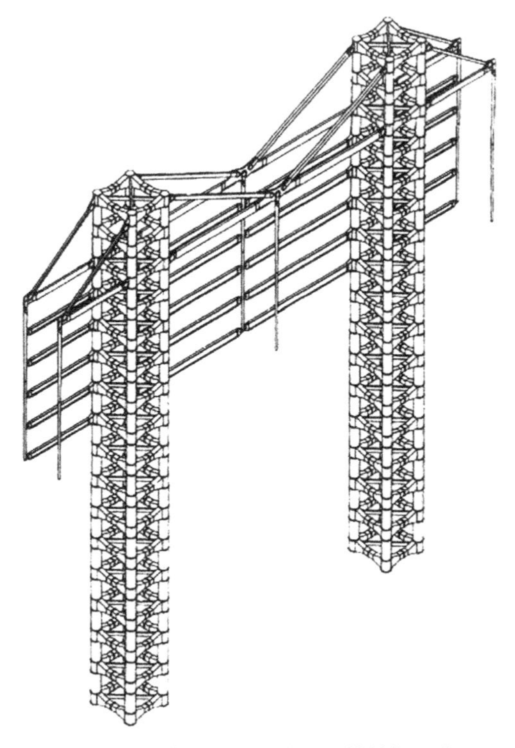

图 5-33 香港汇丰银行大厦悬挂结构示意图

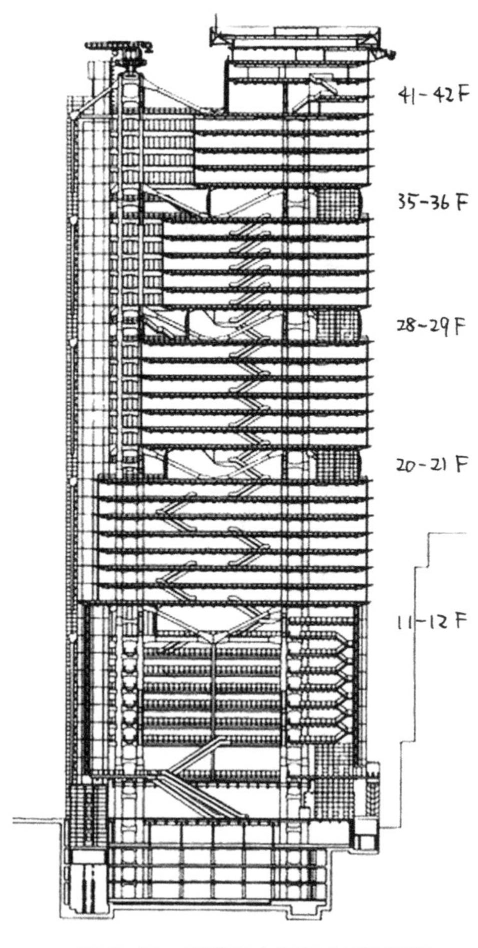

图 5-34　香港汇丰银行大厦剖面图

复习思考题

5-1　高层建筑的受力特点是什么？它与非高层建筑的受力特点有什么不同？

5-2　建筑体型的不同对建筑结构的影响都有哪些？

5-3　框架结构的特点是什么？

5-4　框架结构有哪些布置方案？各有什么优势与劣势？

5-5　框架柱网布置的原则是什么？

5-6　如何估算框架结构的截面尺寸？

5-7　剪力墙结构的特点是什么？

5-8　剪力墙结构有哪些布置方案？各有什么优势与劣势？

5-9　剪力墙结构的基本设计要求有哪些？

5-10　框架－剪力墙结构的特点是什么？

5-11　框架－剪力墙的结构布置要求都有哪些？

5-12　筒体结构的特点是什么？

5-13　筒体的构造类型有哪些？各自的设计要求和适用范围是什么？

5-14　筒体结构有哪些类型？各自的特点是什么？

5-15　悬挂结构的特点是什么？

5-16　悬挂结构有哪些类型？各自的特点是什么？

下篇

曲面结构体系

曲面结构在概念上既包含了曲面结构，也包含了曲线结构，它们共同的特点就是非平板结构。我们在后文的介绍当中，“曲面结构”都是指这个广义的含义。

在上篇的开篇中，我们将所有的建筑结构形式划分为两种最基本的结构类型——平板结构与曲面结构。我们身边不计其数的建筑中平板结构占了相当大的比重，这是由于平板结构具有外形简单、设计施工方便、空间容易组合等特点，因此得到了极为广泛的应用。但是，从结构受力的合理性上来分析，由于平板结构是典型的弯曲受力结构，结构材料的强度潜力不能全部发挥出来，因此，结构材料的消耗和结构的自重都比较大，特别是在结构的跨度很大时，这种问题就显得更加突出。

相比于平板结构，曲面结构则很好地解决了大跨度建筑结构材料消耗过多和自重过大的问题，而它恰恰是利用了结构自身的形状（曲线或曲面）取得了这一结构上的优势。这种结构优势的基本原理是：曲面结构（包括拱结构、悬索结构、薄壁空间结构等）都是典型的轴向受力（轴心受压、轴心受拉或轴面受压、轴面受拉）为主的结构类型，它们都能充分地发挥结构构件材料几乎全部的强度极限，因此可以使用很少的结构材料、很小的截面尺寸解决很大跨度空间的结构需要。

但是，曲面结构这一结构优势的取得是有代价的，就像任何事物都是有利有弊一样。这个代价就是：**所有的曲面结构都是有推力的结构。**曲面结构的推力是指在**竖向**荷载作用于结构时，其支座处产生的**水平方向**的分力（既可以指向内的分力也可以指向外的分力）。曲面结构在结构设计中必须很好地解决推力问题，即要采取有效的抗推力措施，因为推力的存在会使曲面结构发生曲率的明显变化或者发生向非曲面结构转化的趋势，而结构设计中采取抵抗推力措施的目的，实际上是出于保持曲面结构空间形态的目的，以保持其结构的优势。因此，如何解决曲面结构的推力问题，是曲面结构设计中非常重要的问题。

曲面结构节省材料，可以大大减少结构材料的成本，同时可减轻结构的自重。但是，由于其曲面形状在设计和施工中的复杂性，需要很高的技术要求；同时，由于其抗推力措施以及构件在锚固方面的严格要求，曲面结构的施工成本往往高于材料成本，所以，曲面结构的工程总造价并不低。

本篇介绍的曲面结构包括线结构与面结构。线结构是平面结构，主要是拱结构；面结构是空间结构，包括壳体等各种薄壁空间结构与悬索结构。

第 6 章
拱结构

在房屋建筑和桥梁工程中，拱是广泛应用的一种结构形式。由于拱结构的受力性能较好，能够较充分地利用材料强度，因此，拱的建造不仅可以采用砖、石、混凝土、钢筋混凝土、木材和钢材等所有结构材料，而且能获得较好的经济效益和建筑效果。

拱结构历史悠久，我国古代劳动人民在拱结构方面有很多优秀的创造。坐落于河北省赵县的赵州桥（又称安济桥）建于隋代（公元 581~618 年）大业年间（公元 605~618 年），由著名匠师李春设计和建造，距今已有约 1400 年的历史，它的跨度达 37.02m，是当今世界上现存最早、保存最完善的石拱桥，如图 6–1 和图 6–2（*b*）所示。

拱结构在公路桥梁和一些输水渡槽中得到了大量地采用，而在房屋建筑中，由于拱结构不仅受力性能较好，而且形式多种多样，因此也广泛应用于宽敞的大厅，如展览馆、体育馆、商场等较大跨度的公共建筑中。图 6–2（*a*）所示的北京展览馆展览大厅的拱顶结构，其跨度为 32m；图 6–2（*c*）所示的北京体育馆比赛厅，其跨度为 56m。对于大跨度的仓库等建筑，采用落地式拱结构

图 6–1 赵州桥

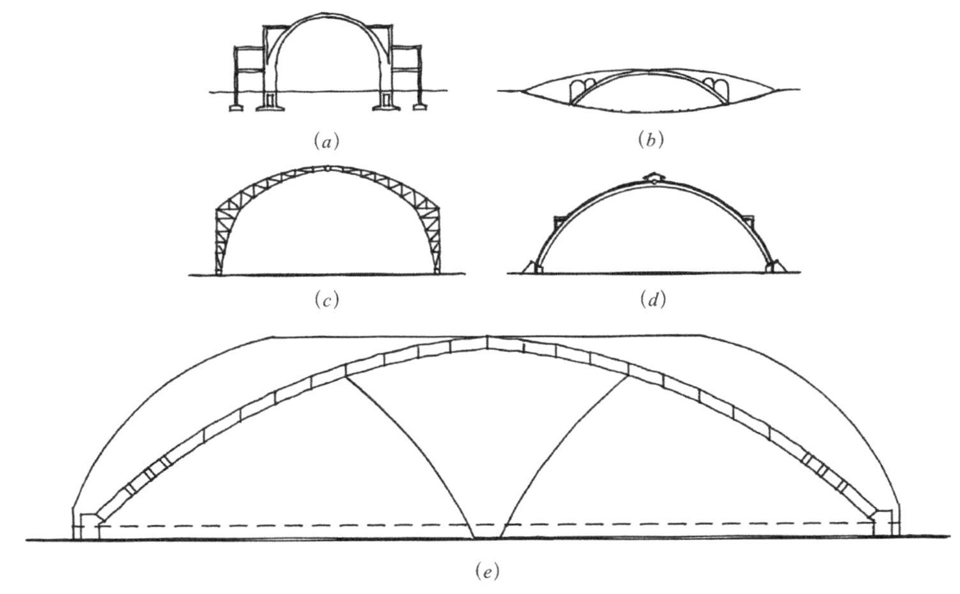

图 6–2 拱式结构实例

有时可以获得很好的使用效果，图 6–2（*d*）所示为某散装化肥仓库示意图，其跨度为 60m；图 6–2（*e*）所示的法国巴黎国家工业与技术展览中心大厅，其跨度为 206m，采用双层波形断面拱结构，是世界著名的大跨度建筑。

6.1 拱结构的受力特点

6.1.1 拱的主要内力是轴向压力

首先，我们把拱的受力状况与梁、板的受力状况进行对比分析。

如前所述，梁、板结构属于平板结构（非曲面结构），其主要的内力是弯矩和剪力。弯矩沿杆件截面上的应力分布是不均匀的，因此不能充分发挥结构材料的潜力，造成了很大的浪费。

相比之下，拱结构的受力状况则完全不同，它的主要内力是轴向压力，一般情况下，其截面内的弯矩是很小的；如果拱轴曲线处理得当，甚至可以做到完全无弯矩状态。

从图 6–3 中可以看出，梁、板等平板结构的受弯构件在荷载 P 的作用下，会整体向下产生明显的挠曲变形；而拱结构在同样的荷载作用下，只要确保拱轴的曲线形态不发生明显的改变，拱杆本身就不会发生整体的挠曲变形，从而使拱杆截面内力主要以轴向压力的形式存在，弯矩很小甚至完全没有。这样，轴向压力沿杆件截面上的应力分布是均匀的，因此，结构材料的潜力能够全面、充分地发挥出来，而且可以采用来源广泛、成本较低的抗压性能良好的砖、石、混凝土等材料建造跨度较大的拱结构。

如何能使得拱结构处于弯矩很小甚至是无弯矩状态呢？我们可以做一个分析。如图 6–4（*a*）所示，我们截取拱杆上的一个微小的隔离体，在隔离体两侧各有一个轴向压力 N_1、N_2，这是一组不在同一直线上的曲杆上的内力，它们与作用在这一隔离体上的荷载的合力 P 形成一个共点力系，三者处于平衡状态。当拱杆轴线上各点切线的水平倾角发生变化时，其轴向压力值也随之改变。由此可见，拱杆的内力取决于拱轴的形式。当拱轴线为某一适当曲线时，拱杆截面的轴向压

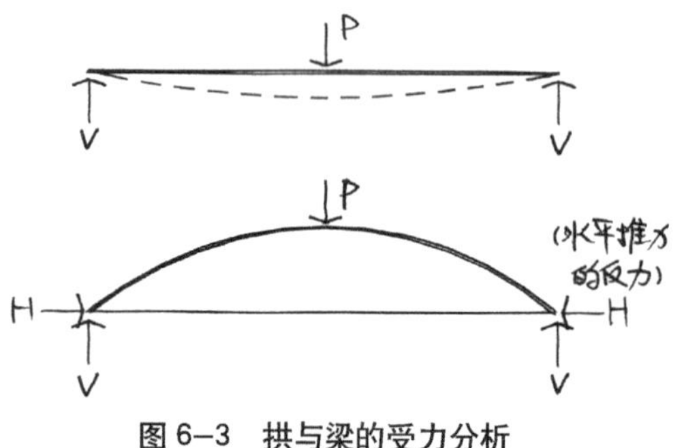

图 6–3 拱与梁的受力分析

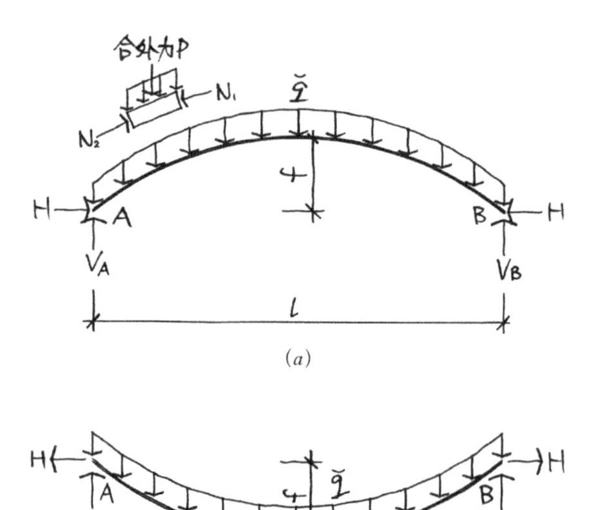

图 6–4 拱轴曲线
（*a*）拱；（*b*）悬索

力就可以直接与外部荷载达到平衡状态，拱杆截面内则没有弯矩和剪力产生。我们称这样的曲线为合理拱轴线。

为了进一步说明拱的受力状态，我们以三铰拱为例，再做一个分析。如图 6–5 所示，根据结构力学的原理我们知道，拱杆任意截面的内力为：

$$M=M^0-H\cdot y$$

$$N=V^0\cdot\sin\varphi+H\cdot\cos\varphi$$

$$V=V^0\cdot\cos\varphi-H\cdot\sin\varphi$$

式中 M^0——相应简支梁的弯矩；

V^0——相应简支梁的剪力。

从上述公式中我们可以看出，拱杆截面的弯矩相比于相应简支梁的弯矩，共减少了

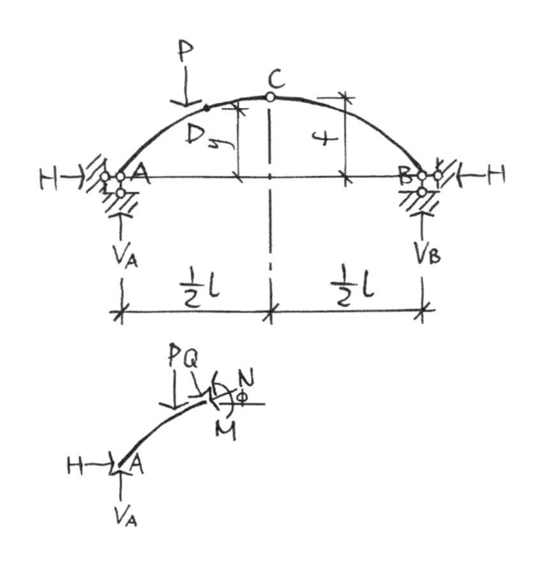

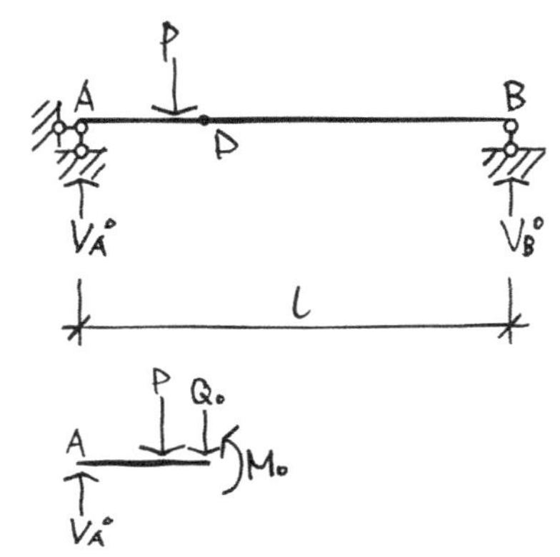

图 6–5 三铰拱的受力分析

$H\cdot y$。当 $H\cdot y=M^0$ 时，$M=0$。因此，在一定的荷载作用下，我们可以改变拱的曲线，使拱杆各截面的弯矩为零，这样，拱杆各截面就只受轴向力的作用。

关于拱的合理轴线，我们还可以换个角度来认识。我们把受压拱和与其相反的受拉索（图 6–4b）对比一下，如果我们把它们看成是拱形屋顶和索形屋顶的话，就会发现这两者有一个共同点，即上凸的拱形屋顶和下凹的索形屋顶都是沿着拱或索的曲线（注意：不是沿着水平跨度 l）均匀分布着结构自重与屋面材料这些永久荷载，我们称之为曲线均布荷载。设受拉索两端挂在同一标高的 A、B 两个铰接点上，拉索在垂直向下的永久曲线均布荷载作用下会自然形成一条曲线，我们称为悬索线，其最低点与 AB 水平线间的垂直距离称为垂度 f。不同的跨度 l 与垂度 f，各对应一条唯一的悬索线，这就是悬索结构的曲线。悬索中除拉力外，没有其他弯矩和剪力等形式的应力，所以可称其为拉力曲线。在支座 A、B 两点处，各有一个竖向反力 R_A 和 R_B，两者数值相等，各为悬索屋盖永久荷载的一半。两支座处还各有一个向外的水平拉力。

现在，我们再做一个假定，设想把这条悬索固化，使其成为一根悬索形的曲杆，但并不改变其受力状态，即其上所有的荷载和应力都保持原状，然后，将整个悬索形曲杆绕 AB 水平线向上翻转 180°，这时，我们看到了一根与图 6–4（a）所示拱杆外形相同的上凸曲杆。但是，这样的翻转，使得原来悬索结构的永久荷载变成了垂直向上的荷载，这与拱形曲杆永久荷载的实际情况不符，因此，我们将永久荷载再翻转 180°，荷载作用的方向改变了，因此，A、B 支座的所有支座反力（R 和 H）以及曲杆的应力也都相应改

变方向。此时，曲杆就完全变成了图 6–4（*a*）所示受压拱的情况。于是，我们可以得到这样的结论：在竖向荷载（重力荷载）的作用下，曲杆只有压力，而无弯矩和剪力等其他应力。这是最理想的双铰曲杆，其合理轴线是上翻的悬索线，也就是曲线均布荷载下的压力曲线。

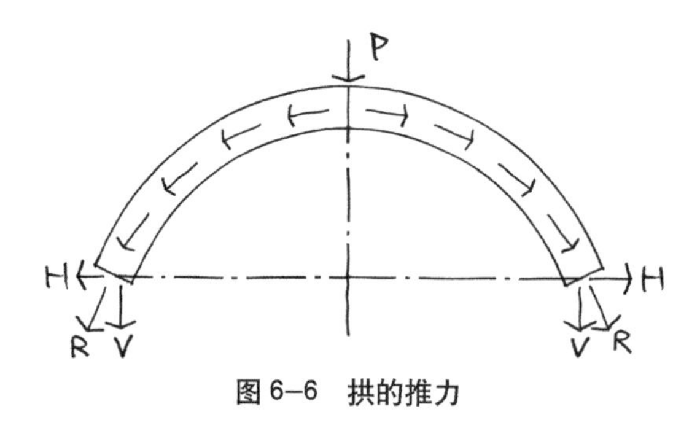

图 6–6 拱的推力

6.1.2 拱是有推力的结构

如图 6–6 所示，在只有竖向荷载（重力荷载）作用下，拱杆轴向压力在传至拱脚处时与水平面形成一定的角度，那么，这个压力就会产生一个水平分力 H，而这种状况在同样条件下的平板结构中是不存在的。我们称这个水平分力 H 为推力。

推力是所有曲面结构的一个共有的特征，它的存在是由曲面结构的外形决定的，而推力的存在会使拱等曲面结构形成一种使曲面展开的趋势和动能。这种趋势如果不受限制，任其发展下去的话，曲面结构的曲率将逐渐变小，最终将转变成平板结构（或使双曲面结构完全撕裂），也就是说，曲面结构的所有结构优势将荡然无存。因此，**我们必须对所有的曲面结构采取足够的、可靠有效的措施，以抵消推力的这种作用。**这一点对曲面结构的设计是十分重要的。

6.2 拱结构的类型

拱杆在其内力只有压力而无弯矩和剪力时的曲线称为压力曲线。拱所受的荷载不同，其压力曲线的形式也不相同。一般情况下，大跨度拱结构以自重为主的永久荷载是主要荷载，所以拱的曲线形式都是按永久荷载作用下的压力曲线确定。在这种情况下，当一些可变荷载作用于拱结构时，拱杆截面内就可能产生弯矩。此时，可以通过铰的设置来影响和改变拱内弯矩的分布状况。拱的结构类型可以依此分为无铰拱、两铰拱和三铰拱等，如图 6–7 所示。

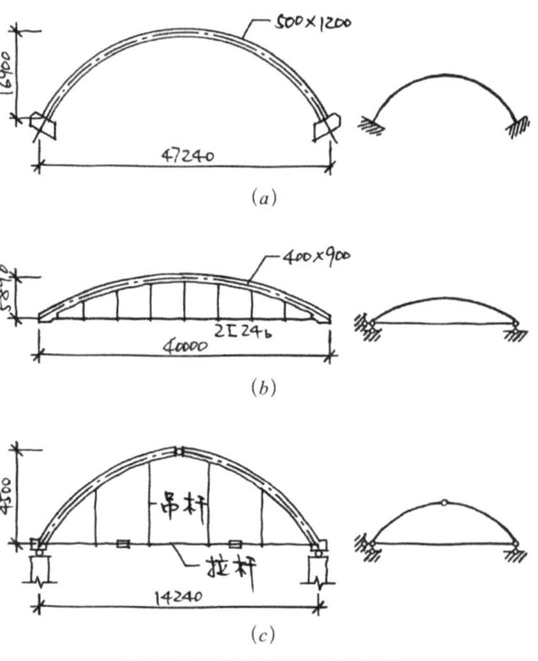

图 6–7 拱的不同结构类型

6.2.1 无铰拱

无铰拱属于超静定结构，如图 6–7（*a*）所示。一般情况下，只有在地基良好或者两侧拱脚处有稳固边跨结构时，才采用无铰拱。无铰拱用于桥梁结构中比较普遍，而在房屋建筑工程中应用较少。

6.2.2 两铰拱

两铰拱在房屋建筑工程中应用较多，也属于超静定结构，如图 6–7（*b*）所示。两铰拱在跨度较小时的结构自重不大，可以整体预制；跨度较大时，可以采用分段预制、现场拼装的方法施工。超静定结构对支座沉降差、温度差等不利的变化因素比较敏感，因此在设计时应给予足够的重视。

6.2.3 三铰拱

为适应地基较差时可能产生的基础沉降差，一般可采用三铰拱的结构形式来解决这样的问题，如图 6–7（*c*）所示。位于陕西临潼的秦始皇兵马俑博物馆展览大厅就采用了跨度为 67m 的三铰拱，如图 6–8 所示。由于该建筑所处的地基为湿陷性黄土，密度小、压缩大，基础沉降复杂，不宜采用两铰拱、网架等超静定结构形式，因此采用了静定结构的三铰拱结构形式。

图 6–8 秦始皇兵马俑博物馆展览大厅

6.3 拱的抗推力措施

拱是有推力的结构。在一般情况下，推力值是很大的，集中作用在拱脚支座处。在结构设计中必须采取足够有效的抗推力措施，才能保证拱结构的坚固安全。常采用的拱结构抗推力措施有以下几种。

6.3.1 推力由拉杆承受

图 6–7（*b*）、（*c*）即为由拉杆承受推力的拱结构形式的示意图，我们称采用这种方法解决推力问题的拱结构为拉杆拱。拱脚处水平拉杆所承受的拉力与拱的推力方向相反，拉力的大小与拱的推力相等，很好地平衡了拱的推力。此时，支承拱的下部结构——柱子或结构墙就不必承受拱的推力了，使得拱脚支座处的受力状况大为简化，与柱子或结构墙支承梁、板等平板结构时的受力状况完全相同。

拉杆的截面形式可以根据其承受荷载的大小来确定，常用的截面形式有型钢、圆钢等。

从图 6–7（*b*）、（*c*）中可以看到，拱杆与拉杆之间设置了吊杆。吊杆的作用是减小拉杆的自由长度，避免拉杆在自重作用下垂度太大，或者造成拉杆的过大振动。

落地拱有时也采用拉杆承受推力，此时拉杆设置在地下，如图 6–9 所示。由于拉杆承受了拱的全部推力，基础不必再承受推力，因此基础的受力简单，基础底面积、截面尺寸和埋置深度都可以相应减小，特别是当地质条件较差时，落地拱采用拉杆承受推力是一种比较经济合理的解决方案。

6.3.2 推力通过水平刚性结构集中传递给端部拉杆

前面介绍的拉杆拱结构构造简单、受力合理，但是，拉杆拱结构有一个非常突出的问题，即拉杆的存在切断了上部和下部建筑空间的整体性（图 6–7*b*、*c*），使得这种情况下的建筑空间无法得到有效的整体利用。如果能去掉建筑平面中间部位拱的拉杆而只保留端部拱的拉杆（可隐藏在山墙处），这个问题就可以解决了。

如图 6–10 所示，中间部位各道拱的水平推力 H 作用在拱脚处的水平刚性结构（例如整体屋盖结构）上，此时的整体屋盖结构相当于一个刚性很大的水平梁，利用这个水平梁将中间部位拱的推力传递给两端的拉杆。

上述措施使得建筑的使用空间中没有拉杆，建筑空间的整体性得到了保证，是一种较好的抵抗拱推力的结构方案。

6.3.3 推力由两侧结构整体承受

拱的推力也可以由两侧结构整体来承受，如图 6–11 和图 6–12 所示。这种解决方案要

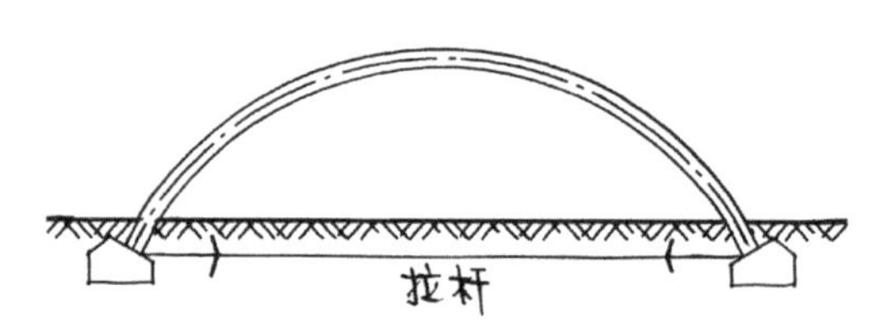

图 6–9 由拉杆承受推力的落地拱

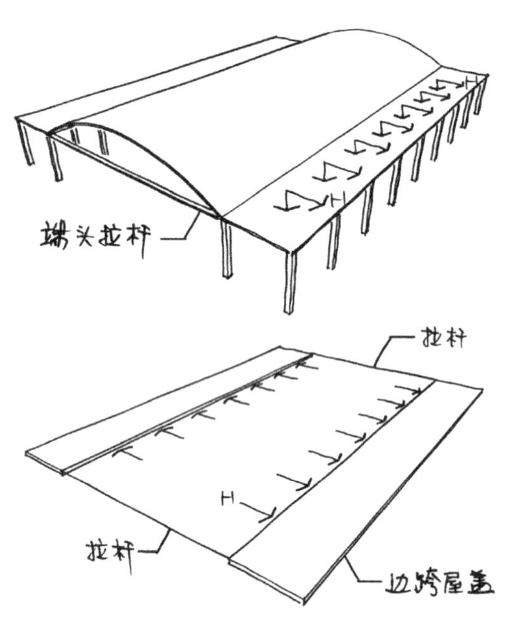

图 6–10 推力通过水平刚性结构传递给两个端拉杆承受

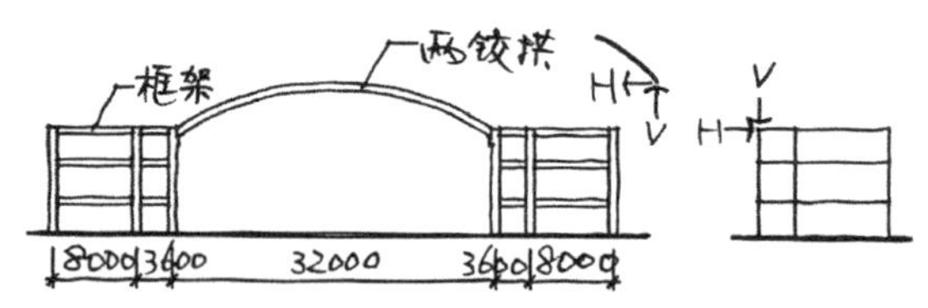

图 6–11 推力由边框架承受（北京崇文门菜市场）

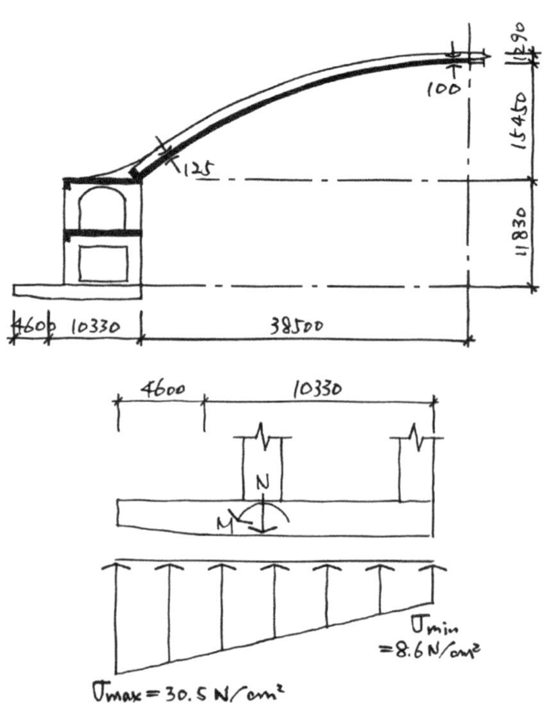

图 6–12 推力由边框架承受（美国敦威尔综合大厅）

求拱结构侧面的结构框架必须具有足够的刚度，以抵抗拱的水平推力，因为如果框架的顶部发生过大的水平位移或倾斜，就无法保证拱的正常受力状态。同时，必须确保框架柱的基础底面不出现拉应力，以保证整体结构的稳定和安全。

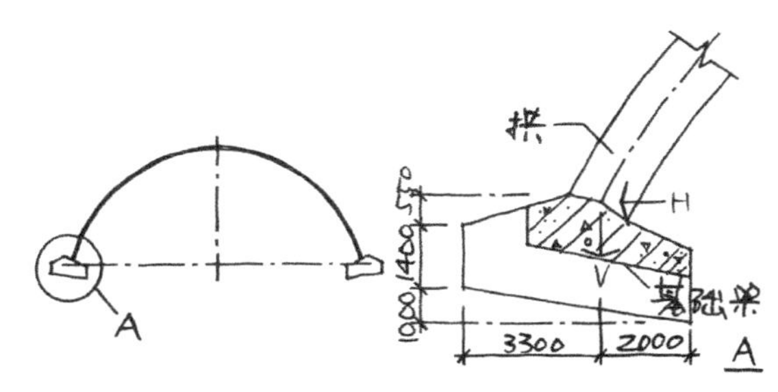

图 6–13 推力由基础承受（北京体育大学田径馆）

6.3.4 推力由基础直接承受

对于落地拱而言，当水平推力不太大或地质条件较好时，拱的推力可以由基础直接承受，并通过基础传给地基。采用这种方案时，基础的尺寸一般都很大，材料用量较多。为了更有效地抵抗推力，基础底面常做成倾斜的形状，倾斜的角度应保证使基底斜面与拱脚处压力曲线的切线方向垂直。图 6–13 所示为北京体育大学田径馆的落地无铰拱示意图及其基础做法。

6.4 拱轴曲线的形式

拱轴曲线形式的确定是一个十分重要的问题，为此我们必须解决好以下两个问题：一是拱的合理轴线，二是拱的矢高。

6.4.1 拱的合理轴线

在一固定的荷载作用下，使拱处于无弯矩状态的拱轴曲线称为拱的合理轴线（也称压力曲线）。对于不同的拱的结构形式（三铰拱、两铰拱或无铰拱），在不同的荷载（均布荷载、集中荷载等）作用下，其拱的合理轴线是不同的。下面，我们以三铰拱沿水平方向均布荷载作用下的拱结构为例来说明这个问题。

三铰拱在沿水平方向均布的竖向荷载作用下，其拱的合理轴线为一抛物线，如图 6–14（a）所示；而在垂直于拱轴的均布压力作用下，其拱的合理轴线为圆弧线，如图 6–14（b）所示。

建筑结构会承受各种各样分布的荷载，只承受某一固定荷载的可能性基本没有，因此很难找出一条合理的拱轴曲线而适应各种荷载分布情况的需求，我们也只能根

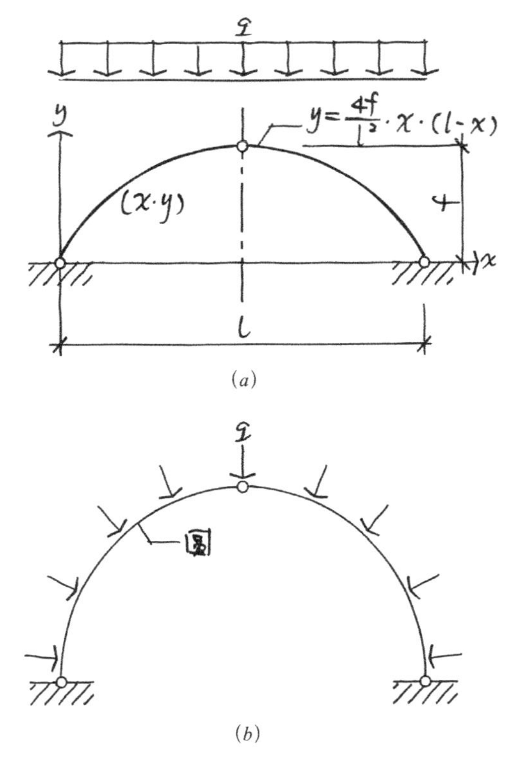

图 6–14 拱的合理轴线

据拱结构承受的主要荷载分布来确定其合理轴线，使拱结构主要承受轴向压力，而尽量减少弯矩。例如，对屋顶结构，一般根据屋顶的永久荷载选择合理的拱轴曲线形式。

在房屋建筑工程中，拱的受力状况是以沿水平方向均布的竖向荷载作用为主的，所以，拱结构（三铰拱）的轴线一般采用抛物线的形式，其曲线方程 y 为：

$$y=(4f/l^2)\cdot x\cdot(l-x)$$

式中 f——拱的矢高；

l——拱的跨度。

一般情况下，当 $f<l/4$ 时，可以用圆弧代替抛物线，因为这时两者的差别不大，而圆弧拱有利于拱身分段进行标准化预制，便于施工制作。

6.4.2 拱的矢高

建筑物的功能不同，或者采用不同的体型风格，其对拱的外形要求是不一样的。例如，有的建筑要求顶部扁平，就可以采用矢高小的拱结构，反之，则要求采用矢高比较大的拱结构。在合理拱轴的曲线方程确定之后，可以根据建筑的外形要求确定拱的矢高。以三铰拱结构为例，在沿水平方向均布竖向荷载作用下，拱的合理轴线为二次抛物线为：

$$y=(4f/l^2)\cdot x\cdot(l-x)$$

当矢高 f 不同时，拱轴形状也不相同，如图 6–15 所示。当矢高 $f=l/2$ 时，拱的轴线形状为曲线 a；当 $f=l/5$ 时，拱的轴线形状为曲线 b。由此可见，矢高对拱的外形影响很大，它直接影响建筑的外观造型和构造处理。

除此之外，矢高的大小还会直接影响到拱脚处推力的大小。根据平衡条件，三铰拱结构拱脚处的推力 H 为：

$$H=M^0/f$$

式中 M^0——比例系数，其数值近似地等于与该拱同跨度、同（均布）荷载的简支梁的跨中弯矩，即 $M^0=ql^2/8$，也就是说 M^0 是一个常数。

从上式中我们可以看出，水平推力 H 与矢高 f 成反比，即拱的矢高小，其水平推力大，而矢高大的拱则水平推力小。

从图 6–15 所示的不同矢高的拱轴曲线可以计算得出，矢高 $f=l/5$ 时拱脚处的推力为 $f=l/2$ 时的 2.5 倍。

因此，在进行拱结构的设计时，不仅要考虑建筑的外形要求来确定矢高的大小，还要考虑结构的合理性。

综合建筑和结构的各种因素，拱结构的矢高可以采用下列参考尺寸：

对于屋盖结构，一般取 $f=l/5\sim l/7$，并不宜小于 $l/10$。对于落地拱，则应主要根据建筑跨度和高度两方面的使用要求来确定矢高；

结合不同的屋面做法和排水方式，当拱屋面为自防水屋面时，一般取 $f=l/6$ 左右；当拱屋面为柔性防水屋面时，屋面的坡度不宜太大，可以取 $f\leqslant l/8$。

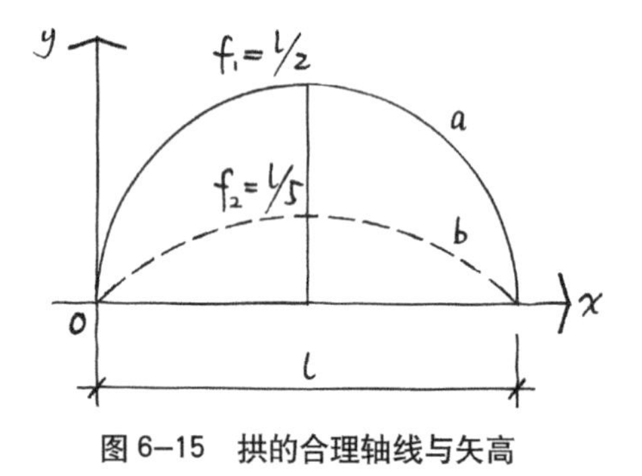

图 6–15 拱的合理轴线与矢高

6.5 拱的截面形式与尺寸

6.5.1 拱的截面形式

拱身采用何种截面形式主要取决于拱的结构材料以及跨度、荷载大小等因素。

对于钢结构的拱来说，既可以采用工字钢等型钢做成实体式的截面形式，也可以采用格构式的截面形式。当拱的跨度及荷载都比较大时，采用格构式的截面形式可以大大节省结构材料。图 6–16 为北京体育馆比赛厅的格构式拱的示意图。

如果采用钢筋混凝土作为拱的结构材料，考虑到施工的方便性，一般都采用实体式的截面形式。现浇钢筋混凝土拱一般采用矩形截面，而预制装配式的钢筋混凝土拱则多采用工字形的截面形式。

实际工程中，还可以把拱身以及两道拱身之间起连接作用的结构板结合起来进行拱截面形式的整体设计，即可以把拱结构做成折板形或波形的截面形式。图 6–17 为采用这两种截面形式的无锡体育馆和湖南省游泳馆的拱结构示意图。图 6–18 所示为一个折板拱屋顶建筑的实例。

拱结构一般采用等截面的形式，特别是两铰拱和三铰拱。对于无铰拱，由于其内力从拱顶向拱脚处逐渐增加，因此采用变截面的形式更符合其受力状态，如图 6–19 所示。

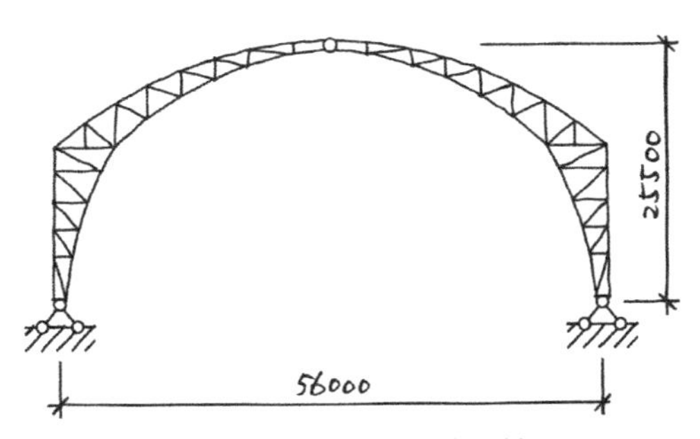

图 6–16 格构式拱（北京体育馆比赛厅）

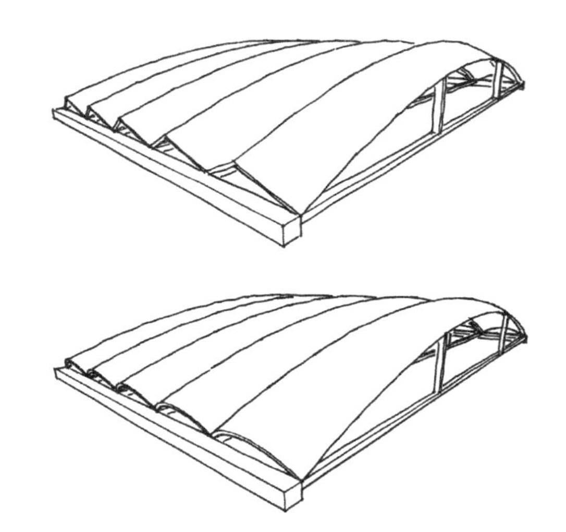

图 6–17 折板拱与波形拱

图 6–18 折板拱屋顶建筑实例

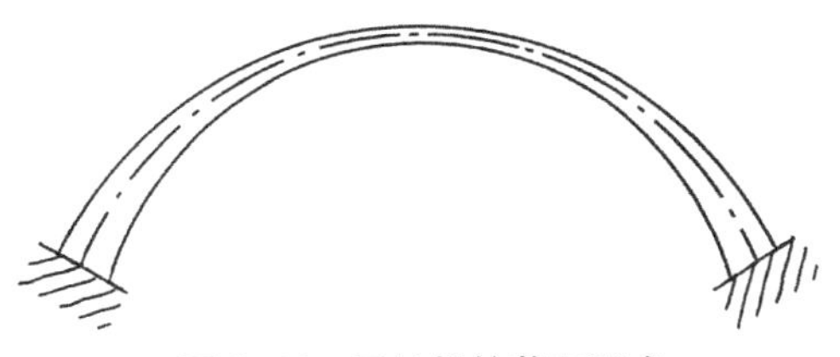

图 6–19 无铰拱的截面形式

6.5.2 拱的截面尺寸

与平板结构的梁截面高度估算一样，拱身截面高度的估算仍然是一个结构刚度的

问题。所不同的是，拱的高跨比（拱身截面高度与拱的跨度之比）比梁的高跨比要小得多。拱身截面的高跨比取值可以参考表 6–1 所示。

拱身截面高跨比（h/l）参考值　　表 6–1

类　型	实体式	格构式
钢筋混凝土拱	（1/40~1/30）	—
钢　拱	（1/80~1/50）	（1/60~1/30）

6.6 拱结构实例

6.6.1 某盐矿 2.5 万吨散装盐库

散装盐库的使用要求是盐通过皮带运输机从屋顶天窗卸入仓库，从仓库出入口运出。在进行结构方案设计时，考虑了两种结构形式进行比较。方案一为钢筋混凝土排架结构，方案二为钢筋混凝土拱结构，如图 6–20 所示。

方案一为排架结构，属于平板结构（非曲面结构）的类型，优点是设计和施工都相对简单，但缺点是有多达 3/5 的建筑空间不能充分利用，而且在将盐通过皮带运输机从屋顶天窗卸入仓库时，很难避免会冲击磨损屋架及其支撑构件，对钢支撑和屋架有不利影响，因而舍弃了排架结构的方案。

方案二为落地拱结构，属于曲面结构的类型，设计时采用了适宜的矢高和外形，使建筑空间得到了比较充分的利用，建筑的使用要求和结构形式得到了很好的结合，取得了良好的效果。因此，该散装盐库最终确定了落地拱的结构方案。

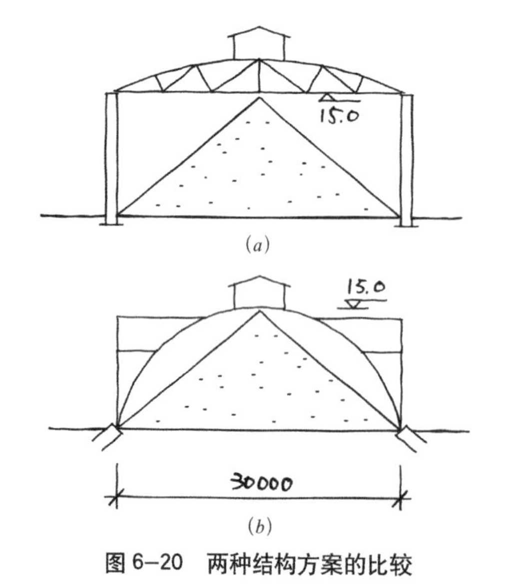

图 6–20　两种结构方案的比较

经过比较，拱的类型采用了两铰落地拉杆拱。没有选用三铰拱和无铰拱的原因是：三铰拱虽然受力明确，但是当盐从屋顶天窗入库时，顶部铰接点的钢件经常会受到磨损，难于妥善保护；没有采用无铰拱则是因为大跨度拱结构对温度变化较为敏感以及散盐堆放对地基的巨大和不均衡的压力，易使拱结构受到地基沉降应力和温度应力的不利影响。

拱身采用装配整体式钢筋混凝土结构，拱的截面为工字形截面，高 900mm，宽 400mm。

6.6.2 法国巴黎国家工业与技术展览中心大厅

法国巴黎国家工业与技术展览中心大厅建于 1958 年，平面为三角形，边长 218m，高 43.6m。建筑采用了双层波形钢筋混凝土薄壁壳形落地拱结构，与地面只有三个支点，是当今世界上跨度最大的公共建筑，充分显示了曲面结构的优越性，如图 6–21 所示。

壳形拱的上下层波形壳板及上下层间的竖向肋板厚度均为 60mm，上下层波形壳板之间的距离为 1.8m，如图 6–22 所示。拱脚附近因为压力较大，因此拱壁有所加厚。该

图 6–21　法国巴黎国家工业与技术展览中心大厅外景

图 6–22　法国巴黎国家工业与技术展览中心大厅内景

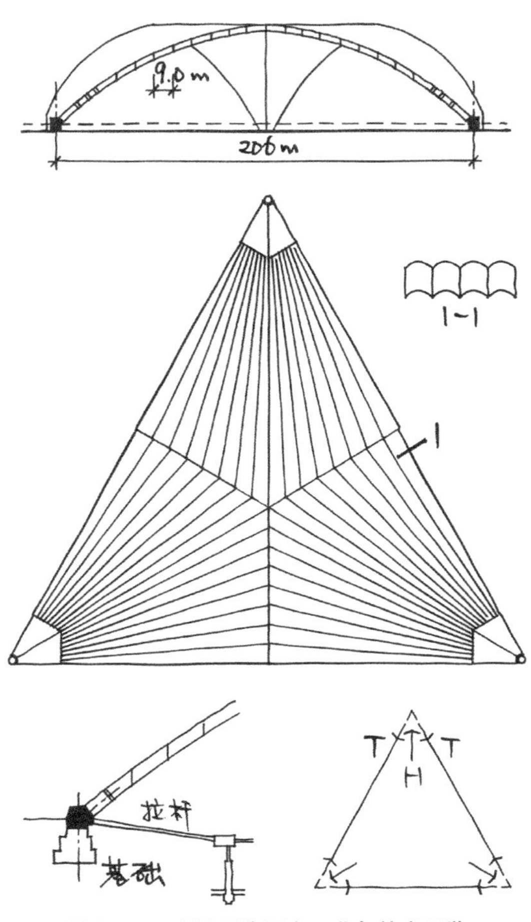

图 6–23　法国巴黎国家工业与技术展览中心大厅结构分析

结构采用装配整体式施工方法，传至三个拱脚处的推力 H 由呈三角形布置、埋在地下的预应力拉杆承受，如图 6–23 所示。

该建筑是把结构、材料、自然力融为一体的杰作，在结构设计及施工等方面都有大胆的创新，是世界建筑领域的一大进步。

复习思考题

6–1　什么是推力？为什么说曲面结构都是有推力的结构？

6–2　拱结构的受力特点是什么？

6–3　拱结构的类型都有哪些？各自都有什么特点？

6–4　拱结构都有哪些抗推力的措施？各种措施的利弊和适用范围是什么？

6–5　什么叫拱的合理轴线？

6–6　拱的截面尺寸根据什么确定？

第 7 章
悬索结构

悬索结构的主要承重构件是受拉的钢索，钢索是用高强度钢绞线或钢丝绳制成，钢索按一定的规律编织成不同形态的网面作为结构的主体。悬索结构的强度高，自重轻，用钢量省，它能跨越很大的跨度而不需要中间的结构支承，是比较理想的大跨度结构形式之一，在工程中得到了广泛的应用。

大跨度悬索结构在桥梁工程中应用的历史十分悠久。

远在公元前三世纪，在中国四川境内就修建了“笮”（竹索桥）。秦取西蜀，四川《盐源县志》记 :“周赧王三十年（公元前 285 年）秦置蜀守，固取笮，笮始见于书。至李冰为守（公元前 256~251 年），造七桥”，修建的七桥之中就有一笮桥，可见至少在公元前三世纪，我国的文献资料就已经有了关于悬索桥的记录。中国工农红军在长征途中著名的“飞夺泸定桥”——四川大渡河泸定桥是在 1706 年建成的一座铁索桥，其跨度为 104m。20 世纪 80 年代末，世界上悬索桥的修建达到了鼎盛时期，这期间建成的跨度大于 1000m 的悬索桥达到 17 座。在此期间，我国相继建成了名列世界第五、第六的江阴长江大桥（主跨 1385m）和香港青马大桥（主跨 1377m），如图 7–1、图 7–2 所示。

图 7–1　主跨为 1385m 的江阴长江大桥

图 7–2　主跨为 1377m 的香港青马大桥

目前世界上跨度最大的悬索桥——日本明石海峡大桥位于本州岛与四国岛之间，于 1988 年 5 月动工，1998 年 3 月竣工。大桥全长 3911m，主桥墩跨度达到了 1991m。两座主桥墩高达 297m，基础直径 80m，水中部分高 60m。两条主钢缆每条长约 4000m，直径 1.12m，由 290 根细钢缆组成，重约 5 万 t。图 7–3 所示为日本明石海峡大桥。

在建筑工程领域中，悬索结构屋盖的发展开始于 19 世纪末。在这一百多年间，建筑师、工程师们对悬索结构不断地进行研究和实践，使其应用的领域更为广泛，建筑的形式也更为丰富多彩。

悬索屋盖结构主要用于跨度在 60~100m

图 7-3 主跨为 1991m 的日本明石海峡大桥

图 7-4 北京工人体育馆鸟瞰

左右的体育馆、会展中心等大跨度公共建筑中。目前，悬索屋盖结构的跨度最大已达160m。

我国在悬索结构屋盖的设计和施工方面有很多成功的实例。20 世纪 50 年代“十大建筑”之一的北京工人体育馆即采用了悬索屋盖结构，其建筑平面为圆形，直径为 94m，如图 7-4 所示。建于 1966 年的杭州体育馆采用了马鞍形悬索屋盖，建筑平面为椭圆形，长轴 80m，短轴 60m，如图 7-5 所示。

图 7-5 杭州体育馆

7.1 悬索结构的受力特点

我们已经知道，轴心受力构件可以最充分地利用结构材料的强度。拱属于轴心受压构件，因此拱是一种合理的结构形式，可以采用抗压性能良好的砖、石和混凝土等廉价材料建造。悬索是轴心受拉构件，因此它也是一种理想的结构形式，可以利用高抗拉性能的钢材来建造。所有的曲面结构都是有推力的结构，因此悬索结构也是一种有推力的结构。

悬索结构有很多不同的结构类型，但是其基本组成却是大同小异。我们以最简单的单曲面单层悬索结构为例，对悬索结构进行受力分析。单曲面单层悬索结构一般包括以下几个组成部分 ：索网、边缘构件、下部支承结构以及斜拉索，如图 7-6 所示。

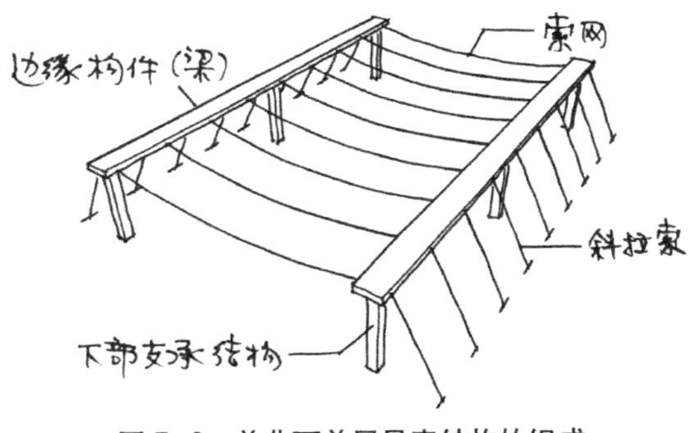

图 7-6 单曲面单层悬索结构的组成

7.1.1 索网的受力分析

索网的计算简图如图 7-7（a）所示。假定边梁是索的不动铰支座，索网的垂度为 y，计算跨度为 l。

（1）悬索是一个中心受拉构件。假定索本身是一个绝对柔性的构件，其抗弯刚度可以完全忽略不计，即任一截面均不能承受弯矩，而只能承受拉力，因此它的形状也是随着荷载性质的不同而改变的。当索不承受外加荷载而仅承受自重作用时，它处于自然悬挂状态，如图 7-7（a）所示。当索受集中力 p 的作用时，它便会立即自动形成悬吊折线形的状态，吊着重力 p 而保持平衡状态，如图 7-7（d）所示。

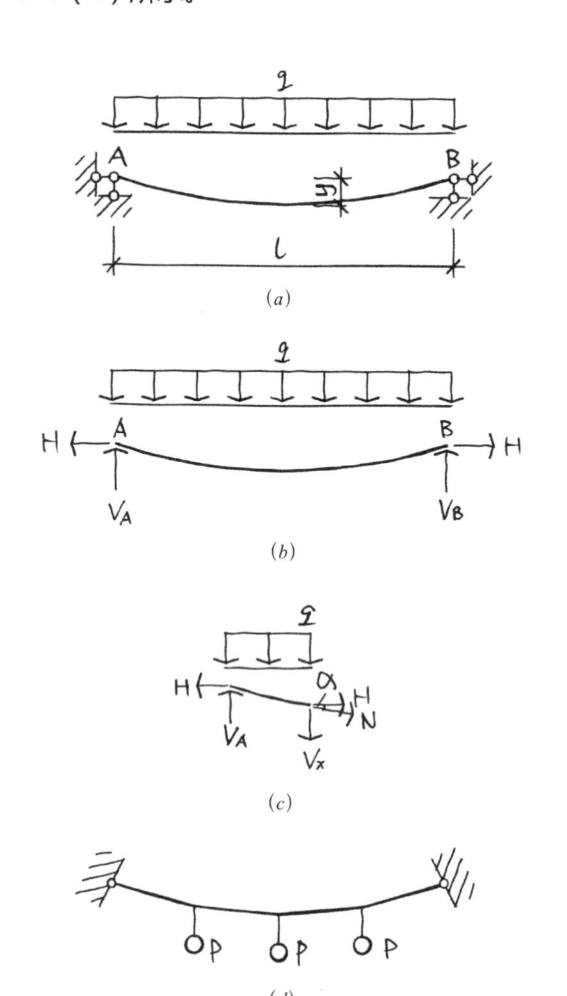

图 7-7 悬索的力学原理分析

（2）索的支座反力分析。如图 7-7（b）所示，在沿跨度方向分布的均布荷载 q 的作用下，根据力的平衡原理可得$\sum N_y=0$，则支座的竖向反力为：

$$V_A=V_B=ql/2$$

因为索任一截面的弯矩均为零，以跨中截面为矩心，$\sum M=0$，则有：

$$ql^2/8-H_y=M^0-H_y=0$$

由上式可知，支座的水平反力 H' 为：

$$H'=H=M^0/y$$

式中 M^0——数值上近似地等于与该悬索同跨度、同（均布）荷载的简支梁的跨中弯矩，即 $ql^2/8$；

H——索在支座处的推力（指向外侧）；

y——索的垂度。

从式中我们可以看出，推力 H 值的大小与索的垂度 y 成反比。当荷载 q 及跨度 l 一定时（即 M^0 一定时），垂度 y 越小，推力 H 越大。因此，确定合理的垂度，以控制水平推力的大小，是悬索结构设计中要解决的重要问题。

悬索的合理轴线与其上所作用的荷载的分布状况有关。当荷载为沿水平方向分布的均布荷载时，其合理轴线为抛物线；当荷载为集中力作用时，其合理轴线为折线。所以，悬索的合理轴线的形状是随荷载的作用方式的不同而变化的，并与相同跨度、相同荷载条件下的简支梁的弯矩图形相似。

（3）索的拉力为 N，根据图 7-7（c）可知$\sum N_x=0$，可得出：

$$N\cos\alpha=H$$

即：

$$N=H/\cos\alpha$$

式中 α——悬索各点的倾角。

如已知水平推力 H 以及悬索各点的倾角

α（可由悬索轴线的曲线方程求得），便可求出悬索各截面的拉力 N。

7.1.2 边缘构件的受力分析

悬索的边缘构件是索网的支座，索网锚固在边缘构件上。根据建筑平面形状和悬索屋盖类型的不同，边缘构件可以采用梁、桁架、环梁和拱等结构形式。边缘构件承受悬索在支座处的拉力 N，由于拉力一般都较大，所以，边缘构件的断面尺寸也常常很大。

图 7–6 所示悬索的边缘构件，其计算简图是两跨连续梁，它在自重及悬索支座处的拉力 N 的共同作用下，分别在水平和垂直方向受弯。

7.1.3 下部支承结构的受力分析

下部支承结构——柱子是受压构件，柱子只承受索端传给支座的竖向压力，不承担水平方向的作用力。

7.1.4 斜拉索的受力分析

斜拉索是受拉构件，它的作用是承受索端传给支座的水平推力。由于悬索结构的跨度往往很大，因此支座处的水平推力也很大，斜拉索要采取足够可靠的锚固措施。

根据以上分析，我们总结悬索结构有如下的受力特点：

（1）悬索只承受轴向拉力，既无弯矩也无剪力；

（2）悬索的边缘构件必须具有足够的刚度和合理的形式，以确保索网的工作状态；

（3）悬索只能单向受力，即只能承受与其垂度方向一致的作用力。

7.2 悬索屋盖结构的类型

悬索结构按其表面形式的不同，可以分为单曲面与双曲面两种类型，且每一种类型又可以根据索的布置方式区分为单层悬索与双层悬索两种结构类型，而在双曲面悬索结构中还有一种交叉索网的结构形式。

7.2.1 单曲面悬索结构

单曲面悬索结构适用于矩形平面的建筑。根据构造组成的不同，单曲面悬索结构可以分为单层或双层两种结构类型。单曲面悬索结构一般多用于单跨建筑，但也可以用于多跨建筑。

1）单曲面单层悬索结构

单曲面单层悬索结构是由许多平行的单根悬索组成的，其表面呈圆筒形凹面，如图 7–8 所示。悬索两端的支座可以是等高的，也可以是不等高的。这种悬索结构可以做成单跨的，也可以做成多跨的。

单曲面单层悬索结构构造简单，但是它所形成的屋盖稳定性差，抗风吸力的能力差。为了有效地抵抗索网传来的推力，可以采用斜拉索（图 7–8*b*、*d*、*e*）、框架（图 7–8*a*）、水平刚性结构（图 7–8*c*）等措施。为了保持屋盖的稳定性，单曲面单层悬索结构必须采用重型屋盖（一般为装配式钢筋混凝土屋面板），特别是在大跨度悬索结构中，为了限制屋面裂缝开展并防止屋面过大的变形，往往采取对屋面板施加预应力的办法，使屋面形

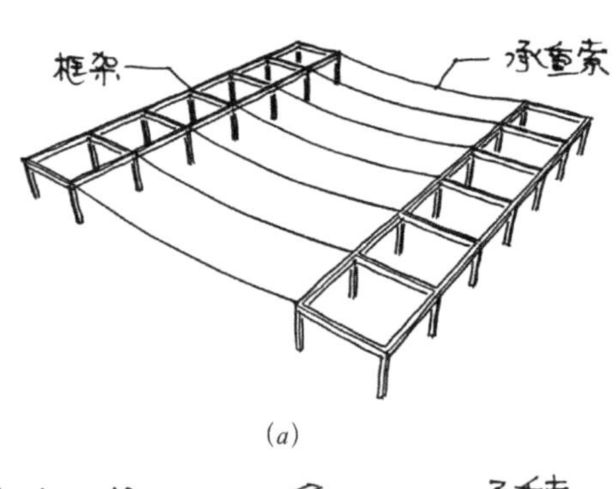

(*a*)

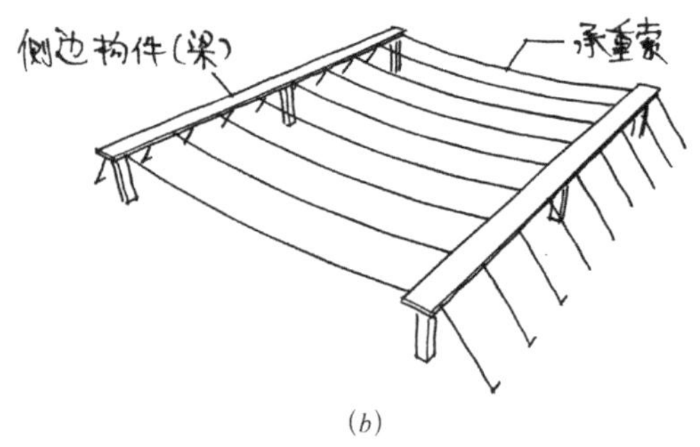

(*b*)

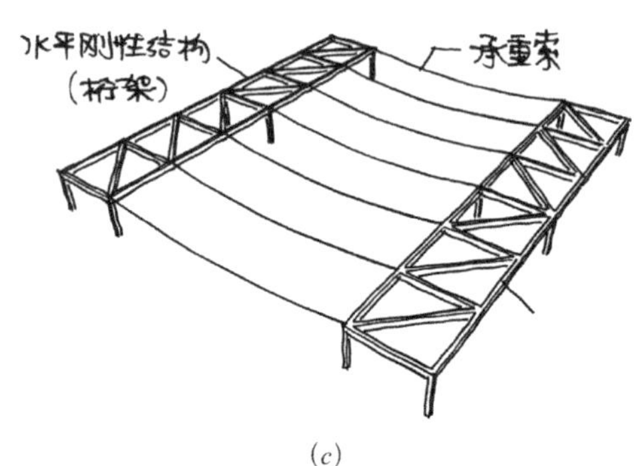

(*c*)

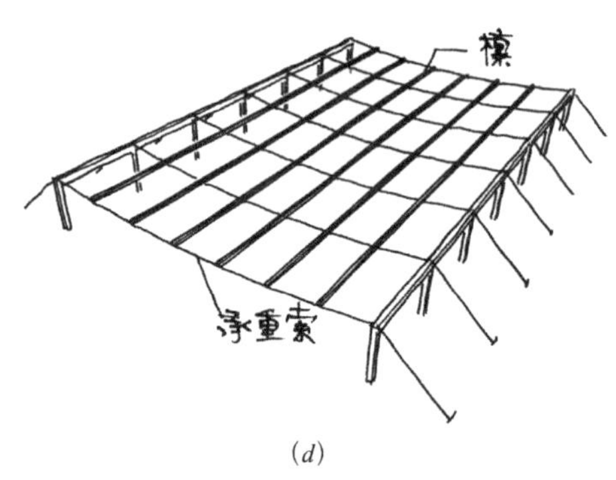

(*d*)

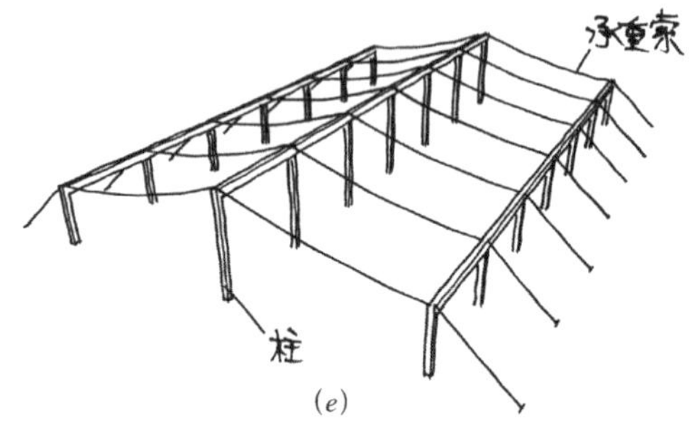

(*e*)

图 7–8 单曲面单层悬索结构

成整体的壳体。

我们已经知道，悬索结构的推力与索网的垂度成反比，垂度越小推力越大，因此综合各种因素考虑，悬索的垂度一般取跨度的1/50~1/20。

2）单曲面双层悬索结构

单曲面双层悬索结构由许多片平行的索网组成，每片索网均由曲率相反的承重索和稳定索构成，并在两者之间设置形状如同屋架斜腹杆的张拉索，如图 7–9 所示。

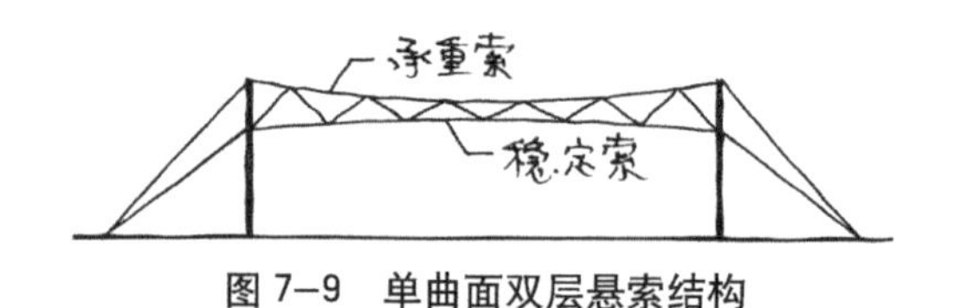

图 7–9 单曲面双层悬索结构

单曲面双层悬索结构的主要特点是可以通过张拉索对承重索与稳定索施加预应力，大大提高了整个索网的刚度，因而也就提高了整个屋盖的刚度，对悬索结构的抗风能力十分有利，很好地解决了单层悬索结构屋盖稳定性较差的问题。这种悬索结构一般采用轻型屋盖即可，以减轻自重，节约材料，降低造价。

承重索的垂度值可以取跨度的 1/20~1/17，稳定索的拱度值则可以取 1/25~1/20。

7.2.2 双曲面悬索结构

双曲面悬索结构更适合采用了圆形平面、椭圆形平面、复杂的曲线形平面等平面类型的建筑。根据构造组成的不同，双曲面悬索结构也可以分为单层或双层两种结构类型，另外还可以形成曲率相反的单层交叉索网形式。

1）双曲面单层悬索结构

双曲面单层悬索结构常用于圆形建筑平

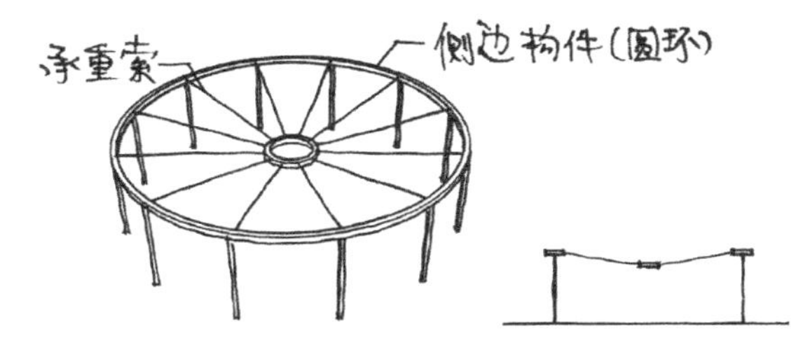

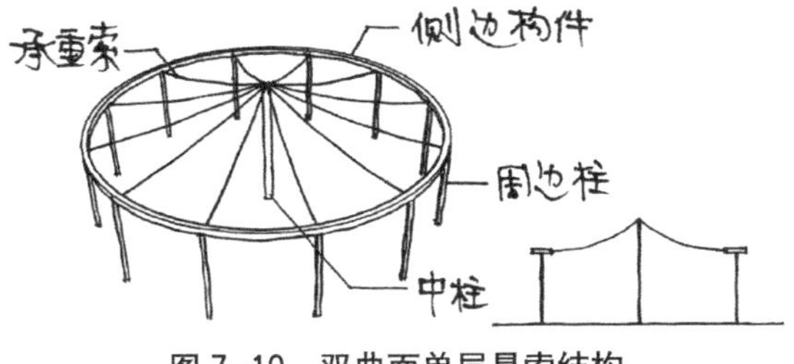

图 7–10 双曲面单层悬索结构

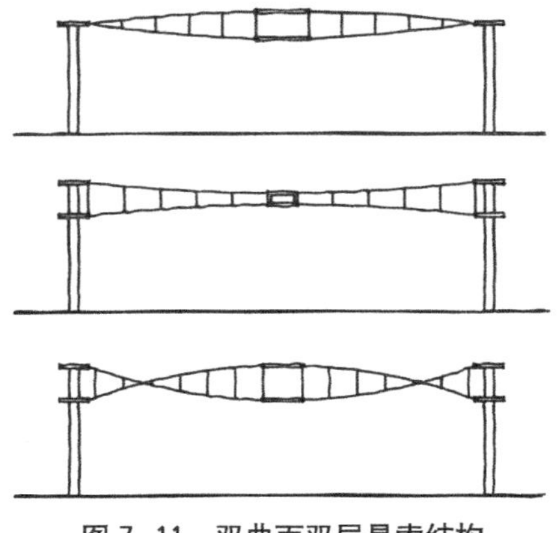

图 7–11 双曲面双层悬索结构

面，悬索按辐射状布置，悬索的一端锚固在受压的外环梁上，另一端锚固在中心的受拉内环或立柱上，如图 7–10 所示。

在均布荷载作用下，圆形平面索网的每根拉索内力相等。

悬索的垂度与单曲面单层悬索结构的取值相同，一般取跨度的 1/50~1/20。

双曲面单层悬索结构也必须采用钢筋混凝土重型屋盖，并施加预应力，最后形成一个旋转曲面壳体。

2）双曲面双层悬索结构

与单曲面双层悬索结构一样，双曲面双层悬索结构也是由承重索和稳定索组成，广泛应用于圆形建筑平面。悬索按辐射状布置，悬索的一端锚固在受压的外环梁上，另一端锚固在中心的受拉内环上，如图 7–11 所示。

从图中我们可以看出，根据承重索与稳定索的相对位置关系的不同，屋面可以形成上凸、下凹或凸凹交叉等不同的形式，其边缘构件应根据悬索的布置方式设置一道或两道受压外环梁。双曲面双层悬索结构由于有稳定索，使得屋面刚度较大，抗风和抗振性能均较好，因此可以采用轻型屋面。

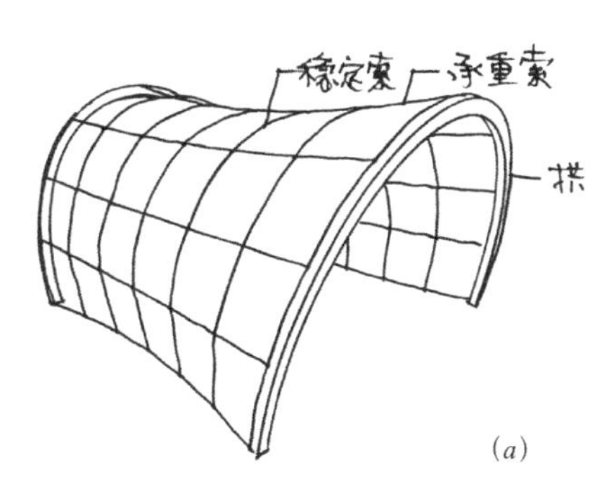

(a)

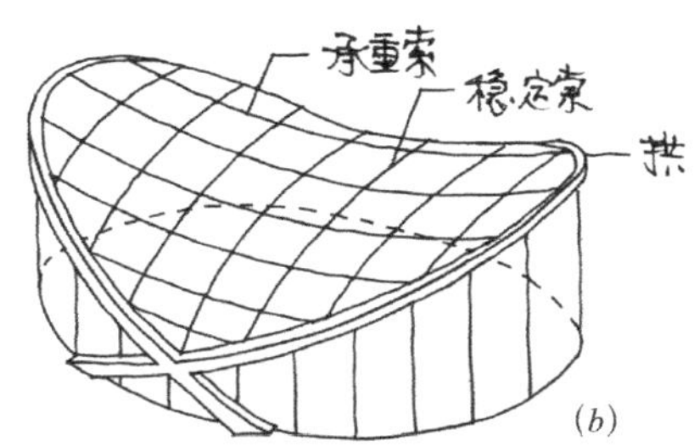

(b)

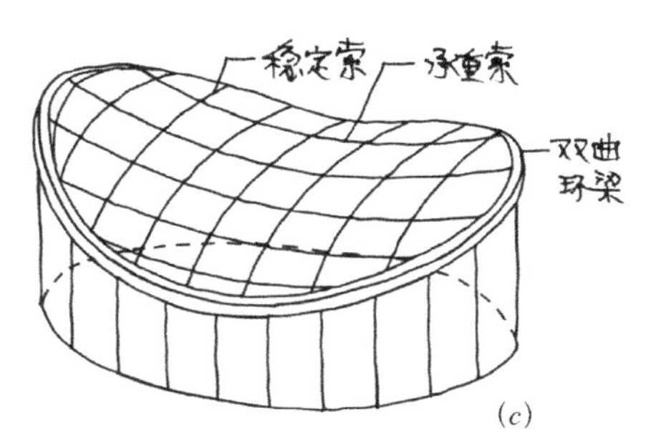

(c)

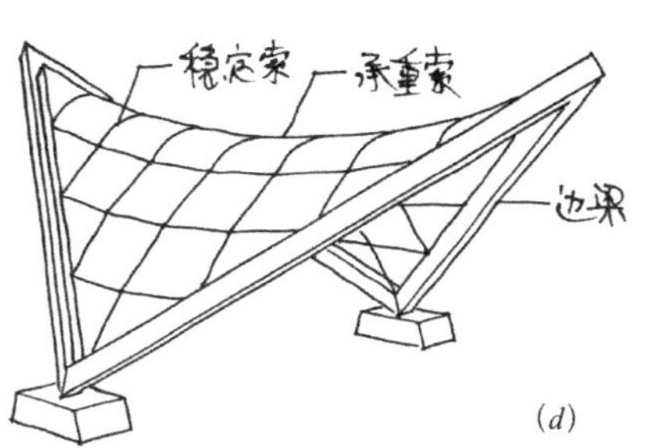

(d)

图 7–12 双曲面交叉索网结构

不论是单层还是双层，辐射状布置的双曲面悬索结构还可以用于椭圆形建筑平面，但其缺点是，在均布荷载的作用下，每根拉索的内力都不相同，从而在索端受压的外环梁中引起较大的弯矩，因此，双曲面悬索结构较少用于椭圆形建筑平面。

3）双曲面交叉索网结构

双曲面交叉索网结构是由两组曲率相反的拉索交叉组成，其中下凹的一组为承重索，上凸的一组为稳定索，通常对稳定索施加预应力，使承重索张紧，以增强整个索网的刚度。交叉索网形成的曲面为双曲抛物面，一般称之为马鞍形悬索，如图7–12所示。

支承和锚固马鞍形索网的边缘构件，可以根据建筑不同的平面形状和建筑造型的需要采用斜向边拱（图7–12*a*、*b*）、双曲环梁（图7–12*c*）和人字形刚架（图7–12*d*）等形式。

马鞍形悬索结构的整体刚度大，可以采用轻型屋面。它适用于各种形状的建筑平面，如圆形、椭圆形、菱形以及其他曲线形等。马鞍形悬索结构的建筑外形富于起伏变化，因此越来越多的运用于新建筑当中。

7.3 悬索屋盖结构的刚度和稳定性

7.3.1 悬索屋盖结构存在的刚度和稳定性的问题

悬索结构的主体是悬挂的柔性索网，因此结构的刚度和稳定性都较差。试验表明，在水平风荷载的作用下，悬索结构的屋盖主要产生吸力，图7–13所示为某悬索结构屋盖的风压分布图。从图中我们可以看到，吸力主要分布在屋盖背风面的部分，局部风吸力甚至可达到风压的1.6~1.9倍，因而，对比较柔软的悬索结构屋盖来说，有被掀起的危险。悬索结构的屋盖还可能在风荷载、动荷载或不对称荷载的综合作用下产生很大的变形和波动，导致屋面覆盖材料被撕裂而失去防水效果，也可能由于风荷载或地震荷载的动力作用而产生共振现象，使结构遭到破坏。

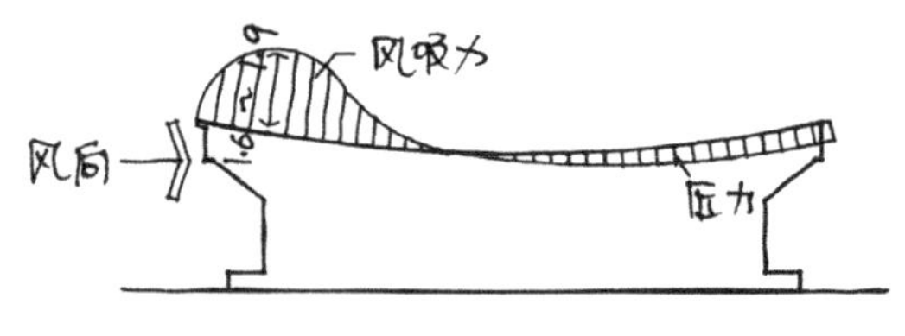

图7–13 某悬索结构屋盖风压分布图

在实际工程中，对于其他的结构类型，由于其屋盖自重和刚度都较大，在一般情况下，很少出现产生共振的可能。但是，对于悬索结构，却有由于共振而造成结构破坏的实例，因此我们对悬索结构的共振问题必须给予足够的重视，以确保结构的稳定和安全。

1940年11月7日，美国华盛顿州刚建成四个月的一座跨度为853.4m的塔科马悬索桥在并不是很强的19m/s的风速下发生了强烈的振动，而且振幅越来越大，甚至达到了8~9m，直至桥面倾斜到45°左右，吊杆被逐根拉断，最终导致桥面钢梁折断而倒塌。图7–14所示为当年塔科马悬索桥破坏时的实景照片。

在深入研究了老桥倒塌的原因之后，新设计的悬索桥提高了老桥加劲梁的高度并加以开放的桁架和加固的支柱设计，还开设了通风孔让风通过以减小风荷载对桥身的作用效应。图7–15中所示左侧的桥即为在原桥墩上重建的塔科马悬索桥，于1950年通车。

图 7–14　1940 年塔科马悬索桥破坏时的实景照片

图 7–15　重建的塔科马悬索桥

2007 年，新的平行桥（图 7–15 中右侧的桥）建成通车。

7.3.2　提高悬索屋盖结构刚度和稳定性的措施

1）采用重屋盖方案

铺放在索网上的屋面构件要有一定的刚度及重量，无论是屋面板或桁架，都必须与悬索连接牢固，屋面板间应互相挤紧，以保持索的位置与屋面刚度，并确保各道悬索之间能够共同承担荷载和变形。

同时，作为保证悬索结构稳定的主要措施，应利用屋盖的全部自重以抵抗风吸力的影响。风吸力一般只出现在屋盖的局部，在边缘处最大。由于大风多数情况下只在瞬间或短时间内作用，且常变换方向，因此风吸力的位置是不断变化的。面对这种急速且强烈的风载变化，屋盖的质量惯性反应却很微小，因此，在满足合理安全度要求的屋盖自重情况下，一般不会出现危险，但必须加强屋盖边缘构件与其下部支承结构之间的连接，以确保在抵抗屋盖边缘巨大风吸力情况下的结构安全。

采用重屋盖方案虽然有效，但并不是经济高效的最佳方式。提高悬索结构屋盖刚度和稳定性的措施，还有许多其他可选择的方式。

2）选择合理的悬索结构类型

一般来说，双层悬索结构的刚度和稳定性比单层悬索结构要好得多。因此应尽量选择双层悬索结构的形式，以取得事半功倍的效果。

3）对悬索结构的承重索与稳定索之间施加预应力

采用对悬索结构的承重索与稳定索之间施加预应力的方法可以很大程度地提高悬索结构屋盖的刚度和稳定性。

如图 7–16（*a*）所示的马鞍形悬索屋盖

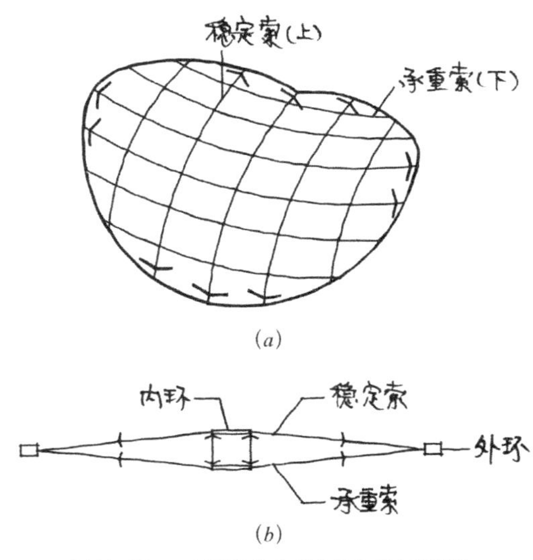

图 7–16　对悬索施加预应力的示意图

结构，当对其上凸的稳定索施加了预应力后，索便会受拉张紧，并处于锚固的状态。与此同时，与其交叉连接在一起形成索网的承重索也相应会受到拉力的作用而被张紧。因此，整个悬索结构屋盖的刚度和稳定性得到了大幅度的提高，很好地解决了风荷载作用下屋盖产生的风吸力问题，并且在不对称荷载作用的情况下，不至于产生过大的变形。采用这种方法达到的效果与增加屋面自重的方法达到的效果相同，但却没有额外增加屋盖的重量。杭州体育馆的悬索结构屋盖就是采用了施加预应力方法的一个实例。

对于圆形双层悬索屋盖结构，在对上索（稳定索）施加预应力时，它会产生一个垂直分力通过内环向下传递，使下索（承重索）同时张紧，如图 7–16（*b*）所示。这样便有效减少了屋盖结构的竖向位移，也增加了屋盖结构的刚度。

4）悬挂薄壳法

悬挂薄壳法适用于刚性屋面，它是在铺好的预制屋面板上堆加临时荷载，使承重索产生预拉应力，这时屋面板之间的缝隙会增大，如图 7–17（*a*）所示；接下来，将水泥砂浆灌入屋面板间的缝隙内，待砂浆达到设计强度后卸去临时荷载，屋面则会相应回弹，屋面板便会受到一个挤紧的预压力，使屋面构成一个整体的悬挂薄壳，如图 7–17（*b*）所示。这种薄壳有很大的刚度，能很好地承受风荷载产生的吸力和不对称荷载的作用。悬挂薄壳法的缺点是屋面自重大，并且施加和卸除临时荷载的过程需要消耗大量材料和劳动力，施工不够方便。

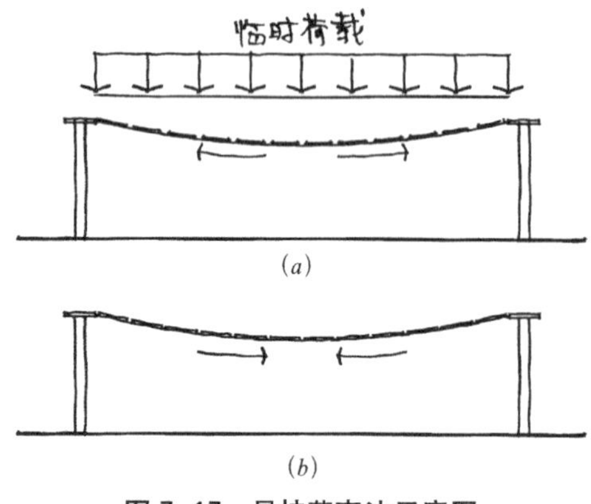

图 7–17　悬挂薄壳法示意图

5）索 – 桁架结构

为了使悬索屋盖结构获得足够的刚度和稳定性，可以采用索 – 桁架结构体系。其基本做法是，在单层单曲面悬索结构中，在索上设置与索正交且间隔一定距离的钢桁架，再利用机械方法强行将桁架两端下压并锚固在桁架两端下部的支承柱顶上，以此对单层悬索施加预应力，使之张紧，达到提高悬索

图 7–18　广东省潮州体育馆

图 7–19　广东省潮州体育馆索 – 桁架结构

屋盖结构刚度和稳定性的目的。与此同时，桁架也受到索网向上施予的反作用力，使桁架形成反拱卸荷，减少了桁架内力，使得桁架的用料较为节省，一举两得。图 7-18、图 7-19 所示为潮州体育馆及其采用索－桁架结构的实例。该体育馆屋面为双曲扭壳，跨度为 45m，一方向采用预应力钢索、另一方向采用钢桁架结构，预应力钢索与钢桁架正交布置，通过预压钢桁架对钢索施加预应力，从而形成了建筑的结构体系。

7.4 悬索结构的相关问题

7.4.1 屋面排水问题

悬索结构屋盖的表面都是大弧度的曲面，且由于其跨度往往非常大，造成了整个悬索结构屋面巨大的高度差，因此屋面排水便成为了一个不容忽视的问题。短时间的暴雨会造成屋面大量积水并迅速向低洼处集中，使得屋面局部重量成倍增加，对屋顶结构承载造成不利的影响，同时也增加了屋面漏雨的可能性，影响建筑物的正常使用。因此，在进行悬索结构屋盖的设计时，应着重解决好排水问题。

图 7-20 所示为几种悬索结构屋盖的排水走向示意图。

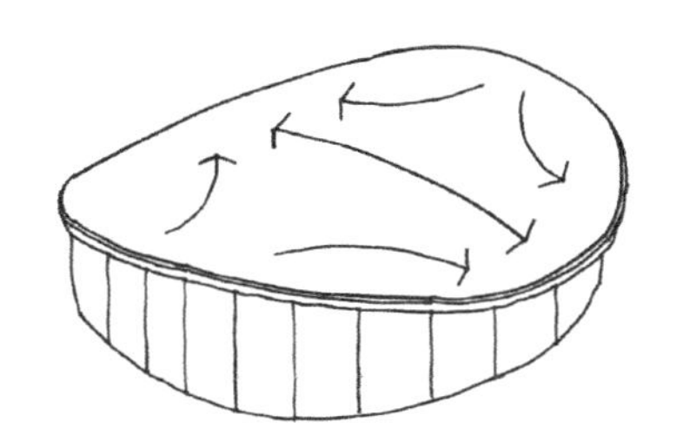

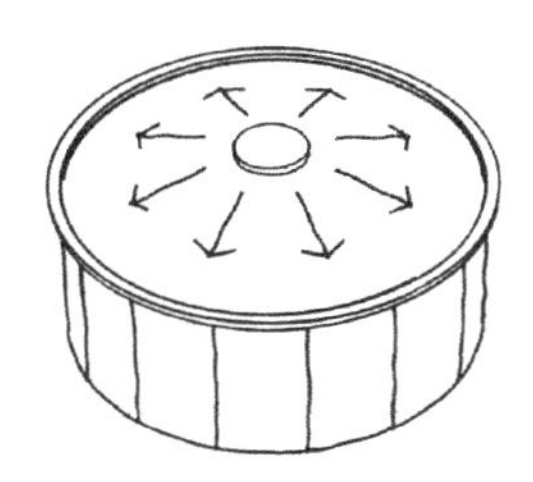

图 7-20　悬索结构屋盖的排水走向示意图

悬索结构屋面排水问题的难度在于：如何控制整个屋面大范围的雨水向低洼处集中，使雨水均匀分散地得到排除。图 7-21、图 7-22 所示为上海杨浦体育馆及其悬索结构屋面的排水做法。

上海杨浦体育馆采用了索－桁架结构体

图 7-21　上海杨浦体育馆

图 7-22　上海杨浦体育馆悬索结构屋面的排水做法

系，平面大约为南北长 45m、东西长 50m 的矩形。建筑结构体系中，沿短边方向设置了单层单曲面的悬索，沿长边方向设置了几道与悬索垂直的轻型钢桁架。该体育馆的悬索结构屋面由于坡度变化大，即使设置挡水线也难于组织排水，当发生暴雨时，雨水会很快集中朝低洼处冲泄，很容易造成屋面的渗漏。但杨浦体育馆的屋面排水设计却很好地解决了这些问题，其具体措施是 ：

（1）使正交于悬索上的横向钢桁架的上弦中间起拱，双向起坡 1/20，从而形成了南北向是曲面、东西向是平坡面的屋面形状 ；

（2）屋面的防水覆盖材料采用了大波铝锰合金瓦楞板，瓦楞板波纹的波高为 135mm，板长等于坡长（大约为 25m），一坡到底 ；

（3）在东西两侧沿着悬索结构抛物面外形的起伏分段设置了跌落式天沟。

以上这些措施中，桁架起坡改变流水方向 ；大波铝锰合金瓦楞板功能上类似于一道道天沟，阻止了水流朝抛物面低洼部位冲泄 ；天沟为分段跌落式布置，以组织分区排水。

7.4.2 大跨度结构的经济分析

第四章介绍的网架结构及本章介绍的悬索结构都是解决大跨度空间常采用的钢结构类型，它们在经济上也有显著的优越性。

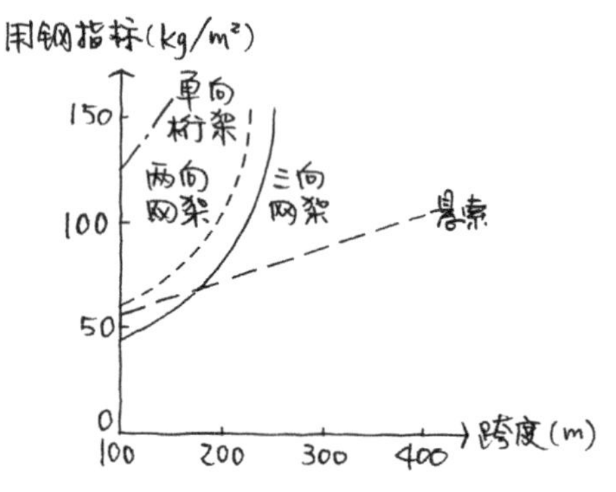

图 7–23　不同钢结构经济指标分析图

图 7–23 所示为一个分析资料，它统计了一定数量的已建成的平面桁架、平板网架和悬索结构几种结构类型的建筑的用钢量、造价与跨度之间的关系。从图中可以看出，随着跨度的增加，属于空间结构体系的平板网架比属于平面结构体系的平面桁架更具经济上的优势。一般情况下，悬索结构的用钢量低于网架，但由于悬索结构的材料耗费高且施工费用大，以致跨度在 200m 以下的悬索结构的造价反而比同跨度的平板网架结构的造价高，但当跨度超过 200m 时，悬索结构的造价就比平板网架结构的造价低了。

图 7–24 所示为另一个分析资料，它统计了双曲面单层悬索结构、双曲面双层悬索结构和索 – 桁架结构三种不同悬索结构类型的用钢量与跨度的关系。从图中可以看出，悬索结构的用钢量随跨度的增加大体上呈线性增加的趋势，当其跨度在 150m 以下时，每平方米钢索的用钢量一般都在 10kg 以下，而各种悬索结构中，又以索 – 桁架结构的用钢量最省。

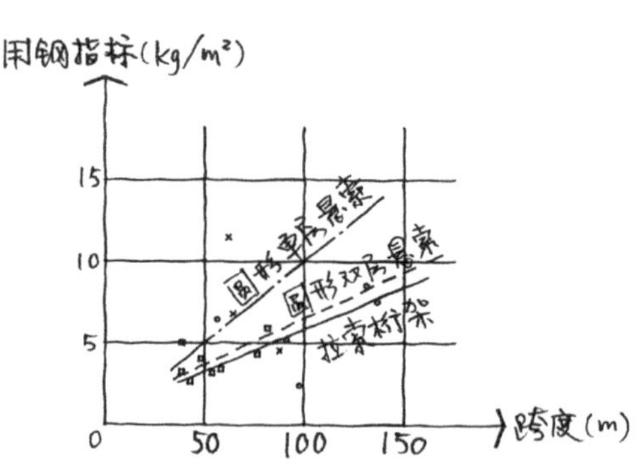

图 7–24　不同悬索结构用钢量指标比较

一般情况下，悬索结构的跨度在 100~150m 范围内是非常经济的 ；理论上的分析也认为，即使达到 300m 或者更大的跨度，悬索结构仍然具有足够显著的结构和经济上的优势。

另外，各种不同的悬索结构类型，其索网以外的用钢量指标也是不容忽视的，例如支承悬索的边缘构件一般都采用钢筋混凝土结构，其用钢量往往要大于钢索部分的用钢量。

7.5 悬索结构实例

7.5.1 东京代代木国立综合体育馆

东京代代木国立综合体育馆由日本著名建筑师丹下健三设计，是为举行第 18 届奥林匹克运动会而于 1961~1964 年在东京代代木公园内建造的体育馆，如图 7–25 所示。整个体育馆占地约 91hm^2，包括一幢游泳馆和一幢球类馆，两者的造型相映成趣，协调而富有变化。此外，体育馆还创造性地把悬索结构和建筑功能有机地结合起来，并且体现了日本现代建筑的风格，因此受到了国际建筑界的广泛重视。

图 7–25 东京代代木国立综合体育馆鸟瞰图

东京代代木国立综合体育馆游泳馆的平面为两个对错的新月形（用于游泳、滑冰、拳击等比赛），长边长 240m，短边长 120m，共有座位 15000 个，如图 7–26 所示。建筑采用了悬索结构屋顶，长轴方向有两根相距 126m、高 40.4m 的钢筋混凝土桅杆柱，两根各由 37 根外径 330mm 的钢缆组成的主索支

图 7–26 东京代代木国立综合体育馆游泳馆

承于两根桅杆柱上。次索沿短轴方向布置，穿过主索与外围的钢筋混凝土支座环连接。索网上部用焊接起来的 4.5mm 厚的钢板覆盖，内表面用石棉板保护。

游泳馆采用错开的新月形平面，给体育馆这一基本封闭的空间带来了开放性。主索两端所形成的三角形入口，自然地把观众导入体育馆内。此外，两根主索之间的缝隙还设置了顶光，勾画出屋脊轮廓的同时，在视觉上也形成了一个流线型的、宏伟别致的内部空间。

东京代代木国立综合体育馆球类馆的平面为蜗牛形，直径 70m，共有座位 4000 个，如图 7–25 所示。球类馆的屋顶同样采用了悬索结构，在大厅和入口之间有一根钢筋混凝土桅杆柱，一根主索一端连接于桅杆顶端，一端连接于外围钢筋混凝土支座环上。主索和外围钢筋混凝土支座环之间悬拉着放射形的次索，由于次索的拉力，使得主索扭曲成螺旋形。馆内采光系统和结构系统紧密结合，窗子绕着桅杆柱的空隙盘旋而下，形成集于中心的漫射光。

游泳馆和球类馆造型相映成趣，协调而有变化。两馆通过宽阔的步行道联系起来。中央步行道的地下室为食堂、办公室、练习池等辅助设施。

7.5.2 北京工人体育馆

北京工人体育馆位于北京市朝阳区工人体育场北路，建成于1961年2月28日，是为举办第26届世界乒乓球锦标赛而建造的体育馆，如图7–27所示。体育馆地下一层，地上四层，建筑面积达4.02万m^2，能容纳1.5万名观众同时观赛。体育馆的建筑平面为圆形，比赛大厅直径为94m，外围为7.5m宽的四层环形框架结构，作为休息廊和附属用房。体育馆大厅的屋盖采用了圆形双曲面双层悬索结构，由索网、钢筋混凝土外环和钢结构内环三部分组成，如图7–28和图7–29所示。

体育馆的索网分上索（稳定索）和下索（承重索）两层各144根，在平面内错开半个间隔，沿径向呈辐射状布置。上索直接承受屋面荷载，它通过钢结构内环将荷载传给下索，并使上下索同时张紧，以加强屋盖结构的刚度。钢筋混凝土外环梁的截面尺寸为2m×2m，主要承受环向压力，支承在外廊框架的48根钢筋混凝土内柱上。钢结构内环为圆筒形，直径16m，高度11m，由上下环及24根工字形组合断面立柱组成，内环主要承受环向拉力。

图7–27 北京工人体育馆

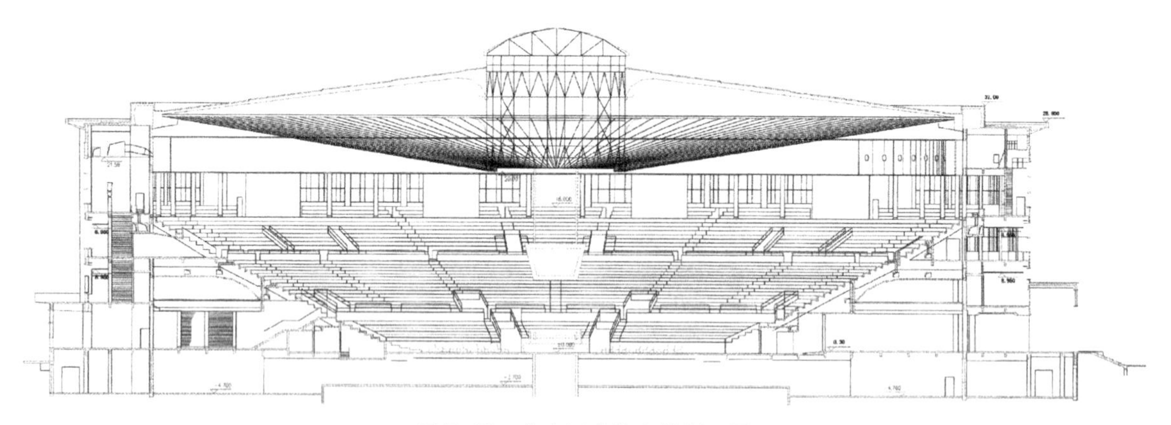

图7–28 北京工人体育馆剖面图

7.5.3 美国华盛顿杜勒斯国际机场候机楼

美国华盛顿杜勒斯国际机场候机楼是著名建筑师E.沙里宁的设计作品，建造于1958~1962年间，如图7–30所示。候机楼采用了悬索屋顶结构，每隔3m就有一对直径25mm的钢索悬挂在前后两排跨度为45.6m的柱顶之间，并在其上部铺设预制钢筋混凝

图 7-29 北京工人体育馆内景

图 7-30 美国华盛顿杜勒斯国际机场候机楼

土板构成屋面。候机楼的长度为 182.5m，人流沿纵向行进，跨中屋顶低矮，下设办理登机手续的柜台等一系列管理用房，跨端空间高敞，供旅客集散之用，使候机楼的结构形式与建筑功能做到了巧妙地结合。整个建筑造型轻盈明快，轻巧的悬索屋顶象征飞翔，与航站楼建筑本身的特点合拍，显得十分自然。

复习思考题

7-1 悬索结构的受力特点是什么？

7-2 悬索屋盖结构的类型都有哪些？各自都有哪些优势与劣势？其适用的平面形状如何？

7-3 悬索结构都有哪些抗推力措施？

7-4 提高悬索屋盖结构刚度和稳定性的措施有哪些？

第 8 章

薄壁空间结构

薄壁空间结构是一系列具有丰富外形的建筑结构类型的总称，它们绝大部分属于曲面结构类型的范畴，因此习惯上也把薄壁空间结构称为薄壳结构。但是，薄壁空间结构中也有少部分结构类型，它们的外形为非曲面结构的外形（例如折板结构和幕结构等），但其受力状态和空间形态都更接近于曲面结构，所以统称为薄壁空间结构。

8.1 薄壁空间结构的受力特点

为了更清楚地理解薄壁空间结构的受力特点，我们先对前面介绍过的几种结构类型的受力特点进行一下回顾，图 8–1 所示为杆系结构类型的受力特点，图 8–2 所示为面系结构类型的受力特点。

我们再通过表 8–1 对以上典型的结构类型做一下归纳。

从以上的分析可以看出，薄壁空间结构是一种空间受力状态的曲面结构，它兼具了曲面结构和空间受力状态的两种优点。

各种结构类型的受力特点比较　　表 8–1

结构类型		受力特点	结构形态特征	结构受力状态
平板结构	梁式结构、单向板式结构	承受弯矩作用	杆系结构	平面受力状态
	桁架结构	（在节点荷载作用下）承受轴力作用，受压或者受拉	杆系结构	平面受力状态
	双向板式结构	承受弯矩作用	面系结构	空间受力状态
	平板网架结构	（在节点荷载作用下）承受轴力作用，受压或者受拉	面系结构	空间受力状态
曲面结构	拱式结构	承受轴力作用	杆系结构	平面受力状态
	薄壁空间结构	**（本章将重点分析）**	面系结构	空间受力状态

薄壁空间结构的曲面通常以中面（壳体结构中平分壳板厚度的曲面称为中面）为准，主要承受曲面内的轴力（双向法向力）和顺剪力（我们将在后面的章节中分析这些受力特点），而弯矩和扭矩都很小。综上所述，薄壁空间结构相比于其他结构类型，具有非常明显的结构优势。自然界在壳体方面给了我们很好的启示，如动物的蛋壳以及植物种子的外壳等，都是以最少材料形成坚固薄壳的很好实例。

薄壁空间结构的优势根源在于它主要承受曲面内的轴力和顺剪力，所以结构材料强度能得到充分利用；同时，由于它的空间工作特性，使得结构具有很高的承载能力和很大的刚度。例如，6m×6m 的钢筋混凝土双

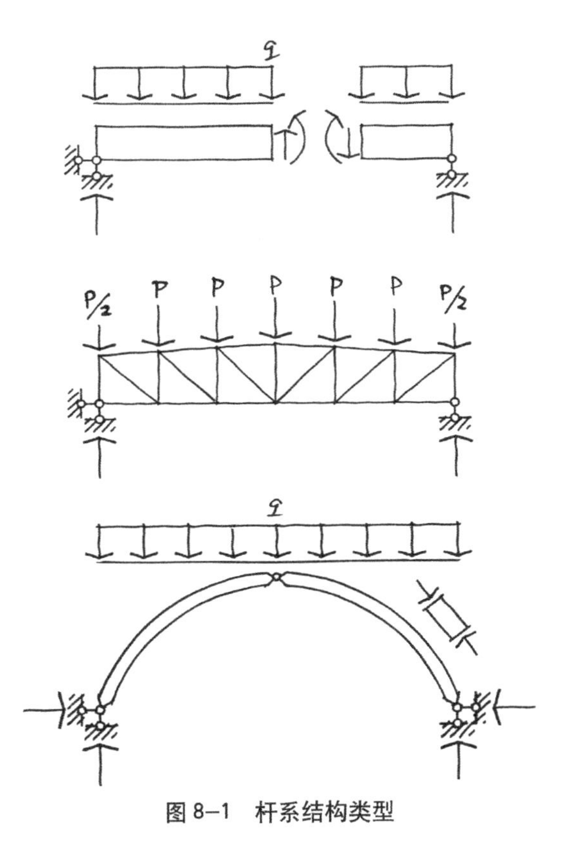

图 8–1　杆系结构类型

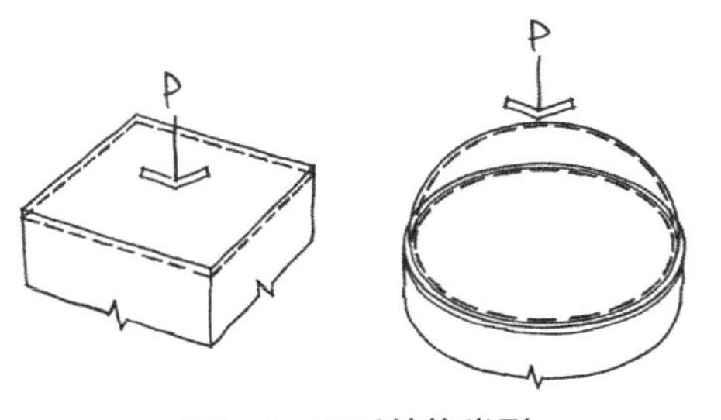

图 8–2　面系结构类型

向板，一般情况下至少需要 130mm 的板厚，而 35m×35m 的双曲扁壳屋盖（北京火车站候车大厅屋顶）需要多大的板厚呢？仅需要 80mm 的厚度！折算一下的话，双曲扁壳屋盖的厚度仅相当于平板结构屋盖厚度的 1/10 左右。

薄壁空间结构常用于屋盖结构，特别适用于较大跨度的建筑物屋盖，如展览大厅、俱乐部、飞机库、食堂、工业厂房和仓库等。薄壁空间结构也可以用于建筑结构的竖向分系统中。例如，折板结构可以用于建筑结构墙体，筒壳结构可以用于水库大坝等。薄壁空间结构的种类很多，适用于各种建筑平面，而且它的形式丰富多彩，这为建筑师创作不同形式的建筑物提供了充分的可能性。

在实际工程中，薄壁空间结构也有它不利的一些方面。在结构设计方面，薄壁空间结构的计算过于复杂，是使它的应用受到限制的原因之一。在施工方面，由于薄壁空间结构的体形复杂，一般采用现浇钢筋混凝土结构，所以模板、工时耗费比较多，施工费用一般占总费用的 2/3 左右。

有研究认为，材料用量对薄壁空间结构造价的影响固然重要，但施工方法与技术相比于材料用量，对造价的影响更大。从表 8–2 可以看出，薄壁空间结构的造价中，仅模板和脚手架成本就占了一半以上。由此，我们可以找出改进的方向，如采用可重复使用的工具式模板以降低成本，再如采用预制装配式或装配整体式结构等。在这方面，各国都已积累了很多经验。

薄壁空间结构的材料与施工所占造价的百分比（%）　表 8–2

薄壁空间结构形式		圆顶结构（直径 100m）	刚性边梁柱面短壳（波长 100m）
结构材料	钢筋	31	12
	混凝土	12	15
结构材料小计		43	27
施工	模板	37	36
	脚手架	20	37
施工小计		57	73
总计		100	100

8.2 薄壁空间结构的曲面形式

了解和掌握薄壁空间结构的曲面形式及其形成的方法，对于掌握其结构受力特征以及如何在建筑设计中正确灵活地应用它们是十分重要的。

我们将按照薄壁空间结构曲面形式形成的几何特点对其进行归类。

8.2.1 旋转曲面

旋转曲面是指由一平面曲线做母线，并绕其平面内的轴旋转而形成的曲面。作母线的平面曲线可以是圆、椭圆、抛物线、双曲线等，依次可以形成球形曲面、椭球曲面、旋转抛物面、旋转双曲面等，如图8-3所示。

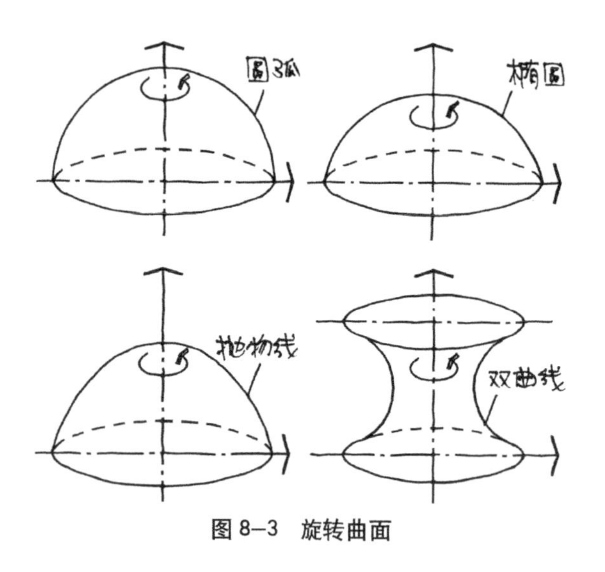

图8-3 旋转曲面

8.2.2 平移曲面

平移曲面是指由一竖向抛物线曲母线沿另一曲率方向相同的竖向抛物线曲导线平移所形成的曲面，我们一般把这种曲面称为椭圆抛物面双曲扁壳，因为这种曲面与水平面的截交线为椭圆曲线，所以称之为椭圆抛物面，如图8-4所示。

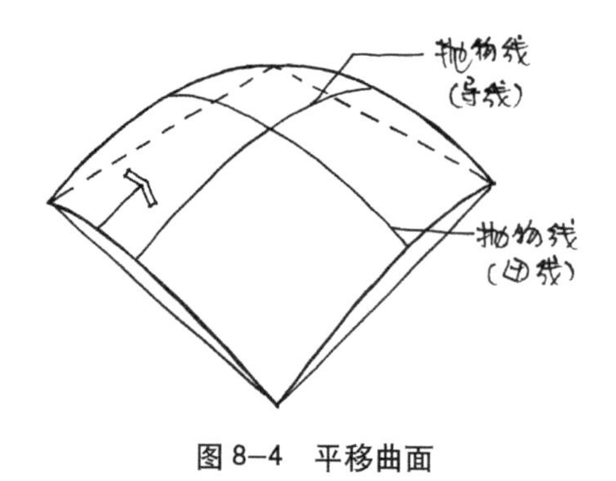

图8-4 平移曲面

8.2.3 直纹曲面

直纹曲面是指由一根直母线沿两根曲导线（这里指广义的曲线，它既可以是曲线，也可以是直线或者是点）平移所形成的曲面。根据曲导线的不同，直纹曲面又可以分为以下几种类型。直纹曲面形成的薄壁空间结构的最大优点是，建造时模板容易制作，所以在实际工程中应用较多。

1）扭面

扭面也称双曲抛物面。扭面可以指由一根直母线沿两根相互倾斜但又不相交的直导线平移所形成的曲面，如图8-5（*a*）所示。扭面也可以采用平移的方法形成，即由一根竖向抛物线沿另一曲率方向相反的抛物线移动而形成，这也就是双曲抛物面名称的由来，如图8-5（*b*）所示。扭面也可以认为是从双曲抛物面中沿直纹方向截取的一部分，例如图8-5（*a*）中的扭面abcd，可以从图8-5（*c*）所示双曲抛物面中截取。

2）柱面

柱面是指由一根直母线沿两根曲率相同且相互平行的竖向曲导线平移所形成的曲面，如图8-6所示。

3）柱状面

柱状面是指由一根直母线沿两根曲率不

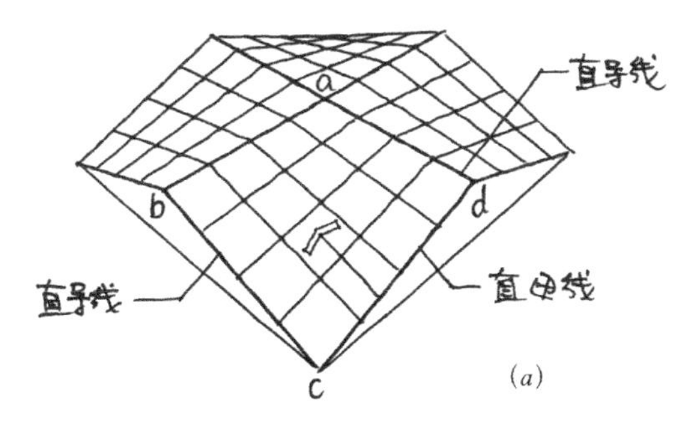

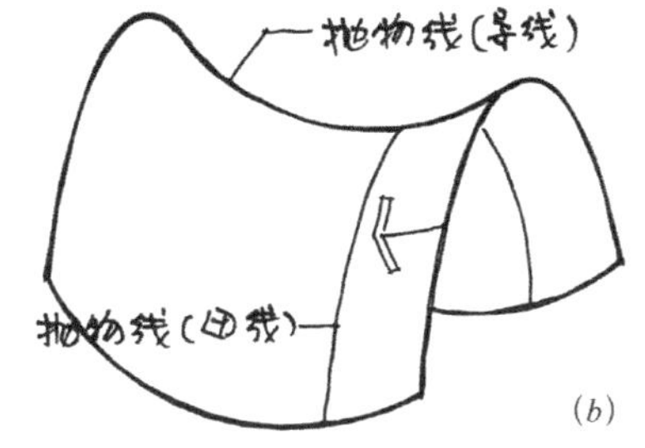

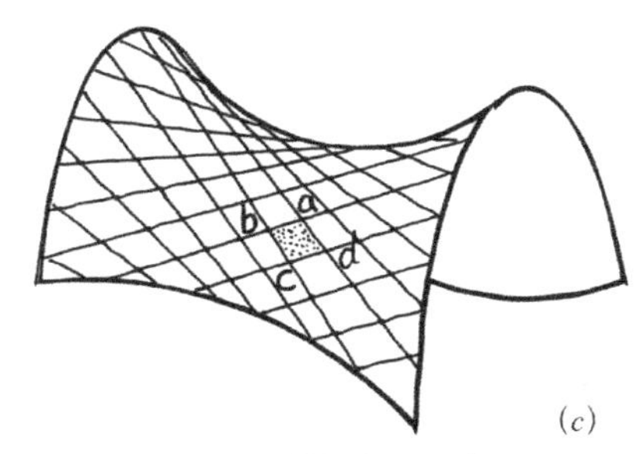

图 8–5 双曲抛物面（扭面）

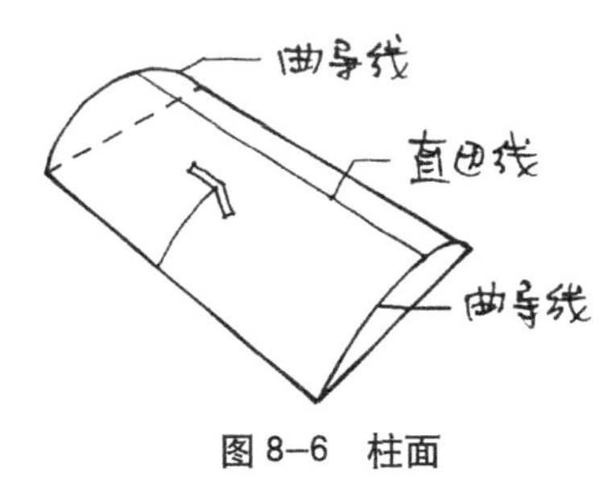

图 8–6 柱面

同但相互平行的竖向曲导线平移并始终平行于一导平面所形成的曲面，如图 8–7 所示。

4）锥面

锥面是指由一根直母线的一端始终通过一定点保持静止而另一端沿一根竖向曲导线平移所形成的曲面，如图 8–8 所示。

5）锥状面

锥状面也称劈锥面，是指由一根直母线沿

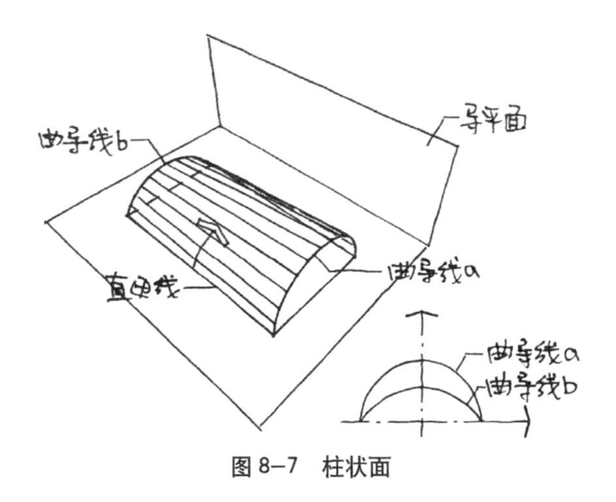

图 8–7 柱状面

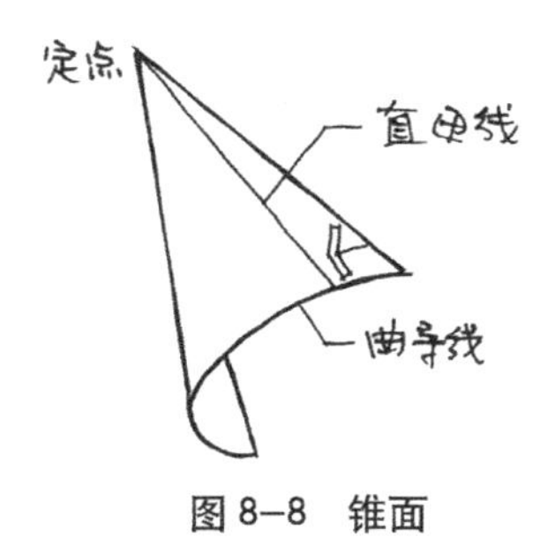

图 8–8 锥面

一根直导线和一根竖向曲导线平移并始终平行于一导平面所形成的曲面，如图 8–9 所示。

由以上各种曲面形式所形成的薄壁空间结构在实际工程中的应用如图 8–10 所示（图中还有折板结构、幕结构等，将在本章第四节和第八节中作介绍）。图中各个薄壁空间结构的建筑采用了何种曲面形式，读者可以自己做出分析和判断。

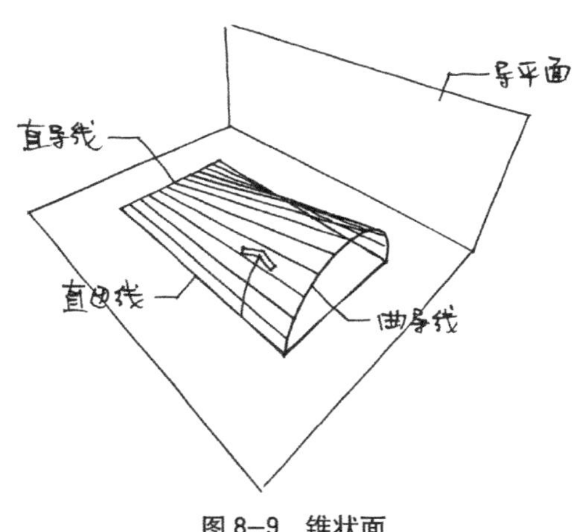

图 8–9 锥状面

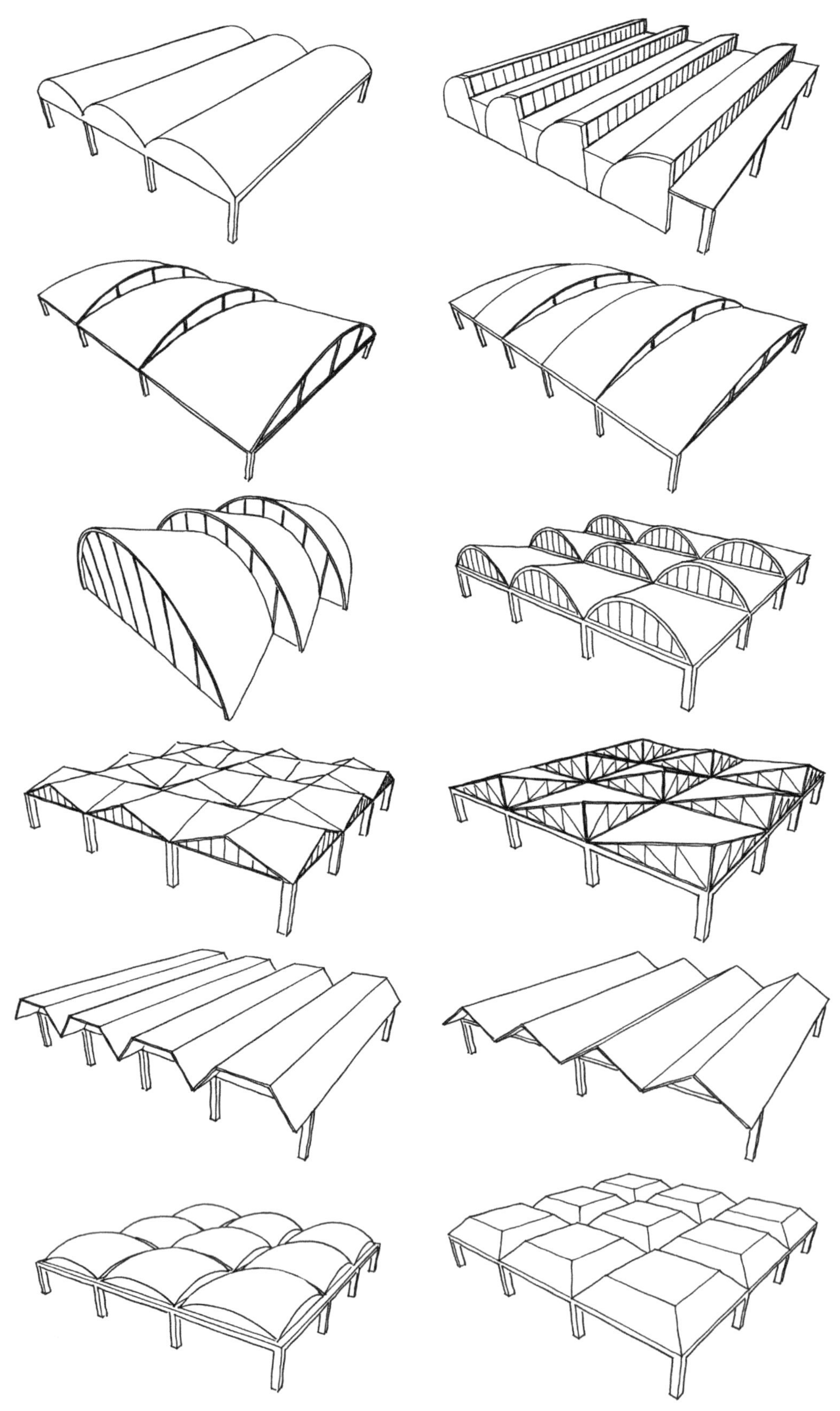

图 8–10 薄壳屋盖示例

8.3 筒壳结构

8.3.1 概述

筒壳的壳板为单向柱形曲面，所以也称其为柱面壳。筒壳的几何形状简单，模板制作容易，施工方便，因此在建筑工程中得到了广泛的应用。

筒壳一般由壳板、边梁和横隔三部分组成，如图 8–11 所示。两个横隔之间的水平距离 l_1 称为跨度，两个边梁之间的水平距离 l_2 称为波长。筒壳的空间工作是通过壳板、边梁和横隔三种构件相互协同进行的，其工作原理示意如图 8–12 所示。从图中我们可以清楚地看出，如果没有横隔的话，在竖向荷载作用并不很大的情况下，筒壳板即已丧失稳定，不能完成有效的工作。显然，横隔的作用在筒壳结构中是无可替代的。

那么，横隔的作用是什么呢？

一般情况下，筒壳壳板曲面内的轴力（双向法向力）和顺剪力，沿壳面传至壳脚处时会与水平面形成一定的角度，那么这些应力就会产生一个水平分力 H，也就是推力。推力的存在会使得壳板出现展开的趋势，并逐渐丧失稳定。因此，横隔的作用就十分明确了，它是筒壳结构抗推力的基本且必要的措施。

实际工程中，筒壳的跨度与波长的比值是多种多样的，而两者的比值不同，筒壳结构的受力状态也不相同。当波长一定而跨度逐渐增

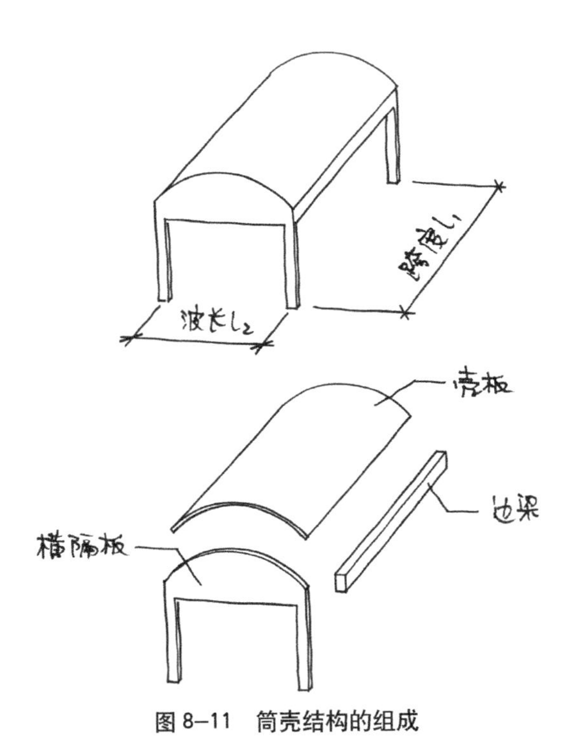

图 8–11　筒壳结构的组成

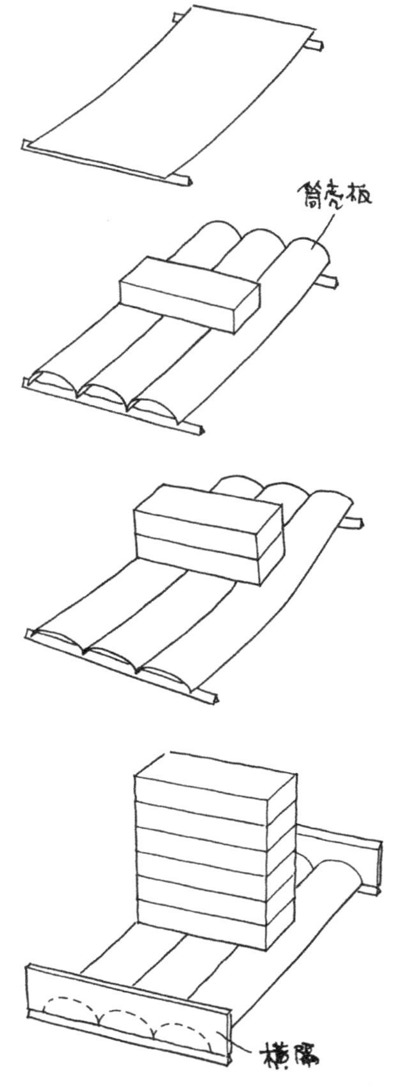

图 8–12　筒壳结构空间工作原理示意图

加使得跨度明显大于波长时，筒壳的受力状况就会像横截面为弧形的梁的受力状况一样；反之，当跨度一定而波长逐渐增加使得波长明显大于跨度时，筒壳的空间工作性能就愈来愈明显，这是由于此时横隔的间距相对减小，横隔对筒壳空间工作影响的增加所致。因此，工程中根据跨度与波长的比值不同，将筒壳分为两类：当跨度与波长的比值 l_1/l_2 大于 1 时，称为长壳；当 l_1/l_2 小于 1 时，称为短壳。

以下将分别对这两种不同的壳体进行介绍。

8.3.2 长壳

1）长壳的结构形式与尺寸

长壳结构大部分采用多波的形式，其剖面形状如图 8–13（*a*）所示。

长壳跨度与波长的比值 l_1/l_2 常见为 1.5~2.5，也可达到 3~4 左右。为了保证筒壳的抗变形能力，壳体截面的总高度 f 一般不应小于跨度 l_1 的 1/15~1/10，矢高 f_1 不应小于波长 l_2 的 1/8。筒壳曲面的圆心角以 60°~90° 为宜，如图 8–13（*b*）所示。

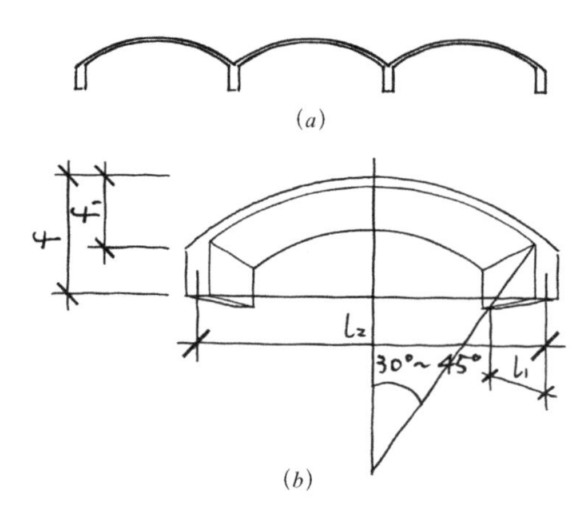

图 8–13 筒壳结构壳面的形式

壳板边缘处坡度不宜超过 40°，以避免混凝土浇筑时造成坍落，否则须上下两面支模而造成施工的难度和成本的增加。

壳板的厚度一般为 50~80mm，如果采用预制钢丝网水泥板的形式，壳板厚度还可以小一些，但一般不宜小于 35mm。由于壳板与边梁连接处的弯矩较大，所以壳板在边梁附近应局部加厚。

边梁的截面形式对壳板内力的分布有很大影响。常用的边梁形式如图 8–14 所示。第一种边梁形式为平板式（图 8–14*a*），这种形式的边梁水平刚度大，有利于减少壳板的横向水平位移，适用于边梁下有墙或中间支承的情况；第二种边梁基本隐去（图 8–14*b*），比较适合波长较小的小型筒壳；第三种是边梁向下的形式（图 8–14*c*），这种边梁形式增加了壳体截面的总高度，因此受力合理、节省材料，是受力性能最好而且比较经济的一种边梁形式；第四种边梁形式（图 8–14*d*）与第一种基本相同，受力状况及特点也一样，但更适合设置在边波筒壳的外侧，以结合边缘构件做排水天沟。

横隔构件是筒壳的抗推力构件，作用十分重要。筒壳结构中常见的横隔构件形式如图 8–15 所示。

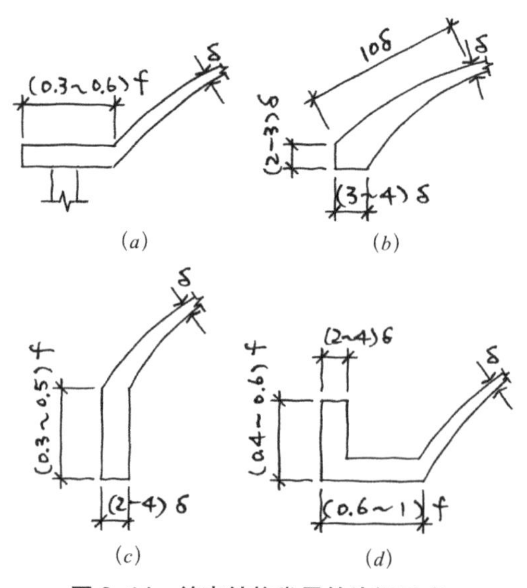

图 8–14 筒壳结构常用的边梁形式

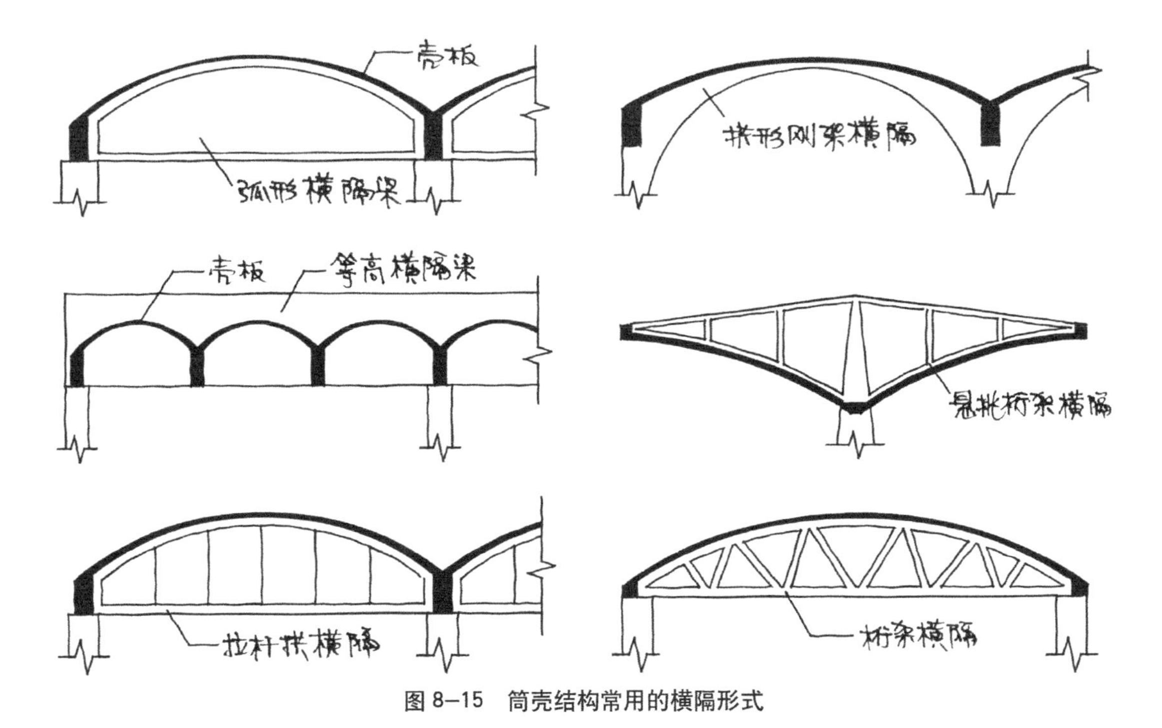

图 8–15　筒壳结构常用的横隔形式

2）长壳的受力特点

为了了解长壳的受力特点，我们先简单地介绍一下壳体内力的一般情况。

在一般情况下，薄壳结构承受荷载后，壳体中产生的内力如图 8–16 中的单元体（即从壳体中截取的 dx=1、ds=1、厚度等于壳体厚度 δ 的单元体）所示。

图 8–16 中，N_x、N_Φ、$N_{x\Phi}$、$N_{\Phi x}$ 分别是壳体中面内的轴力和顺剪力，这些内力通常称为薄膜内力；M_Φ 和 Q_Φ 是环向（即筒壳拱圈）的弯矩和横剪力，M_x 和 Q_x 是纵向的弯矩和横剪力，$M_{x\Phi}$ 和 $M_{\Phi x}$ 是扭矩，这些内力通常称为弯曲内力。

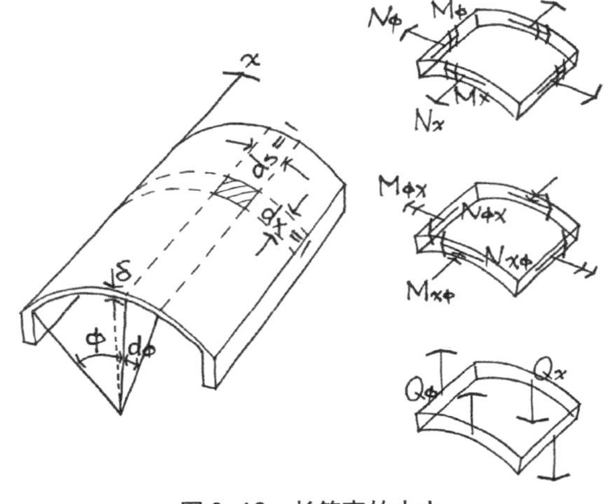
图 8–16　长筒壳的内力

薄膜内力是由于中面的轴向变形和剪切变形而产生的，弯曲内力是由于中面的曲率和扭率的改变而产生的。理想的薄膜没有抵抗弯曲变形和扭曲变形的能力，在荷载作用下，只能发生作用在中面内的轴力 N_x、N_Φ 和顺剪力 $N_{x\Phi}$ 和 $N_{\Phi x}$，如图 8–17（a）所示，这正是薄膜内力这一名称的由来。作为对照，图 8–17（b）所示为环向横剪力 Q_Φ 和纵向横剪力 Q_x。

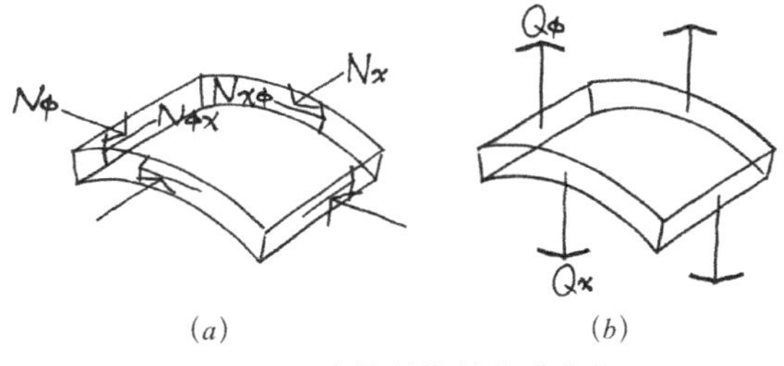
（a）　（b）

图 8–17　壳体结构的薄膜应力

壳体中面内主要作用轴力和顺剪力，而

扭矩、弯矩和横剪力在满足以下条件时可以忽略不计：

（1）中面的曲率是连续变化的；

（2）壳体的厚度是逐渐变化的；

（3）荷载是连续分布的；

（4）壳体的支座只在中面的切线方向阻止位移并产生反力。

在满足以上条件下，壳体的内力计算中，弯曲内力可以忽略不计，只需计算薄膜内力即可。承受均布荷载作用的筒壳屋盖有可能满足上述条件，因此，实现薄膜内力状态或十分接近薄膜内力状态是完全有可能的。薄膜内力在壳体内引起的应力是沿着壳板厚度均匀分布的，因此，材料强度的极限可以得到充分的利用，壳体结构因而比较经济。

在工程设计中，筒壳的计算可以使用以下三种理论：

（1）梁理论。梁理论是利用材料力学中梁的理论计算壳体中面内的轴力和顺剪力（N_x、N_Φ、$N_{x\Phi}$、$N_{\Phi x}$）以及环向（即筒壳拱圈）的弯矩和横剪力（M_Φ 和 Q_Φ）。通过试验和计算结果表明，在长壳中，当 $l_1/l_2 \geqslant 3$ 时，梁理论可以近似地应用于设计；

（2）薄膜理论。仅考虑薄膜内力的计算理论称为薄膜理论，或称为无弯矩理论。采用薄膜理论只计算壳体中面内的轴力和顺剪力（N_x、N_Φ、$N_{x\Phi}$、$N_{\Phi x}$），而忽略弯曲内力。在短壳中，当 $l_1/l_2 \leqslant 1/2$ 时，薄膜理论可以近似地应用于设计；

（3）有矩理论或弯曲理论，即考虑弯曲内力的计算理论。采用有矩理论或弯曲理论可以求出壳体的全部内力，计算比较精确，但也比较复杂。对于中长壳（即 $1/2 < l_1/l_2 < 3$）的计算，必须应用这一理论。有时也为了简化计算而忽略弯矩 M_x 和扭矩 $M_{x\Phi}$，这样的计算理论称为半弯矩理论。

下面以长壳为例，简单分析一下其内力计算。长壳一般是多波形式的，由于边波的边界条件比较特殊，所以，我们仅以承受对称均布荷载的中波为例来进行分析。

根据梁理论，当 $l_1/l_2 \geqslant 3$ 时，壳体中存在的内力为 N_x、N_Φ、$N_{x\Phi}$、$N_{\Phi x}$、M_Φ、Q_Φ。

（1）把整个壳体看成是两端支承在横隔上的梁，计算内力 N_x 和 $N_{x\Phi}$。其内力和梁的截面以及截面应力分布情况如图 8–18 所示；

（2）计算拱圈，求出内力 N_Φ、M_Φ 和 Q_Φ。其计算简图以及内力如图 8–19 所示。

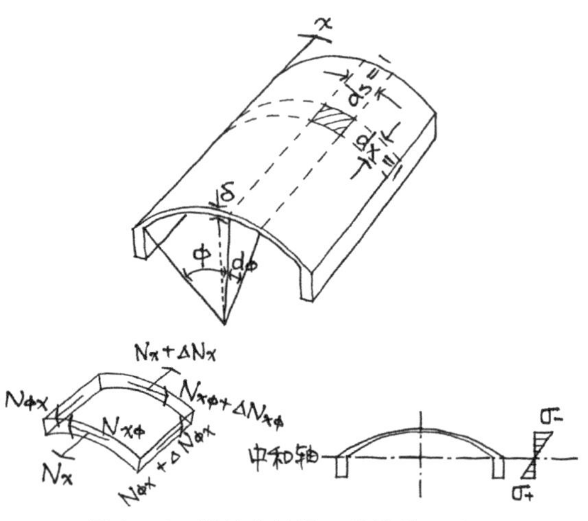

图 8–18 长筒壳按梁理论的截面应力

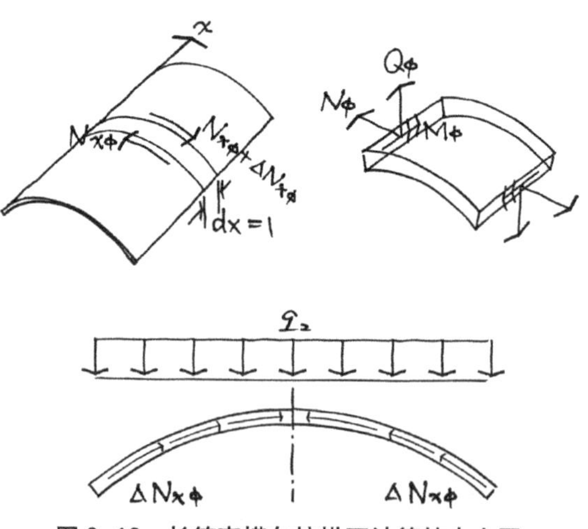

图 8–19 长筒壳横向按拱圈计算的内力图

8.3.3 短壳

短壳的跨度与波长的比值 l_1/l_2 小于 1，通常等于或小于 0.5，一般也是由壳板、边梁和横隔构件三部分组成。短壳一般采用单波多跨的形式，如图 8–20 所示。

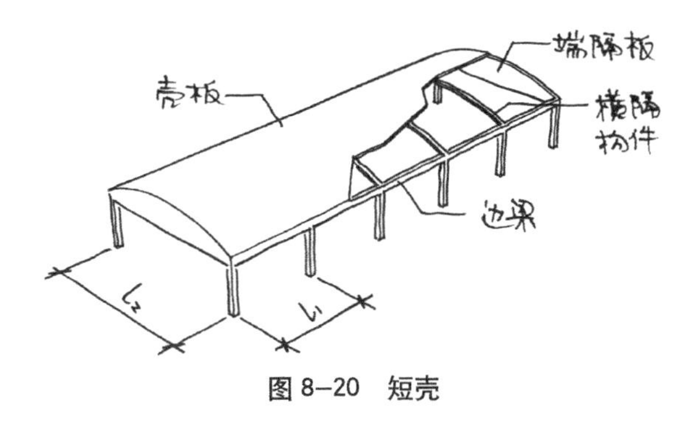

图 8–20 短壳

1）壳板

壳板的矢高 f_1 不应小于波长 l_2 的 1/8。壳板内的应力不大，因此通常不必计算，可按跨度及施工条件决定其厚度。对普通跨度和波长（l_1=6~12m，l_2=18~30m）的屋盖，当矢高不小于 $l_2/8$ 时，厚度一般可取 1/120 跨度，即取 50~100mm。

2）边梁

边梁一般采用矩形截面，其高度一般为（1/15~1/10）l_1，宽度为高度的 1/5~2/5。

3）横隔构件

由于短壳的波长（即横隔的跨度）比较大，因此横隔构件一般采用刚度比较大的拉杆拱或者拱形桁架的形式。

8.3.4 筒壳的采光与开洞

筒壳的采光可以布置成锯齿形屋盖来解决，每一齿的距离（l_2）一般不大于 12m。这样采光均匀，波谷汇水量较小，建筑造型也较美观。图 8–21 所示为北京 798 艺术区的一个由锯齿形屋盖筒壳厂房改造的展览厅。

图 8–21 北京 798 艺术区锯齿形屋盖筒壳展览厅

当长壳采用天窗时，孔洞一般布置在壳体顶部。洞的横向尺寸不宜大于波长（l_2）的 1/4。洞的纵向尺寸可不加限制，但洞的四周必须加肋，沿纵向必须设置横撑，横撑间距一般为 2~3m。

8.3.5 筒壳结构的工程实例

图 8–22 所示为 1960 年建成的重庆山城宽银幕电影院。电影院的观众厅有三个筒形薄壳，立面有五个筒形薄壳，构成全新的影院形象，是满足功能需要的前提下利用新结构、新技术创造出新形式的佳例。

图 8–22 筒壳结构的重庆山城宽银幕电影院

8.4 折板结构

8.4.1 折板结构的特点

折板结构是以一定角度整体联系构成的薄板体系，它与筒壳结构同时出现，是薄壁空间结构体系的另一种形式。折板结构受力性能良好，构造简单，施工比筒壳结构更方便。**与筒壳结构比较一下的话，折板结构虽然不是典型的曲面结构，但是却有突出的空间工作的结构特征，其结构优势也非常明显。**折板结构不仅可用于水平分系统的屋盖结构，也可在竖向分系统的挡土墙、建筑外墙等工程中采用。

8.4.2 折板结构的形式与尺寸

折板结构的形式主要分为有边梁和无边梁两种。

无边梁的折板结构由若干等厚度的平板和横隔构件组成，预制V形折板就是其中的一种，图8–23所示为一个折板结构做屋顶的建筑实例。

有边梁的折板结构一般为现浇结构，由板、边梁和横隔构件三部分组成，与筒壳类似，如图8–24所示。同样，边梁的间距 l_2 也称为波长，横隔的间距 l_1 也称为跨度。

图8–23 折板结构的屋顶

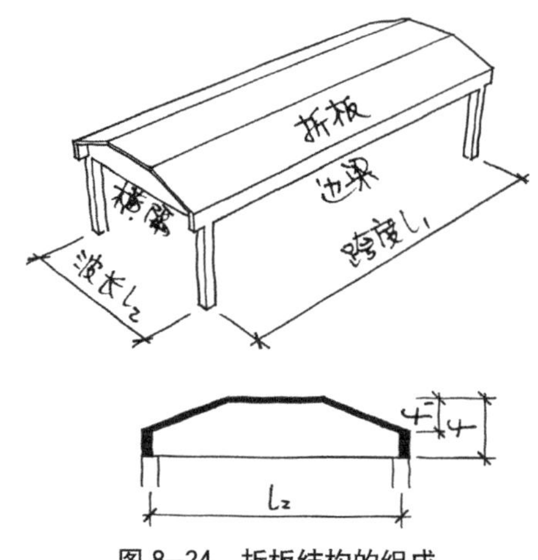

图8–24 折板结构的组成

折板结构的形式有单波和多波，也有单跨和多跨，如图8–25所示。为了使板的厚度不超过100mm，板的宽度一般不宜大于3.5m，否则板内弯矩过大，板厚就必须增加，导致结构的自重过大，不经济。而且，当折板结构跨度增加时，一般需要同时增加矢高和板厚以确保折板结构的整体刚度，这样也会带来结构自重的增大。综上所述，在一般情况下，顶板的宽度应为（0.25~0.4）l_2，波长 l_2 一般不应大于12m，跨度 l_1 则可达30m左右。

多波折板应做成同样的厚度，以利于构件规格的统一。 现浇折板的倾角不宜大于30°，以避免坡度过大导致浇筑混凝土时不得不采用上下双面模板造成施工困难，但预制折板的灵活度相对大些，倾角一般可取26°~45°。

与筒壳结构相同，当折板结构的跨度与波长之比 $l_1/l_2 \geqslant 1$ 时，称其为长折板；$l_1/l_2 < 1$ 时称其为短折板。在实际工程中，折板结构的跨度与波长之比一般都在5以上，属于长折板，其空间协同工作特点与长筒壳类似，相比之下，短折板则很少采用。折板结构一般按梁的理论进行计算，长折板的矢高 f（注意：是含边梁的高度，不是 f_1）一般不小于

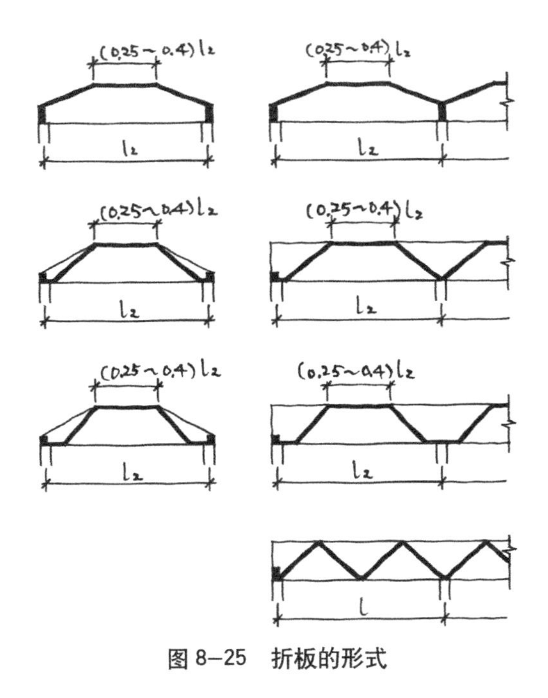

图 8–25　折板的形式

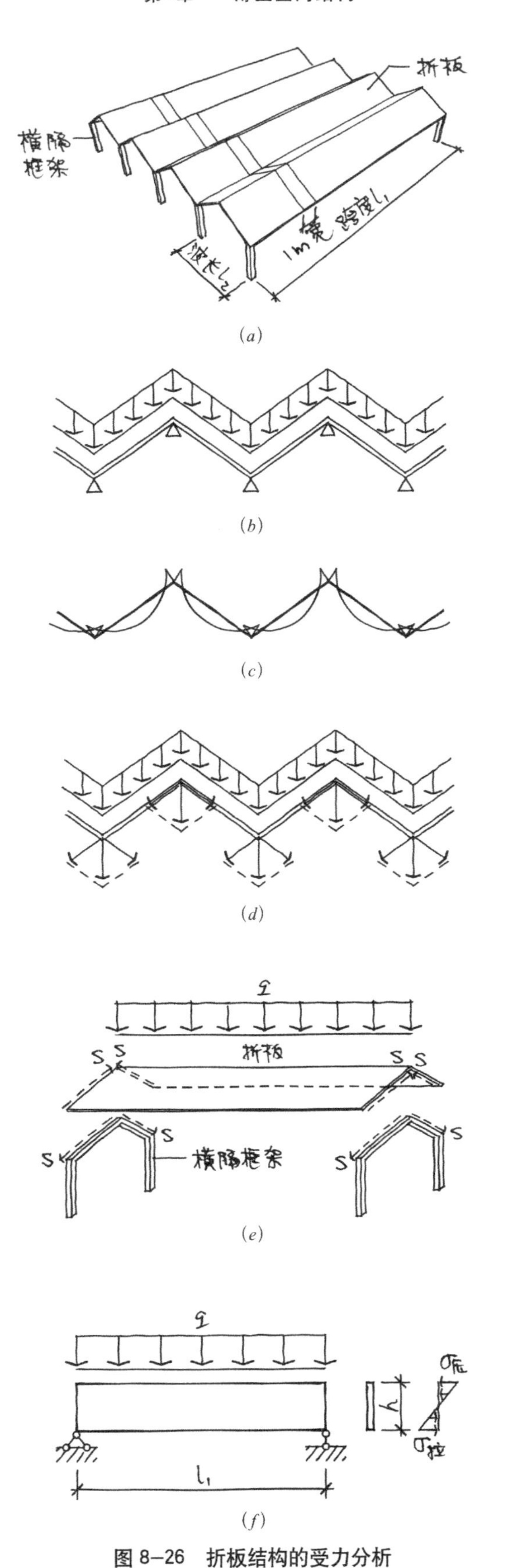

图 8–26　折板结构的受力分析

（1/15~1/10）l_1，短折板的矢高 f_1（注意：是不含边梁的高度，不是 f）一般不小于（1/8）l_2，如图 8–24 所示。

折板结构的边梁与横隔构件的构造与筒壳结构基本相同。因折板结构的波长 l_2 一般都较小，所以横隔构件的跨度都不大，多采用横隔梁、三角形框架梁、刚性砖墙等形式。

8.4.3　折板结构的受力特点分析

我们已经知道,折板结构的波长不宜过大。在实际工程中，折板结构的跨度与波长之比往往很大，尤其是预制预应力 V 形折板，其 l_1/l_2 的比值一般都在 5 以上，因此折板结构大多是长折板,它的受力性能与长筒壳类似。同样地，当折板结构的边梁下无中间支承且 $l_1/l_2 \geqslant 3$ 时，长折板也可按梁理论计算。我们以图 8–26 所示的对称长折板为例，做以下分析。

1）折板的横向受力分析

取 1m 宽的板带作为计算单元，按多跨连续板对其进行内力分析。折板的转折边棱处可以视为连续板支座，如图 8–26（*b*）所示，可知其弯矩内力分布图如图 8–26（*c*）所示。

2）折板的纵向受力分析

折板上的荷载由横向传至两板相交的边缘处，形成对此处连续支座的压力，这个压力可以分为两个沿板平面的分力。这两个分力再由板本身作为梁（倾斜的梁，梁高即板宽）而传至纵向两端的支座。因此，折板的纵向计算可以取一个波长作为计算单元，按两端支承在横隔框架上的梁进行内力分析，如图 8–26（*d*）、（*e*）、（*f*）所示。

3）横隔框架的受力分析

由于折板很薄，平面外的刚度很小，因此折板只是将沿折板平面内的顺剪力 *S* 传给横隔框架，如图 8–26（*e*）所示。

8.5 圆顶结构

8.5.1 圆顶结构的形式与特点

圆顶结构在建筑中的应用历史十分悠久。圆顶结构属于旋转曲面壳，是双曲薄壳的一种形式。双曲薄壳不像单曲薄壳（筒壳结构等）那样可以展开，因此具有较大的抗弯刚度及较高的整体稳定性。综上所述，双曲薄壳比单曲薄壳更加经济合理，因此其壳板的厚度可以做得更薄，能覆盖的跨度更大。

圆顶结构由壳面和支座环两部分组成。

按壳面的结构与构造的不同，圆顶结构可以分为平滑圆顶、肋形圆顶和多面圆顶三种类型，如图 8–27 所示。

平滑圆顶如图 8–27（*a*）所示，在实际工程中应用较多。当圆顶结构的跨度较大时，可以采用肋形圆顶，如图 8–27（*b*）所示。肋形圆顶是由径向肋与环向肋及壳板组成，当圆顶结构直径不大时，也可以仅设径向肋。多面圆顶结构是由数个拱形薄壳相交而成，可以形成与圆形圆顶不一样的独特的建筑外形，如图 8–27（*c*）所示。

圆顶结构除壳面外，支座环也是一个重要的组成部分。**支座环对圆顶起箍的作用，是圆顶结构基本的抗推力措施。**

圆顶可以通过支座环直接支承在建筑的竖向承重构件上，如承重墙或柱等，也可以

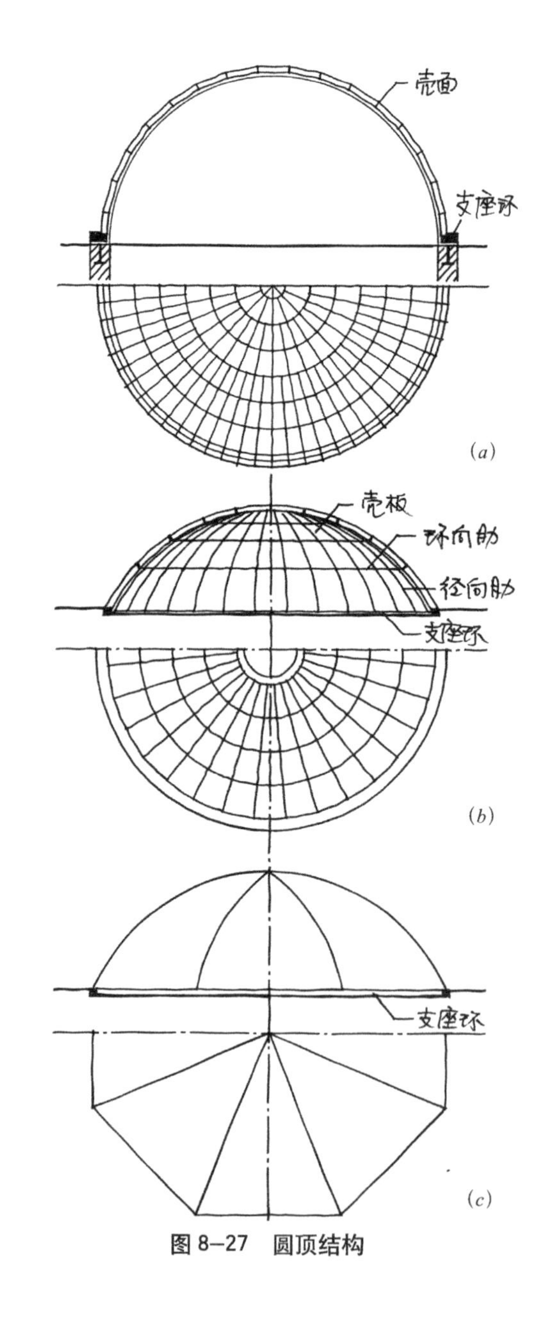

图 8–27 圆顶结构

支承在斜拱或斜柱上。下部支承结构可以按圆形布置，当采用斜拱和斜柱时，也可以按正多边形布置并形成相应的建筑平面，如图8–28所示。在建筑的立面处理上，通常把斜拱和斜柱显露出来，使得圆顶与斜拱（斜柱）形式协调，风格统一。

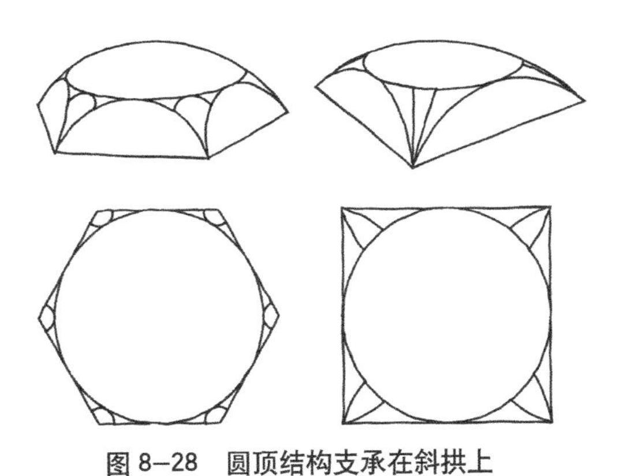
图 8–28　圆顶结构支承在斜拱上

8.5.2　圆顶结构的内力分析

一般情况下，圆顶结构的壳面径向弯矩和环向弯矩都较小，可以忽略不计，因此壳面内力可按无弯矩理论计算。在轴向对称荷载的作用下，圆顶径向受压，环向上部受压，下部可能受压也可能受拉，这是圆顶壳面中的主要内力，如图8–29所示。

圆顶结构的支座环承受着壳面边缘传来的推力，因此其截面内力为拉力，如图8–30（*a*）所示。由于支座环对壳面边缘变形的约束作用，壳面边缘附近会产生径向的弯矩，为避免该处局部的受弯破坏，壳面在支座环附近可以适当加厚，并且增加抗弯钢筋的配置，如图8–30（*b*）所示。对于较大跨度的圆顶结构，可以对支座环采用施加预应力的方法。

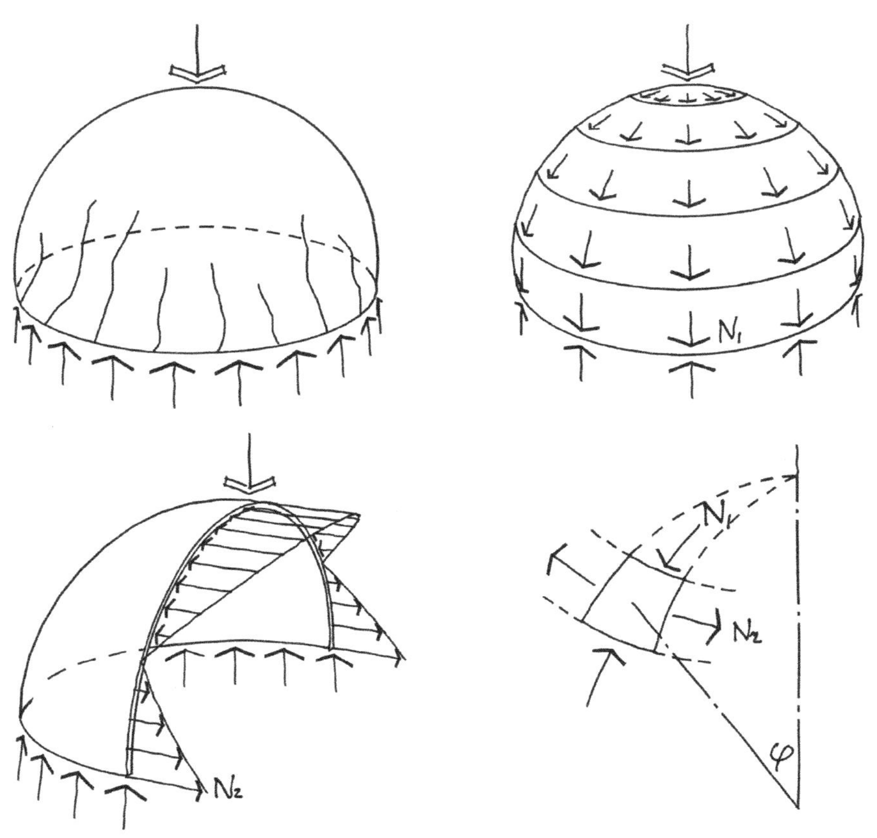

图 8–29　圆顶结构的内力分析

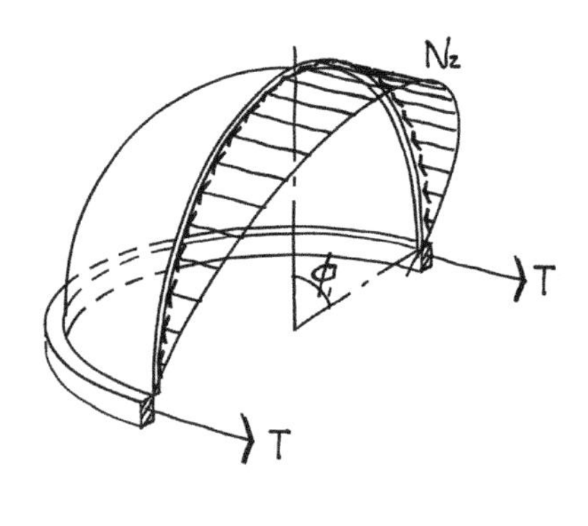

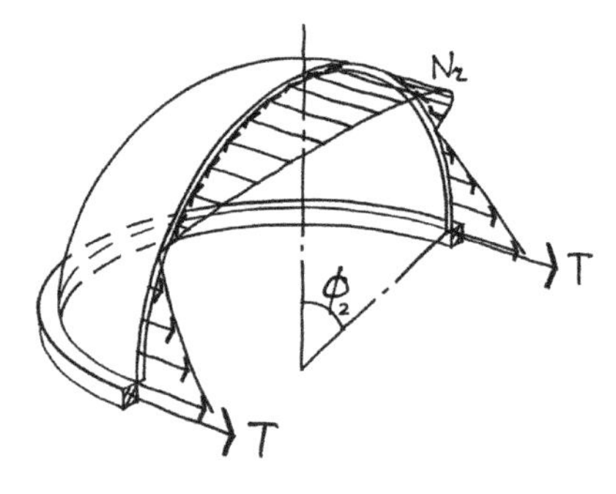

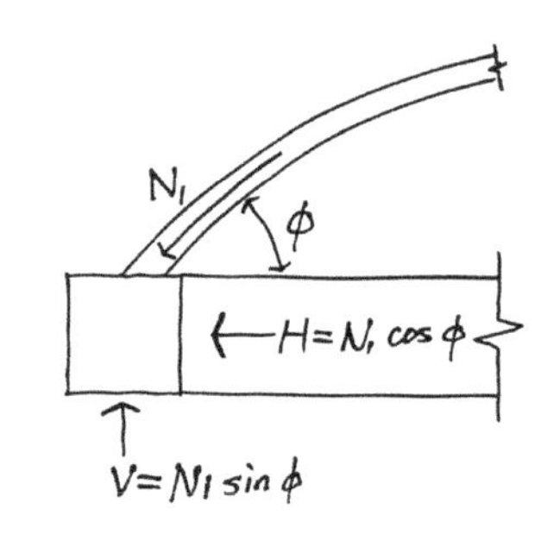

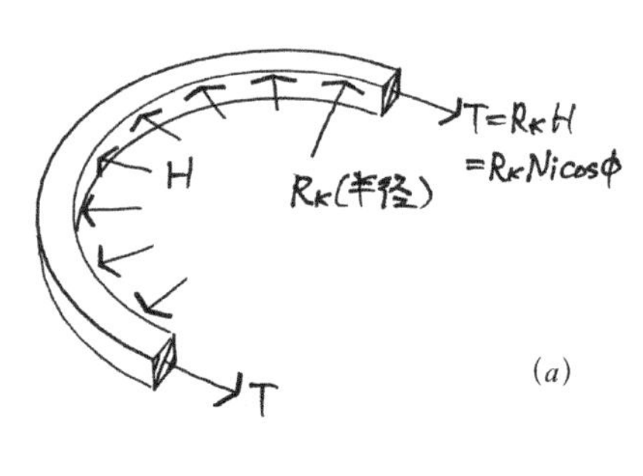

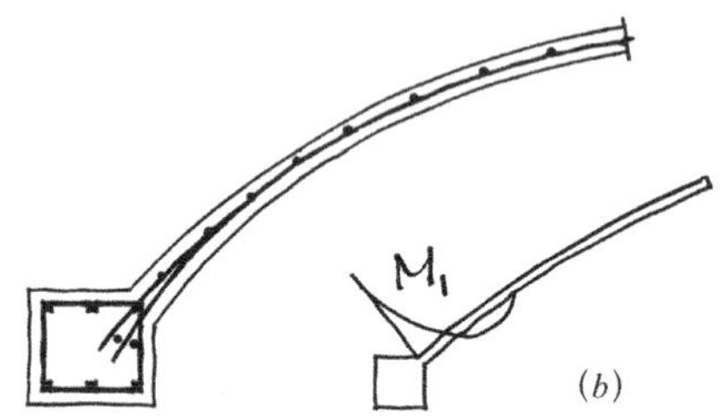

图 8–30 圆顶结构支座环的拉力及壳面边缘局部弯矩

8.5.3 圆顶结构的工程实例

天文馆建筑中的天象厅的顶部为表现人造星空的半球形天幕。天象厅只要求内部有半球形天幕，对外形并无特殊要求，因此天象厅外形既有圆顶的，例如图 8-31 所示的北京天文馆天象厅，也有非圆顶的，例如斯里兰卡科伦坡天文馆的造型颇像一个古代的皇冠，埃及开罗天文馆的造型则带有浓郁的阿拉伯风格。

图 8–31 北京天文馆

世界上第一座天文馆 1923 年建于德国慕尼黑，采用了半球形圆顶结构，直径为 9.8m。中国第一座天文馆是 1957 年建成的北京天文馆，其天象厅的半球形圆顶的直径为 23.5m，可供 600 人观看人造星空。1978 年，台北市天象馆落成，圆顶直径为 16m，有座位 233 席。1980 年建成的香港太空馆，半球形圆顶的直径为 23m，有观众座位 265 个。

北京天文馆的天幕龙骨安装在一个半球形的网架（即圆顶网壳）结构上，这个网壳采用了上千件相同规格的小型钢件按三角形用螺栓组装，构件单一，精确度高。

8.6 双曲扁壳结构

8.6.1 双曲扁壳结构的形式与特点

双曲扁壳由壳板和竖直的边缘构件（也称横隔构件）组成。双曲扁壳属于抛物线平移曲面，其顶点处的矢高与其底面最小边长之比 $f/l \leqslant 1/5$，如图 8–32 所示。因为扁壳的矢高比底面尺寸小很多，所以又称其为微弯平板。为了减少壳面边缘处的剪应力和弯曲应力，双曲扁壳结构不宜做得太扁。当双向曲率不等时，较大曲率与较小曲率之比以及底面长边与短边之比均不宜超过 2。

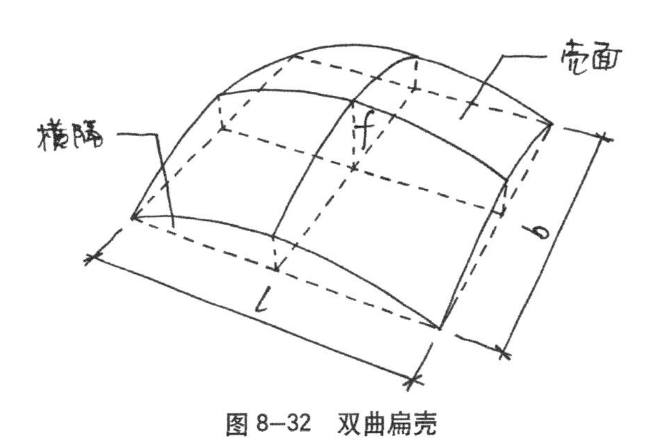

图 8–32 双曲扁壳

双曲扁壳四周的横隔构件可以采用薄腹梁、拉杆拱或拱形桁架等，也可以采用空腹桁架或拱形刚架。**横隔构件是双曲扁壳结构最基本的抗推力措施，因此，在横隔构件的四个交接处应有可靠的连接措施，使它们形成整体的箍，以约束壳面的变形。**同时，横隔构件本身在其平面内应有足够的刚度，否则横隔构件过大的变形会引起壳面产生很大的内力和弯矩。

8.6.2 双曲扁壳结构的受力特点

双曲扁壳主要通过薄膜应力传递荷载。图 8–33（a）所示为双曲扁壳的内力分布示意图，图 8–33（b）所示为横隔构件的计算简图，图 8–33（c）所示为双曲扁壳壳板内的配筋示意图。

从图中可以看出，壳体的顶部区域是轴向受压，无须配置受力钢筋，因此这部分的钢筋是按构造要求设置的。壳体边缘处由于受到横隔构件的约束而产生横向弯矩，因此

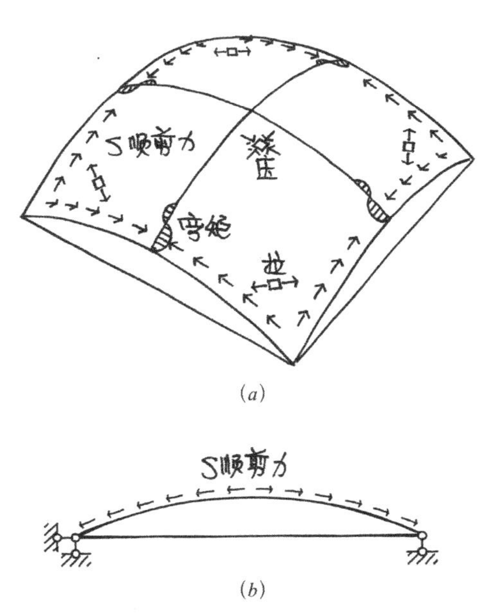

(a)

(b)

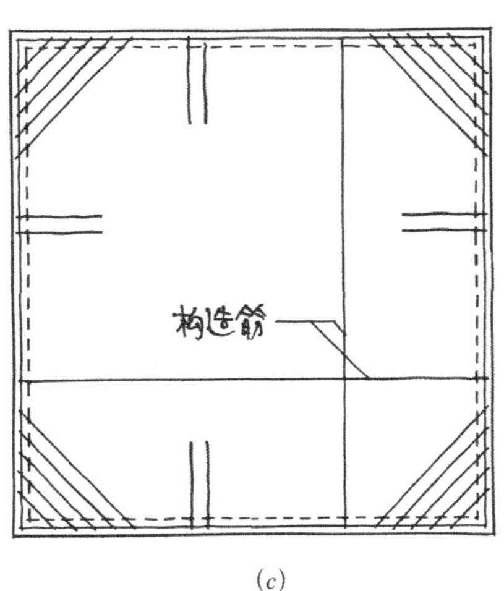

(c)

图 8–33 双曲扁壳的受力分析

应在此处配置承受弯矩的钢筋。壳体的四个角部顺剪力很大，形成了该区域很大的主拉应力，因此，需配置45°的斜筋来承受主拉应力。横隔上的主要荷载是由壳体边缘传来的顺剪力。

8.6.3 双曲扁壳结构的工程实例

北京火车站中央大厅屋顶和检票口通廊屋顶共采用了6个双曲扁壳，如图8–34和图8–35所示。中央大厅屋顶采用了方形平面的双曲扁壳，平面尺寸为35m×35m，矢高为7m，板壳厚度为80mm。检票口通廊屋顶的5个双曲扁壳，中间的一个平面尺寸为21.5m×21.5m，两侧的4个为16.5m×16.5m，矢高均为3.3m，壳板厚度为60mm。每个双曲扁壳四周的边缘构件均采用了两铰拱，以解决双曲扁壳屋顶结构的推力问题，并利用其四面采光，解决了整个中央大厅和通廊的日间采光问题。

图8–34 北京火车站外景

图8–35 北京火车站中央大厅及通廊双曲扁壳屋顶

8.7 双曲抛物面壳结构

8.7.1 双曲抛物面壳的形式与特点

1）双曲抛物面壳的稳定性好

双曲抛物面壳结构中，壳面下凹的方向如同受拉的索网，而壳面上凸的方向又如同薄拱，如图8–36所示。当上凸方向产生压曲时，下凹方向的拉应力就会增大，可以避免壳体发生压曲现象，因此双曲抛物面壳结构具有良好的稳定性，壳板可以做得很薄。

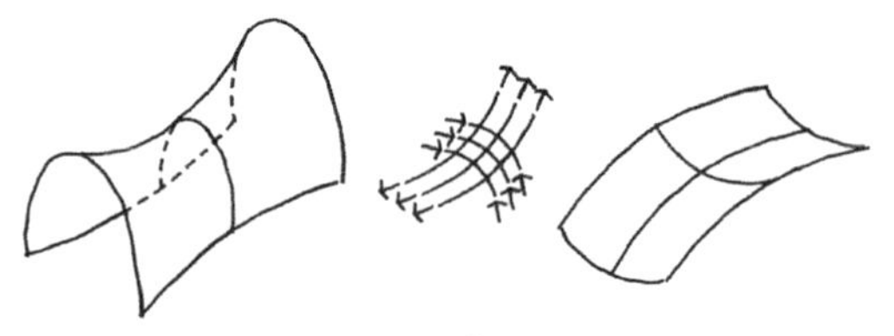

图8–36 双曲抛物面壳

2）双曲抛物面壳施工建造方便

双曲抛物面壳属于直纹曲面，因此壳面的配筋和模板制作都比较简单方便，施工周期较短，经济性良好。

3）双曲抛物面壳造型丰富

工程上常用的扭壳是从双曲抛物面中沿直纹方向截取的一部分。扭壳可以单块用作屋盖结构，也可以拼接成多种组合形扭壳结构，不同的切割组合方式能较灵活地适应不同建筑功能和造型的需要，如图8–37所示。

8.7.2 双曲抛物面壳的受力特点

双曲抛物面壳仍然按无弯矩理论进行计

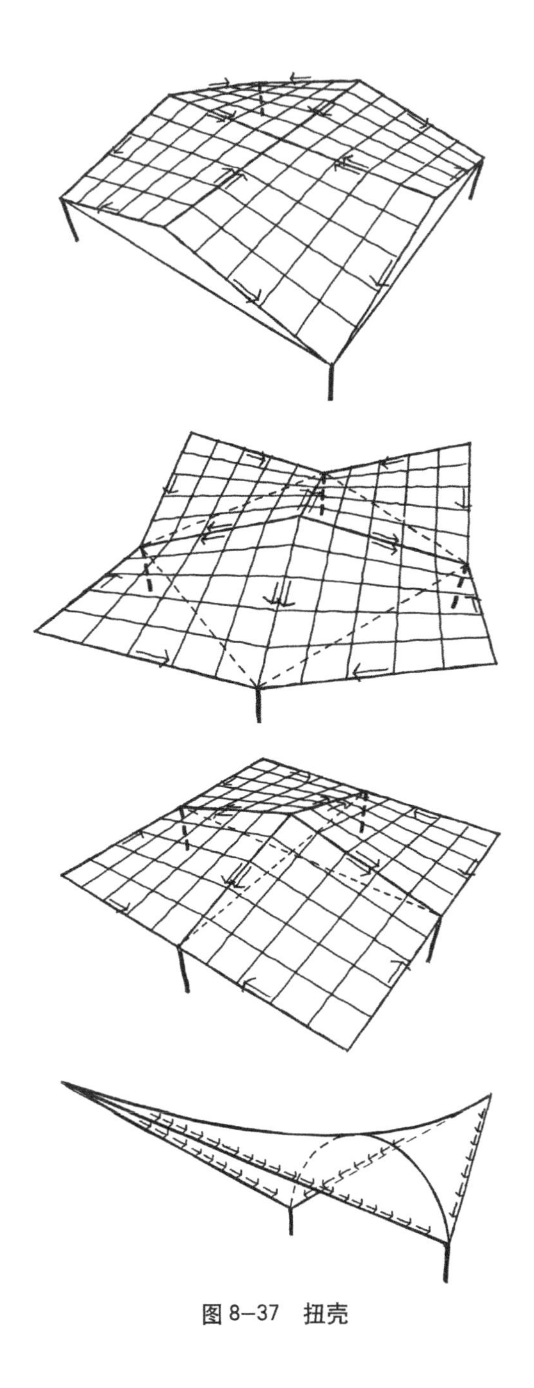

图 8–37　扭壳

算。这种结构在竖向均布荷载的作用下，曲面内不产生法向力，仅存在顺剪力。顺剪力产生主拉应力和主压应力，作用在与顺剪力成 45°角的截面上，如图 8–38 所示。在壳板与边缘构件相邻的区域内，壳板会受到边缘构件的约束作用而产生局部弯矩。一般壳板中的内力都很小，壳板的厚度往往不是由承载能力计算决定，而是由抗变形要求及施工条件决定。

扭壳的四周应设有直杆作为边缘构件，它承受壳板传来的顺剪力。**扭壳两侧顺剪力的合力产生出扭壳的推力，因此边缘构件的自身刚度及其结合处的连接强度是扭壳结构抗推力能力的基本保证。**

如果屋顶为单个扭壳，并直接支承在 A 和 B 两个基础上，如图 8–39 所示，顺剪力将通过边缘构件以合力 R 的方式传至基础，R 的水平分力 H（推力）则会对基础产生推移。如果地基的承载能力不足以抵抗扭壳的推力，则应在两基础之间设置拉杆，以保证壳体的整体稳定。

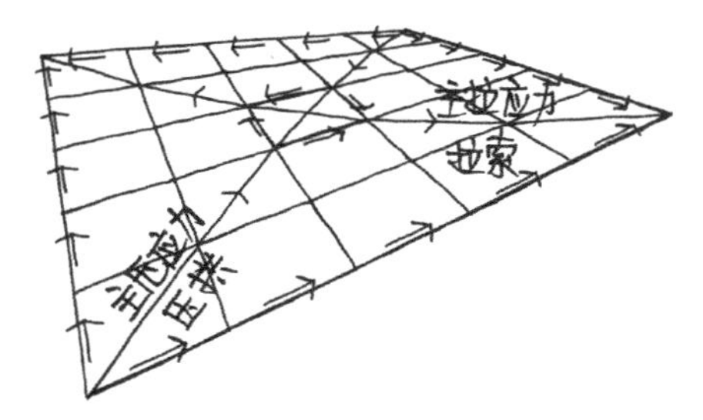

图 8–38　双曲抛物面壳（扭壳）按无弯矩理论的受力分析

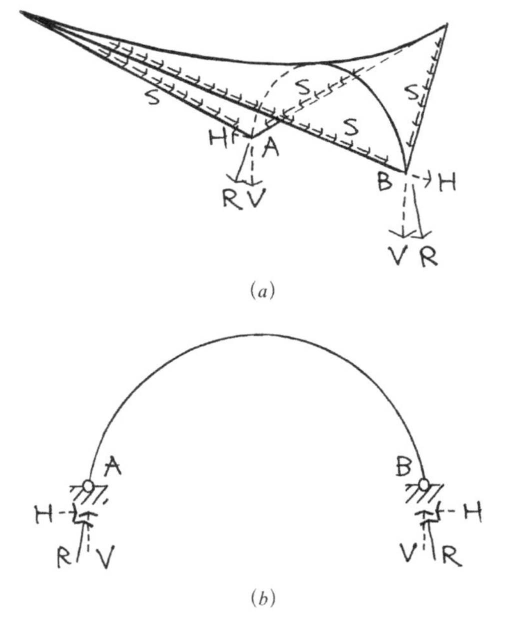

(*a*)

(*b*)

图 8–39　单个扭壳受力分析

如果屋盖为四块扭壳组合的结构，如图 8–40 所示，扭壳的边缘构件同时也是四周横隔构件桁架的上弦，上弦受压下弦受拉，如图 8–40（*b*）所示。

8.7.3 双曲抛物面壳结构的工程实例

广州星海音乐厅（图 8–41）位于广州市二沙岛中南部，东邻新建的广东美术馆，正南面面对珠江。

星海音乐厅由交响乐演奏大厅、室内乐演奏小厅以及音乐资料馆三部分组成，全部工程总用地面积 11658m^2，建筑占地面积 4579m^2，建筑面积 8257m^2。

主体建筑采用了钢筋混凝土双曲抛物面壳体结构。壳体南北翘起，东西两翼落地，奇特的外观造型异常富有现代感，犹如江边欲飞的天鹅，与蓝天碧水浑然一体。

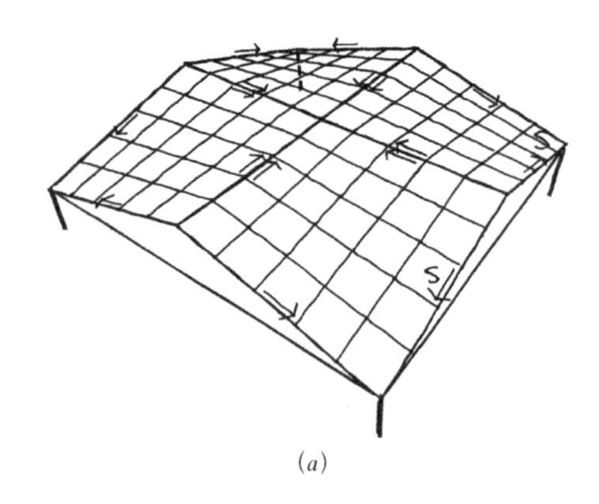

(*a*)

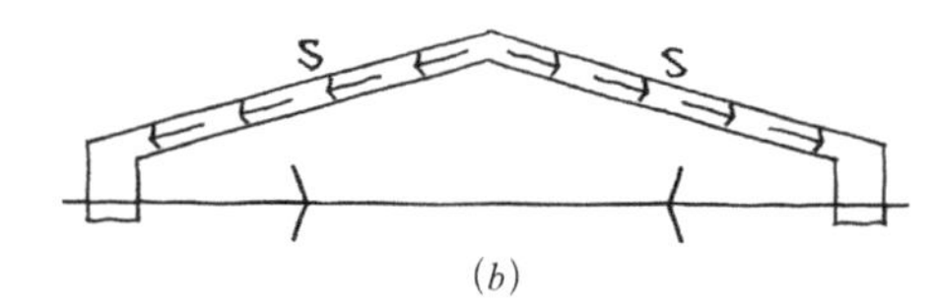

(*b*)

图 8–40 组合扭壳受力分析

图 8–41 广州星海音乐厅

8.8 幕结构

8.8.1 幕结构的特点

幕结构是由双曲面壳结构经转化而形成的一种结构形式，也可以称其为双向折板结构。幕结构由整体联系的三角形或梯形薄板组成，可以是单跨的，也可以根据空间需要采用两个方向多跨连续的形式，如图 8–42 所示。

实际上，**我们可以把幕结构（包括单向**

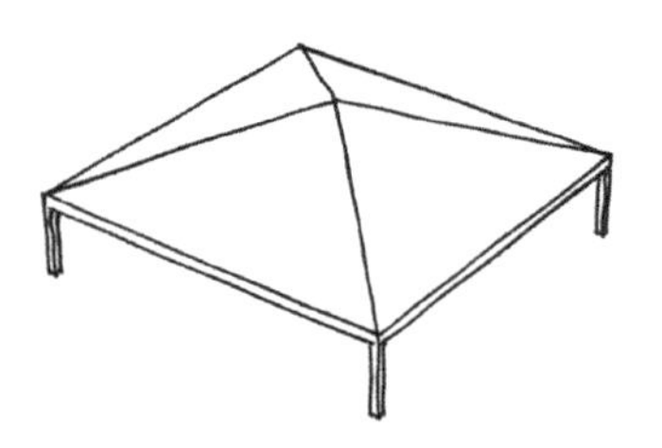

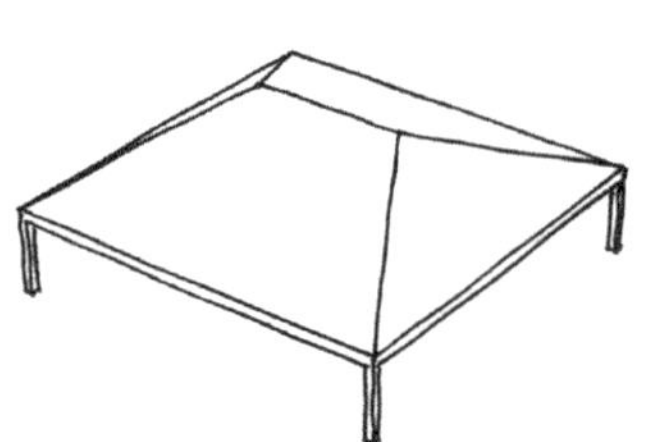

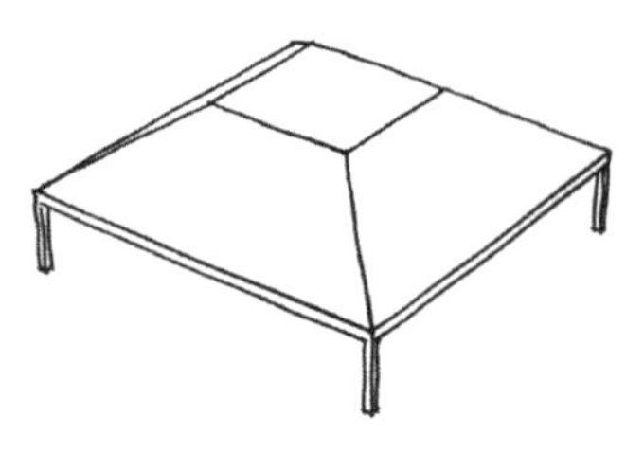

图 8–42 幕结构的形式

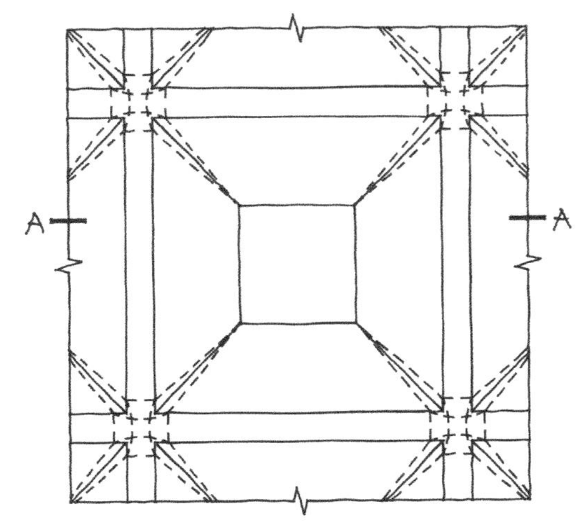

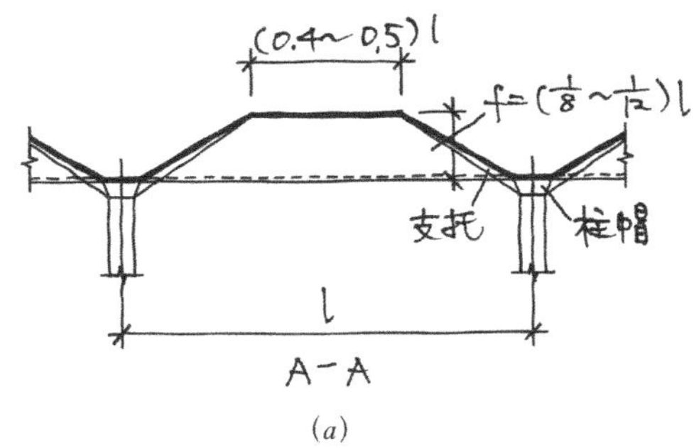

(a)

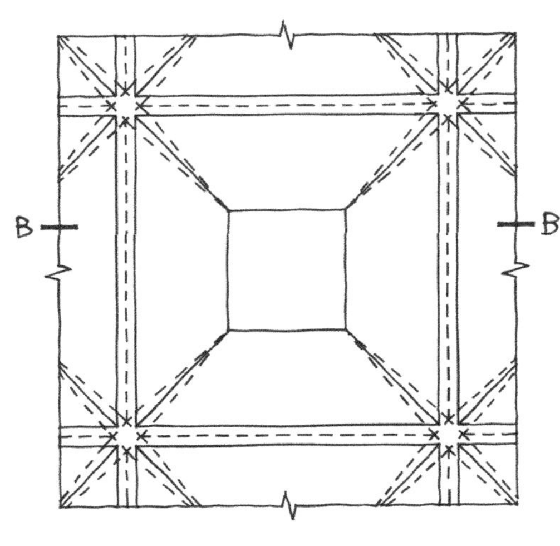

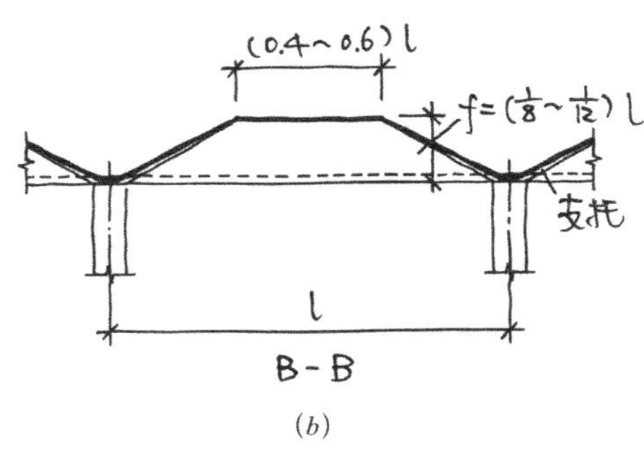

(b)

图 8–43 幕结构的支承方式

折板结构）看成是一种曲面结构平板化后得到的结构类型。也就是说，幕结构保留了曲面结构空间工作的结构优势，受力性能良好。同时，幕结构又把曲面结构复杂的外形简单化和平板化了，简化了结构设计计算和工程施工的过程。

8.8.2 幕结构的结构形式和尺寸

幕结构的结构形式基本上可以分为两种，即有柱帽的幕结构和无柱帽的幕结构。

有柱帽的幕结构如图 8–43（*a*）所示。当柱距或荷载较大时，需要使幕顶支承在有柱帽的柱上。柱帽的宽度一般取柱距 l 的 0.1~0.2 倍，柱帽之间用水平板相互连接。同时，可在幕角的下边与柱之间做支托，以减少幕角的应力集中现象。

无柱帽的幕结构如图 8–43（*b*）所示。当柱距或荷载较小时，幕顶可直接支承在无柱帽的柱上，柱之间可设肋形边梁。此时，幕角下与柱间的支托仍然是必要的。

幕结构多采用双向柱距相等的正方形柱网形式，柱距一般取 8~10m。幕顶的矢高 f 一般取（1/12~1/8）l。幕顶各部分的板，其宽度、厚度、倾角等取值与本章第四节折板结构的要求基本相同，但由于幕结构比折板结构的空间工作性能更好，因此板宽可以适当地增大。

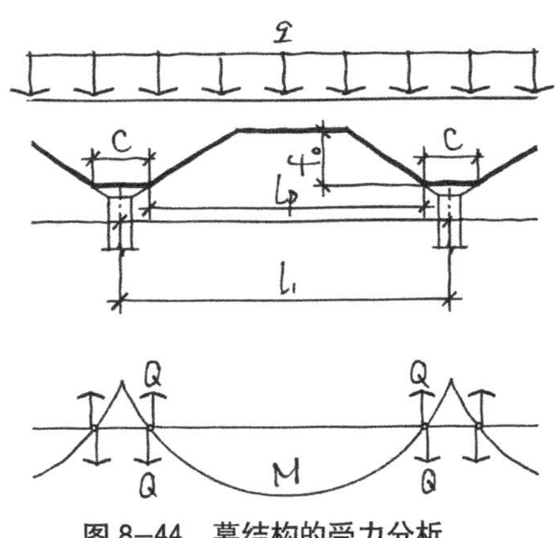

图 8–44 幕结构的受力分析

8.8.3 幕结构的受力特点

如图 8–44 所示，根据试验结果对幕结构进行受力分析后可知，由于各个幕间相连的幕角刚度很小，所以多跨的幕结构不考虑其连续性，而按简支连续梁结构考虑。

8.9 曲面的切割与组合设计及建筑实例

如前所述，曲面的形成方法有旋转法、平移法、直纹法三大类，可形成大约十种左右的基本曲面形式。但是，曲面结构的建筑物却不仅仅只是这几种基本曲面形式的简单复制。建筑师应该在全面掌握各种基本曲面形式形成方法的基础上，对它们进行创造性的设计，即对各种不同曲面进行创意性的选择、切割、拼接与组合，以设计出可以满足任意平面形式的、新颖的、不同寻常的曲面结构建筑。

建筑师在对各种基本曲面结构形式进行选择、切割、拼接与组合时，除了要满足建筑平面和造型的要求外，还要遵守曲面形成的画法几何科学法则，这样做不仅能确保形成的曲面在结构上受力合理，也会对结构设计和施工建造带来很大方便，并有利于工程造价的降低。

下面我们将介绍一些国内外设计建造的曲面结构建筑的实例，以供读者参考借鉴。

8.9.1 美国麻省理工学院礼堂

美国麻省理工学院礼堂（图 8–45）由著名建筑师埃罗·沙里宁设计，于 1953 年动工，1955 年落成，被公认为 20 世纪中叶美国现代建筑的最佳范例之一。整个建筑包含了 1226 座的音乐厅、小剧场及其他附属用房。

礼堂的屋顶为球形薄壳，是由三个与水平面夹角相等并通过球心的平面从一个半径为 34m 的球面上切割出 1/8 球面所构成的。薄壳曲面屋顶在地面上的投影是一个曲边正三角形，三角形的边长（直线距离）为 48m，高为 41.5m。薄壳边缘处的厚度为 94mm，薄壳的三个边为向上卷起的边梁，壳面荷载通过边梁传至三个地面支座（图 8–46）。地面支座形式为铰接，以利于温度应力变形的需要。

图 8–45 美国麻省理工学院礼堂

图 8–46 美国麻省理工学院礼堂屋顶支座

8.9.2 美国兰伯特－圣路易斯国际机场候机大厅

兰伯特－圣路易斯国际机场（Lambert-St. Louis International Airport，如图 8-47 及图 8-48 所示）位于美国密苏里州圣路易斯市，由著名的日裔美籍建筑师雅马萨奇设计，是美国航空和西南航空重要的交通枢纽港。兰伯特－圣路易斯国际机场候机大厅于 1953 年开始建造，1956 年建成并正式投入使用。由于使用需要，机场在 1968 年进行了扩建，增设了第四组壳形屋顶。

机场候机大厅由四组厚 115mm 的现浇钢筋混凝土壳体组成，每组壳体是由两个圆柱形曲面壳体正交后再切割成八角形平面状所形成的，在壳体与壳体间的相接处还设置了采光带。两个圆柱形曲面的相交线做成了突出于曲面上的交叉拱，交叉拱把荷载传至铰接支座的同时又增加了壳体的刚度。钢筋混凝土壳体设有加劲肋，在边缘处适当加厚并向上卷起，使壳体与交叉拱的建筑造型显得异常简洁别致。

8.9.3 墨西哥霍奇米洛科餐厅

墨西哥霍奇米洛科餐厅（图 8-49、图 8-50、图 8-51）位于墨西哥城附近的花田市，由墨西哥著名的工程师坎迪拉于 1957 年设计。

餐厅是由四个双曲抛物面薄壳相互交叉后形成的。双曲抛物面薄壳板的厚度为

图 8-47 美国兰伯特－圣路易斯国际机场候机大厅

图 8-49 墨西哥霍奇米洛科餐厅鸟瞰

图 8-48 美国兰伯特－圣路易斯国际机场候机大厅内景

图 8-50 墨西哥霍奇米洛科餐厅立面

图 8-51 墨西哥霍奇米洛科餐厅内景

40mm，但壳面在交叉部位适当加厚，形成了四条有力的拱肋，直接支承在八个基础上。建筑的平面为 30m×30m 的曲边正方形，其对角线长（即每个双曲抛物面壳对角顶点间的距离）约为 42.5m。壳体外围的八个立面是向内斜切的，使得整个建筑看起来犹如一朵盛开的莲花，构思巧妙，造型别致。

复习思考题

8-1 薄壁空间结构的受力特点是什么？

8-2 薄壁空间结构的曲面形式都有哪些？其形成的方法是什么？

8-3 筒壳结构是由哪几部分组成的？各个组成部分的结构作用是什么？

8-4 筒壳结构的跨度是如何规定的？为什么这样规定？

8-5 长壳结构与短壳结构在受力特点上有什么差别？

8-6 筒壳结构与拱结构有哪些异同？

8-7 折板结构的受力特点是什么？

8-8 折板结构都有哪些抗推力措施？

8-9 圆顶结构的受力特点是什么？

8-10 圆顶结构都有哪些抗推力措施？

8-11 双曲扁壳结构的受力特点是什么？

8-12 双曲扁壳结构都有哪些抗推力措施？

8-13 双曲抛物面壳结构的受力特点是什么？

8-14 双曲抛物面壳结构都有哪些抗推力措施？

8-15 幕结构的受力特点是什么？

8-16 幕结构都有哪些抗推力措施？

8-17 曲面结构进行切割组合的设计要求是什么？

附篇

膜建筑结构

9.1 什么是膜建筑

膜（Membrane）建筑是20世纪中期发展起来的一种新型建筑形式。膜建筑结构是由覆盖在钢骨架结构（如网架、桁架或索）上的高强度薄膜材料经技术处理而使其内部产生一定的预张应力后所形成的具有某种特定空间形状的建筑结构。

在此需要特别说明的是，**膜不是结构**。膜是建筑的围护系统，而真正的结构是那些支承和固定膜的钢结构，这些钢结构仍然属于我们在上篇或下篇中所介绍的各种平板结构或曲面结构的范畴。**实际上并没有什么"膜结构"，因此，"膜建筑"这种定义才更为科学合理。**

膜在建筑中所起的作用与玻璃幕墙是基本一样的，即保温、隔热、防水、隔声等围护作用，只是由于玻璃是刚性材料，所以玻璃幕墙常采用型钢骨架或钢杆蛙爪进行连接固定，而膜是柔性材料，所以膜常采用充气的方式或采用钢骨架对其进行支承、牵拉和固定。

9.2 膜建筑的分类

膜建筑中的膜可以分为充气膜和张拉膜两大类。

9.2.1 充气膜建筑

充气膜建筑又可以分为气承式膜建筑、气囊式膜建筑两类。

1）气承式膜建筑

气承式膜建筑是采用了周边锚固在圈梁或地梁上的经过充气后的单层薄膜作为建筑的屋面和外墙所形成的圆筒状、球状或其他形状的建筑物。

气承式膜建筑的室内气压一般为室外气压的1.001~1.003倍，室内外的压力差使屋盖膜受到一定的浮力作用，以承托薄膜重量并使其保持微正压来维持形体，从而实现较大的跨度。为减小薄膜拉力、增大结构跨度，还可在气承式结构薄膜的表面设置钢索网。人和物通过气锁出入口进出气承式膜建筑。当遇到强风时，需要启动备用鼓风机使薄膜达到设计的抗风内压，以同所受风力相平衡。

2）气囊式膜建筑

气囊式膜建筑是将空气充入由薄膜制成的气囊后形成柱、梁、拱、板、壳等基本构件，再将这些构件连接组合后形成的建筑物。气囊中的气压一般为室外气压的2~7倍，故气囊式膜建筑是一种高压建筑体系。

9.2.2 张拉膜建筑

张拉膜建筑（又称索膜结构建筑）是通过钢骨架支承或钢索张拉使膜成型后形成的建筑空间。由于钢骨架或钢索可以形成造型多样的结构体系，因此张拉膜建筑所形成的建筑使用空间也是灵活多变的。

9.3 膜建筑结构的膜材料

膜建筑结构所用的膜材料由基布和涂层两部分组成。基布材料主要采用聚酯纤维或玻璃纤维，涂层材料主要采用聚氯乙烯（PVC）或聚四氟乙烯（Teflon）。常用膜材料一般为聚酯纤维涂聚氯乙烯或玻璃纤维涂聚四氟乙烯。

聚氯乙烯材料的主要优点是价格便宜、容易加工制作、色彩丰富、抗折叠性能好，但它的强度低、弹性大、易老化、徐变大、自洁性差。聚四氟乙烯材料的主要优点是强度高、弹性模量大、自洁、耐久及耐火性能好，寿命一般可达 30 年以上，适用于永久建筑，但它的价格较贵，不易折叠，对裁剪制作的精度要求较高。

为改善聚氯乙烯的性能，实际工程中常在其表面涂一层聚四氟乙烯涂层，以提高其抗老化能力和自洁能力。应用了这种做法的复合膜的寿命可以延长到 15 年左右。

9.4 膜建筑的历史

世界上第一座充气膜建筑是一座建成于 1946 年的直径为 15m 的充气穹顶，设计者为美国的沃尔特 · 勃德。1967 年在德国斯图加特召开的第一届国际充气建筑会议，无疑给充气膜建筑的发展注入了兴奋剂。随后，各式各样的充气膜建筑出现在了 1970 年大阪世界博览会上，其中最具代表性的膜建筑有盖格尔设计的美国馆（椭圆形平面，平面尺寸为 137m×78m，图 9–1）以及川口卫设计的富士馆（图 9–2）。1970 年大阪世博会向人们展示了完全可以用膜材料建造永久性建筑，因此大阪世博会被认为是把膜建筑系统地、商业性地推向外界的开始。

20 世纪 70 年代初，美国盖格尔 – 勃格公司开发出了符合美国永久建筑规范的特氟隆（Teflon）膜材料，为膜材料广泛应用于永久、半永久性建筑奠定了物质基础。之后，用特氟隆膜材料建成的室内充气式膜建筑相继出现在大中型体育馆中，如 1975 年建成的位于美国密歇根州的庞蒂亚克“银色穹顶”

图 9–1 1970 年大阪世博会美国馆

图 9–2 1970 年大阪世博会富士馆

（Pontiac Silver Dome，平面尺寸为 220m×159m，如图 9-3 所示），1988 年建成的位于日本东京的东京体育馆（直径 204m，如图 9-4 所示）。

张拉膜建筑的先行者是德国的奥托，他在 1955 年设计的用于联合公园多功能展厅的张拉膜建筑的跨度达到了 25m 左右。由于张拉膜建筑是通过边界条件给膜材施加一定的预张应力以抵抗外部荷载的作用，因此在一定的初始条件（边界条件和应力条件）下，其初始形状的确定、外部荷载作用下膜中应力的分布与变形以及怎样用二维膜材料来模拟三维空间曲面等一系列复杂的问题都需要由计算来确定，所以张拉膜建筑的发展离不开计算机技术的进步和新算法的提出，而计算机技术的迅猛发展则为张拉膜建筑的应用开辟了广阔的前景。目前，国外一些先进的膜建筑设计制作软件已非常完善，人们可以通过图形显示看到各种初始条件和外部荷载作用下膜的形状与变形，并能计算任一点的应力状态，使找形（初始形状分析）、裁剪和受力分析集成一体化，不但能分析整个施工过程中各个部位的稳定性和膜中应力，而且能精确计算由于调节索或柱而产生的次生应力，完全可以避免各种不利荷载情况产生的不测后果，从而使得张拉膜建筑的设计大为简便。除此之外，特氟隆膜材料的研制成功也极大地推动了张拉膜建筑的应用，比较著

图 9-3　美国密歇根州的庞蒂亚克“银色穹顶”

图 9-5　沙特阿拉伯利雅得体育场

图 9-4　东京体育馆

图 9-6　美国丹佛国际机场

名的实例有沙特阿拉伯吉达国际航空港、沙特阿拉伯利雅得体育场（图 9-5 ）、加拿大林德塞公园水族馆、英国温布尔登室内网球馆和美国丹佛国际机场（图 9-6）等。

9.5 膜材系统的应力平衡分析

膜材系统的应力平衡分析是针对膜材的柔性特征所采取的使整个膜系统处于张紧状态的平衡分析。

9.5.1 充气膜建筑的应力平衡分析

充气膜建筑是利用其内部形成一定的空气压力状态，使膜材系统处于张紧状态。

9.5.2 张拉膜建筑的应力平衡分析

张拉膜建筑膜材的张紧主要依靠支承和牵拉膜材的钢骨架或钢索结构来完成。

张拉膜建筑膜材系统的应力平衡分析主要包括体形设计、初始平衡形状分析、荷载分析、裁剪分析这四大问题。

1）体形设计

通过体形设计可以确定张拉膜建筑的平面形状尺寸、三维造型、结构形式、净空体量等基本条件，从而为接下来选用适当膜材、确定各控制点的坐标和施工方案提供依据。

2）初始平衡形状分析

初始平衡形状分析就是所谓的找形分析。由于膜材本身没有抗压和抗弯刚度，抗剪强度也很差，因此其刚度和稳定性需依靠膜曲面的曲率变化和其中的预应力。膜建筑中的膜材在任何时候都不存在无应力状态，因此膜曲面的形状最终必须满足在一定边界条件、一定预应力条件下的力学平衡，并以此为基准进行荷载分析和裁剪分析。目前膜建筑初始平衡形状分析的方法主要有动力松弛法、力密度法以及有限单元法等。

3）荷载分析

膜材系统考虑的荷载一般是风荷载和雪荷载。在荷载作用下膜材料的变形较大，且随着膜材料形状的改变，荷载的分布情况也随之改变，因此要精确计算膜材的变形和应力，应采用几何非线性的方法。

荷载分析的另一个目的是确定张拉膜建筑的初始预张力。因为膜材料比较轻柔，所以自振频率很低，在风荷载作用下极易产生风振，导致膜材料遭到破坏，因此必须对膜材料施加一定的初始预应力。初始预应力的确定要通过荷载计算来确定。在外荷载作用下，膜中一个方向的应力增加而另一个方向的应力减少，这就要求所施加的初始预应力的程度要满足在最不利荷载作用下膜中的应力不致减少到零，即膜不出现皱褶。但如果初始预应力施加过高，除对受力构件的强度要求较高、增加施工和安装的难度外，还会使膜材的徐变增大、易老化且强度储备少。

4）裁剪分析

经过初始平衡形状分析而形成的膜材系统通常为三维不可展开的空间曲面，因此如何通过二维材料的裁剪、张拉形成所需要的三维空间曲面，是整个索膜建筑工程中最关键的一个问题，也是裁剪分析的主要内容。

9.6 膜建筑工程实例

9.6.1 国家体育场“鸟巢”——2008年北京奥运会主体育场

2008年北京奥运会主体育场——国家体育场“鸟巢”（图9–7）的主体结构采用了钢骨架的门式空间交叉桁架体系，并巧妙地将屋顶设计成了马鞍形，很好地解决了332.3m×296.4m的超大跨度体育场结构的需要。

图9–7 国家体育场“鸟巢”——2008年北京奥运会主体育场

“鸟巢”是目前国内最大的应用了ETFE（乙烯－四氟乙烯共聚物）膜材的建筑。在其马鞍形屋顶的桁架交叉所形成的不规则形状的镂空处设置了ETFE与PTFE（即Teflon，聚四氟乙烯）双层膜材料，外层的ETFE膜可以防雨雪和紫外线，内层的PTFE膜主要起保温、防结露、隔声和营造光效的作用。

9.6.2 国家游泳中心“水立方”——2008年北京奥运会游泳馆

国家游泳中心“水立方”（图4–43）的材料采用的是平板钢网架结构体系，其介绍详见第四章第九节的相关内容。

“水立方”采用了双层ETFE充气膜材料。在“水立方”主体结构的空隙间，共充有1437块气枕，每一块都好像一个“水泡泡”。气枕可以通过控制充气量的多少来对遮光度和透光性进行调节，有效利用了自然光、节省能源的同时，还具有良好的保温隔热、消除回声的作用。

9.6.3 2010年上海世博会之“世博轴”

世博轴是2010年上海世博会的主入口和主轴线，如图9–8所示。

图9–8 世博轴鸟瞰

世博轴是世博园区最大的单体项目、一轴四馆五大永久建筑之一。工程位于浦东世博园区中心地带，基地面积为13.6万m^2，南北长1045m，东西宽地下99.5~110.5m，地上80m，地下地上各两层，为半敞开式建筑，总建筑面积达25.2万m^2，是一个集商业、餐饮、娱乐、会展等服务于一体的大型商业、

图 9–9 世博轴——索膜结构屋顶及“阳光谷”

交通综合体。世博会期间，世博轴是世博园区空间景观和人流交通的主轴线。世博会后，将成为上海第三个市级中心的都市空间景观和城市交通主轴，提供市民活动、商业服务、交通换乘的空间。

世博轴在 +10.0m 的平台上建有大型张拉膜的顶盖和轻型钢结构的“阳光谷”，如图 9–9 及图 9–10 所示。在全长 1045m、宽约 100m 的世博轴上，由 13 根大型桅杆、数十根斜拉索和巨幅膜材料巧妙地组成了中国第一、世界罕见的索膜结构屋顶，形如蓝天下的朵朵白云，轻盈飘逸。6 个极具视觉冲击力的倒锥形钢结构——“阳光谷”错落有致地分布在世博轴上，使位于地下的千米世博轴人行步道巧妙地借到了“自然光”。6 个

图 9–10 世博轴——索膜结构屋顶及“阳光谷”夜景

“阳光谷”造型各异，整体高约 40 多米，其中最大的上部直径达 99m，下部直径 20m，上部开口面积相当于一个足球场，其钢结构由 1700 个单元构建而成，每个单元又由 3 个杆件和 1 个节点组成。整个世博轴建筑像一朵朵映衬在叶子中的悄然绽放的喇叭花，晶莹剔透。

复习思考题

9–1 为什么不能说“膜结构”而应该说“膜建筑”？

9–2 膜建筑材料与建筑主体结构是如何协同工作的？

附录

复习思考题答题要点解析

0-1 为什么说“建筑结构选型是建筑师的工作”？

- 在一个建筑师头脑中的思想与在两个人（建筑师与结构工程师）之间的交流、沟通和协调，所达到的效率和效果必然不同。

0-2 建筑结构形式的影响因素有哪些？

- 用树枝、兽皮等材料盖成的遮风挡雨的庇护所和用钢材、水泥、玻璃等材料建造的房子，自然会有不同的建筑形式和效果。

0-3 建筑结构有哪些非结构功能？建筑师应该如何设计这些功能？

- 发掘结构内在的美，这是建筑师的重要工作。

0-4 建筑结构选型的原则是什么？

- 概括一下的话，也许最常说的四个字是最恰当的：经济合理。

1-1 什么是平板结构？它与板式结构有什么不同？

- 要想看清楚这两者的区别，需要你站在不同的观察点，用不同的视野。

1-2 单向板与双向板的区别是什么？

- 单向板与双向板的区别除了板单元的边长比不同之外，还有另一个重要的判断的依据。而且，我们不能仅简单地从外在形式上的不同对两者做判断，还应掌握和理解两者之间在受力特点上的差别。

1-3 水平分系统的梁、板等受弯构件的截面高度根据什么确定？竖向分系统的结构墙体的厚度与柱的截面边长根据什么确定？这两者之间有什么关系？

- 看看梁的高跨比和柱的细长比是不是基本相同？再看看板的厚跨比和墙的厚高比是不是很接近？这不是偶然的巧合，里面体现的是事物的客观规律。如何理解这些客观规律，关键还是看你观察问题的角度。

1-4 对于楼板来说，设置梁的作用是什么？这与在结构墙体上设壁柱有关系吗？

- 思考这个问题第二问的思路与上一道题是一样的。

1-5 受弯构件的支承方式（结构力学里的支座形式）对结构功能的影响是什么？

- 构件的支承方式（支座形式）实际上就是对构件的约束方式。约束的程度不同，效果自然不同。

1-6 为什么说折线形梁是从剖面角度讲的，而曲线形梁是从平面角度讲的？

- 这个问题的解答与平板结构与曲面结构的判断条件有关。

1-7 梁板结构的截面尺寸是如何规定的？

- 不要仅仅记住那些枯燥的数据，而是应该从这些枯燥的数据中找出事物的规律性。

1-8 结构的悬挑有什么特别的设计要求？

- 两个人分别站在扁担的两头共同挑担子，如果其中一个人退出了，要想继续完成同样的任务，对留下来的人有什么特别的要求？

1-9 结构悬挑的抗倾覆措施有哪些？

- 我们应着重关注所有可能的措施中体现的共性的原理。

2-1 熟悉杆（梁、柱）和桁架（屋架、桁架柱）以及平面桁架、立体桁架这些基本概念。

- 每一个构件的基本概念强调的是它们自身的特性，我们还应试着找找它们之间共性的东西。

2-2 屋架的受力特点是什么？

- 我们应搞清楚屋架（作为整体）的整体受力特点以及组成屋架的各个杆件的受力特点。

2-3 屋架的形式与受力有什么关系？

- 这个问题的关键在于屋架的外形与其内力分布曲线的重合程度。

2-4 屋架形式的选择原则和屋架的设计要求有哪些？

- 这涉及了建筑和结构的各个方面。

2-5 桁架设置支撑的作用是什么？

- 新栽的树往往也要设置支撑。

2-6 屋架各种不同支撑的布置要求和作用是什么？

- 我们可以根据每种支撑的位置不同来帮助理解其所起的作用和布置的要求。

2-7 什么叫空间桁架？都有哪些类型？

- 空间是三维的。

2-8 支承和支撑有什么不同？

- 在这里，抠抠字眼是非常有意义的。

3-1 什么叫刚架结构？什么叫排架结构？

- 两者的区别关键在于“铰”这一个字。

3-2 为什么不能说“钢架结构”？

- 这个问题仍然是我们在书中多次强调的一个看问题的思路：结构的材料类型和支承方式类型是不一样的。

3-3 刚架结构与排架结构各自有什么优势与劣势？

- 比得出答案更重要的是，我们应找到其优势与劣势的原因。

3-4 刚架结构有哪些结构类型？各自的特点是什么？

- 又一个与“铰”有关的问题。

3-5 影响结构构件外形形式的因素是什么？

- 我们应主要从构件内力分布的层面上找原因。此外，这个问题还与施工建造的方便性有关。

3-6 刚架结构与排架结构的构件形式各有什么特点？

- 这个问题与它们各自应起的作用有关。

3-7 为什么说刚架结构与排架结构的空间刚度比较差？如何提高其空间刚度？

- 这两种结构的宏观“密度”不足。

3-8 排架结构的支撑方式有哪些？其各自的作用和设置的要求是什么？

- 同样，我们应根据每种支撑的位置不同来帮助理解其所起的作用和布置的要求。

4-1　网架结构的特点是什么？

- 我们把网架结构与桁架结构做一个比较，看看它们之间的异同。

4-2　网架结构采用单层或双层的依据是什么？

- 这个问题仍然是有关于结构外形的问题，与板和墙决定厚度的依据是一样的。

4-3　平板网架都有哪些结构形式？其各自适用的跨度和适用的平面形状各有什么不同？

- 平板网架结构形式的不同与构成它们的单元形式及组合方式有关。

4-4　交叉桁架体系网架和角锥体系网架有哪些相同点和不同点？

- 相同的是组合方式，不同的是单元形式。试着找找论据吧。

4-5　平板网架结构的受力特点是什么？

- 先把平板网架分解一下就容易分析了。

4-6　平板网架结构的主要尺寸是根据什么确定的？

- 其实，涉及结构尺寸的问题往往和结构的抗变形能力有关。

4-7　网架结构的支承方式有哪些？各自的适用范围如何？

- 网架结构的支承方式不同，受力特点就不一样。

4-8　网架结构的杆件形式和节点形式有哪些？

- 需要注意的是，杆件形式和节点形式是对应的。

4-9　网架结构的施工安装方法有哪些？各有什么优势与劣势？

- 网架结构的施工安装方法，除了影响造价与施工进度外，还应考虑其对建筑方案设计的影响。

5–1　高层建筑的受力特点是什么？它与非高层建筑的受力特点有什么不同？

- 高层建筑与非高层建筑受力特点不同的原因在于它们的体型比不同——注意，又是一个涉及几何形式的问题。

5–2　建筑体型的不同对建筑结构的影响都有哪些？

- 这个问题仍然是几何形式的问题。

5–3　框架结构的特点是什么？

- 我们把框架结构的特点与剪力墙结构做一个对比，再同时与砌体结构做一个对比，看看这两个对比结果有什么相同点。

5–4　框架结构有哪些布置方案？各有什么优势与劣势？

- 在这个问题上，我们仍然建议把框架结构与剪力墙结构和砌体结构分别做一下对比。

5–5　框架柱网布置的原则是什么？

- 我们应从建筑和结构这两个角度来共同考虑。

5–6　如何估算框架结构的截面尺寸？

- 实际上，所有构件估算尺寸的依据都是一样的。

5–7　剪力墙结构的特点是什么？

- 我们把剪力墙结构的特点与框架结构做一个对比，再同时与砌体结构做一个对比，看看这两个对比结果有什么不同点。

5–8　剪力墙结构有哪些布置方案？各有什么优势与劣势？

- 在这个问题上，我们仍然建议把剪力墙结构与框架结构和砌体结构分别做一下对比。

5–9　剪力墙结构的基本设计要求有哪些？

- 建议与砌体结构的设计要求做一下对比，看看两者的异同有哪些。

5–10　框架–剪力墙结构的特点是什么？

- 把“框架–剪力墙”改成“框架+剪力墙”，这个问题的答案就明了了。

5–11　框架–剪力墙的结构布置要求有哪些？

- 重点看看框架–剪力墙结构中的剪力墙布置与剪力墙结构中的剪力墙布置有哪些异同。

5–12　筒体结构的特点是什么？

- 想一想，长在地上的葱和韭菜相比有什么特点。

5–13　筒体的构造类型有哪些？各自的设计要求和适用范围是什么？

- 不同筒体结构之间的构造类型虽然有差别，但是作为同一种结构类型，它们之间会有更多的共性的要求，所以我们应重点抓住它们之间的共性。

5–14　筒体结构有哪些类型？各自的特点是什么？

- 我们应将不同筒体结构类型之间异同的比较作为重点。

5–15　悬挂结构的特点是什么？

- 想一想，肩上扛着和手里提着，这两者之间的不同。

5–16　悬挂结构有哪些类型？各自的特点是什么？

- 不同悬挂结构类型之间共性的东西会更多。

6-1　什么是推力？为什么说曲面结构都是有推力的结构？

- 有利就有弊。

6-2　拱结构的受力特点是什么？

- 我们把拱结构的受力特点与薄壁空间结构做一个对比，再同时与悬索结构做一个对比，看看这两个对比结果有什么异同。

6-3　拱结构的类型都有哪些？各自都有什么特点？

- 不同类型的拱结构之间的差异重点在结构方面。

6-4　拱结构都有哪些抗推力的措施？各种措施的利弊和适用范围是什么？

- 我们把拱结构的抗推力措施与其他曲面结构进行一下对比，寻找异同点。

6-5　什么叫拱的合理轴线？

- 显然是受力上的合理。

6-6　拱的截面尺寸根据什么确定？

- 我们再强调一下，结构尺寸的确定往往和结构的抗变形能力有关。

7-1　悬索结构的受力特点是什么？

- 我们将悬索结构的受力特点与薄壁空间结构做一个对比，再同时与拱结构做一个对比，看看这两个对比结果有什么异同。

7-2　悬索屋盖结构的类型都有哪些？各自都有哪些优势与劣势？其适用的平面形状如何？

- 了解了悬索屋盖结构的这些问题，再了解一下有关于薄壁空间结构同样的问题，看看它们之间有什么异同。

7-3　悬索结构都有哪些抗推力措施？

- 得出答案后，我们再将答案与其他曲面结构的抗推力措施做一下对比，并寻找异同点。

7-4　提高悬索屋盖结构刚度和稳定性的措施有哪些？

- 这些措施可以分为两类：以刚治柔、化柔为刚。

8-1　薄壁空间结构的受力特点是什么？

• 我们将薄壁空间结构的受力特点与悬索结构做一个对比，再同时与拱结构做一个对比，看看这两个对比结果有什么异同。

8-2　薄壁空间结构的曲面形式都有哪些？其形成的方法是什么？

• 各种曲面的形成都要遵守一个共同的原则——几何法则。

8-3　筒壳结构是由哪几部分组成的？各个组成部分的结构作用是什么？

• 我们可以用这样的思路分析：将结构各个组成部分的作用结合起来，必然能满足结构设计的所有基本要求——承载能力和抗变形能力，再加上曲面结构的特殊性要求——抵抗推力。

8-4　筒壳结构的跨度是如何规定的？为什么这样规定？

• 跨度是沿着主要传力方向设定的。

8-5　长壳结构与短壳结构在受力特点上有什么差别？

• 结构形体比例的改变决定了两者的差别。

8-6　筒壳结构与拱结构有哪些异同？

• 对于这个问题，我们可以再细致一点去研究：可以分别看看长壳与拱的异同和短壳与拱的异同。

8-7　折板结构的受力特点是什么？

• 将折板结构的受力特点与长壳对照分析，这样更容易抓住问题的关键。

8-8　折板结构都有哪些抗推力措施？

• 将折板结构的抗推力措施与长壳对比分析会更清楚。

8-9　圆顶结构的受力特点是什么？

• 将圆顶结构的受力特点与拱结构做一下对比，看看这两者之间有什么异同。

8-10　圆顶结构都有哪些抗推力措施？

• 与悬索结构和拱结构的各种抗推力措施进行对比，寻找异同点。

8-11　双曲扁壳结构的受力特点是什么？

• 看看双曲扁壳结构的受力特点与拱结构和圆顶结构有什么异同。

8-12　双曲扁壳结构都有哪些抗推力措施？

• 除了与悬索结构和拱结构的抗推力措施进行对比分析外，我们还应特别注意双曲扁壳结构抗推力措施的特殊性。

8-13　双曲抛物面壳结构的受力特点是什么？

• 我们将双曲抛物面壳结构的受力特点与拱结构做一个对比，再与其他薄壁空间结构做一个对比，看看它们之间有什么异同。

8-14　双曲抛物面壳结构都有哪些抗推力措施？

• 与悬索结构和拱结构的各种抗推力措施进行对比，寻找异同点。我们还应着重分析对比双曲抛物面壳结构与双曲扁壳结构在抗推力措施上的异同。

8-15　幕结构的受力特点是什么？

• 建议将幕结构的受力特点分别与圆顶结构和折板结构做一下对比，看看它们之间有什么异同。

8-16　幕结构都有哪些抗推力措施？

- 将幕结构的抗推力措施与圆顶结构和折板结构进行对比，答案会更清楚。

8-17　曲面结构进行切割组合的设计要求是什么？

- 除了美学的因素外，我们应重点关注结构合理性的设计要求。

9-1　为什么不能说“膜结构”而应该说“膜建筑”？

- 主要搞清楚结构系统与围护系统的功能区别。

9-2　膜建筑材料与建筑主体结构是如何协同工作的？

- 看看玻璃幕墙与建筑主体结构是如何协同工作的，这个问题就不难解答了。

参考文献

[1] 清华大学土建设计研究院．郝亚民主编．建筑结构型式概论．北京 ：清华大学出版社，1982.
[2] 虞季森编．中大跨建筑结构体系及选型．北京 ：中国建筑工业出版社，2003.